普通高等教育“十三五”规划教材

“十三五”江苏省高等学校重点教材

食品微生物学检验

第二版

周建新　焦凌霞　主编

化学工业出版社
·北京·

本书分为上、下两篇，上篇主要介绍微生物学基础实验，作为进行食品微生物学检验的基础，包括镜检技术、制片与染色技术、培养基的制备技术、消毒与灭菌技术、分离纯化与培养技术、菌种保藏技术等。下篇以国家最新的食品安全标准为准，安排了相应的细菌学、真菌学检验，食品生产用水和环境的微生物检测，以及食品微生物的快速检测等实验。全书共计四十六个实验，力求将食品微生物学的基础理论与基本实验技能完美融合，使读者对食品微生物学检验能够有清晰的认识与良好的实践能力。

本书可以作为普通高等院校食品科学与工程、食品质量与安全及相关专业的教材，也可供其他读者参考和使用。

图书在版编目（CIP）数据

食品微生物学检验/周建新，焦凌霞主编．—2版．—北京：化学工业出版社，2020.2(2024.2重印)

普通高等教育“十三五”规划教材 “十三五”江苏省高等学校重点教材

ISBN 978-7-122-36022-9

Ⅰ.①食… Ⅱ.①周… ②焦… Ⅲ.①食品微生物-食品检验-高等学校-教材 Ⅳ.①TS207.4

中国版本图书馆CIP数据核字（2020）第004321号

责任编辑：赵玉清　　文字编辑：周　倜

责任校对：王鹏飞　　装帧设计：关　飞

出版发行：化学工业出版社（北京市东城区青年湖南街13号　邮政编码100011）

印　　装：北京科印技术咨询服务有限公司数码印刷分部

787mm×1092mm　1/16　印张12½　字数312千字　2024年2月北京第2版第5次印刷

购书咨询：010-64518888　　售后服务：010-64518899

网　　址：http：//www.cip.com.cn

凡购买本书，如有缺损质量问题，本社销售中心负责调换。

定　　价：35.00元

第二版前言

本书初版自2011年发行以来，得到了广大同行和读者的认可、支持和帮助。2017年，本书被江苏省教育厅列入“江苏省高等学校重点教材（修订）”立项建设项目，使教材编写团队感到责任重大，并决心通过修订进一步提高质量，更好地满足读者的需求，努力把本书打造成针对性强、体系严密、理论与实践兼容、实用性与启发性统一、富有时代感的精品教材。

本书第二版在初版体系基础上尽力做到内容的较全面更新，包括增、补、删和换，以确保教材与时俱进，适应本学科的发展。主要增加了微生物鉴定和菌种选育技术等内容，修订了近年来涉及的食品微生物学检验方法新标准等内容，同时对技能操作部分进行了更加详细、准确的阐述，以进一步满足教学和培训需要。

本书第二版由周建新教授和焦凌霞教授担任主编。参加本书修订的人员有：南京财经大学周建新（第一章～第三章、第十一章、第十二章中实验三十～实验三十八、第十四章）、高瑀珑（第九章中实验二十三和实验二十四、第十二章中实验三十九）、姚明兰（第四章～第六章）、都立辉（第十章中实验二十七～实验二十九）、汪芳（第九章中实验二十五），河南科技学院焦凌霞（第七章、第八章、第十五章），丹阳市检验检测中心王超（第十三章），黑龙江中医药大学国立东（第十章中实验二十六）。周建新对全部书稿进行了整理和统稿。

本书在修订过程中，得到南京财经大学食品科学与工程学院各位领导的关心和支持，还得到化学工业出版社编辑的大力支持和具体指导。另外，本书的出版也得到南京财经大学食品科学与工程国家特色专业建设点的经费资助。在此，我们表示衷心感谢。

另外，在本书修订过程中，参考了一些同行的著作和论文以及网上资料，在此深表谢意！

限于编写团队的知识水平和能力，书中不妥之处，敬请读者批评指正。

编者

2019年9月

第一版前言

食品安全问题关系到人民健康、国家经济（特别是工业、贸易和农业）的可持续发展和社会稳定，是世界关注的热点问题，已引起国内外前所未有的重视。目前，食品安全问题形势严峻，食品微生物污染问题突出，细菌性食物中毒占各种食物中毒之首，每年的发生数量、受害人数、死亡人数和造成的经济损失都是非常巨大的，我国如此，发达国家同样深受其害。食品微生物学检验作为四大检验（食品理化检验、食品卫生检验、食品感官检验和食品微生物学检验）之一，对食品安全控制起着非常关键的作用，食品微生物学检验的广泛应用和不断改进，是制定和完善有关法律、法规的基础和执行的依据，是制定各级预防、监控和预警系统的重要组成部分，是食品微生物污染的溯源、控制和降低由此引起的一系列重大损失的重要有效手段，对促进人民身体健康、经济可持续发展和社会稳定都很重要，具有较大的经济、社会意义。

本书是以南京财经大学江苏省特色专业、国家特色专业建设点食品科学与工程专业建设项目为依托，以新的食品安全法和2010版的食品安全标准食品微生物学检验方法为依据，注重微生物学基础实验与专业实验的有机衔接和食品微生物学检验原理与技能的兼容，学生修完本课程后，可独立完成微生物基础实验和符合相关国家标准要求的食品微生物检测方案设计、采样及处理、检验与分析、数据记录与报告等。

随着科学技术的发展，微生物学实验和食品微生物学检测新技术、新方法层出不穷，特别是分子生物学水平的鉴定技术发展迅速，授课教师应及时了解和掌握学科前沿，根据教学内容更新快的特点，及时补充新知识，掌握先进的检测方法，使学生在系统掌握国家标准内容的基础上，及时了解本学科的发展动向和未来的发展趋势。

本书由南京财经大学食品科学与工程学院的周建新教授担任主编，河南科技学院焦凌霞副教授担任副主编。内容编写分工如下：南京财经大学周建新（第一章～第三章、第十章、第十一章中实验二十五～实验二十九）、高瑀珑（第九章、第十一章中实验三十～实验三十四、第十三章）、姚明兰（第四章～第六章），河南科技学院焦凌霞（第七章、第八章、第十四章），丹阳市产品质量监督检验所王超（第十二章），周建新对全部书稿进行了整理和统稿。

本书在编写过程中，得到南京财经大学食品科学与工程学院各位领导的关心和支持，还得到化学工业出版社赵玉清编辑的大力支持和具体指导。另外，本书的出版也得到南京财经大学食品科学与工程国家特色专业建设点的经费资助。在此，我们表示衷心感谢。

本书在撰写过程中参考了国内外大量的研究成果，这固然能为本书的内容增加新鲜知识，但有些观点和结论仍需要实践验证，有些问题还需要继续研究和探讨。书中不妥之处，敬请读者批评指正。

编者

2011年4月

目录

微生物学实验室规则

在微生物实验中，由于使用具有潜在的致病菌作为实验材料，因此实验室中实验和工作安全是极其重要的，为了保证实验者和实验室的安全，特提出如下注意事项：

一、为了保证实验室的整洁和实验顺利进行，非必要的物品，请勿带入室内。

二、每次实验前要充分预习实验指导，应明确本次实验的目的、要求、原理和方法，以免临时忙乱，影响实验的进度和效果。

三、保持室内安静，不可高声谈笑和任意走动，以免影响实验操作。

四、爱护国家财产，使用显微镜及其他贵重仪器时，应定人使用，按要求操作，专处存放，按班交接，加强责任管理，注意节约水、电、药品和低值易耗品。

五、实验过程中，切实听从教师指导，认真思考，仔细观察，谨慎操作，及时做好实验记录工作。

六、实验仪器、标本等，用后必须清理干净，归还原处。自制玻片和培养物等，如不需保存，用后应及时清洗消毒，严防污染危害。

七、实验过程中，如不慎将菌液洒到桌面或地面，应以5%石炭酸或3%来苏儿溶液覆盖半小时后才能擦去。如将菌液吸入口中或皮肤破伤处或烫伤，应立即报告指导教师，及时处理，切勿隐瞒。

八、实验室内的菌种和物品，未经指导教师同意，不得携带出室外。

九、实验完毕，及时清理桌面，收拾整齐。离开实验室前，注意关闭门、窗、灯、火、煤气等，并用肥皂洗手。

十、每次实验的结果，应以实事求是的科学态度书写实验报告，及时汇交指导教师批阅。

上篇　微生物学基础实验

微生物学基础实验是微生物学课程的重要组成部分，也是进行食品微生物学检验的基础。微生物学基础实验包括显微镜技术、制片与染色技术、培养基的制备技术、消毒与灭菌技术、分离纯化与培养技术、菌种保藏技术等。

第一章　微生物镜检技术

在微生物学的各种研究工作中，首先必须对微生物的个体形态特征和菌体细胞内的结构特征有个明确的概念。一般来说，微生物的个体极其微小，很难直接用肉眼去观察，因此显微镜是观察微生物必不可少的工具，而镜检技术是微生物学的基本技术，了解显微镜的构造，正确掌握显微镜的使用方法，很有必要。

显微镜是一种高度放大的光学仪器。显微镜的种类很多，通常有普通光学显微镜、相差显微镜、暗视野显微镜、偏光显微镜、荧光显微镜和电子显微镜等。用于微生物形态观察，以普通光学显微镜最为常见。此外，利用显微摄影装置把显微镜视野中所观察到影像拍摄下来，制作成照片或将图像信息传输、记录于其他仪器设备中，以供进一步研究和分析之用的显微摄影也是教学和科研中常用的一种技术。

实验一　普通光学显微镜的使用

一、实验目的

1. 了解普通光学显微镜的构造和各部分的功能。
2. 学会普通光学显微镜的正确使用和维护。

二、实验器材

1. 仪器

普通光学显微镜。

2. 实验菌

霉菌玻片标本、细菌玻片标本。

3. 其他

香柏油、二甲苯、擦镜纸、吸水纸等。

三、概述

（一）普通光学显微镜的构造

普通光学显微镜的构造，如图 1-1 所示，它包括两部分：光学系统和机械装置。

1. 光学系统

普通光学显微镜的光学系统主要由物镜和目镜组成。此外，还有聚光镜、反光镜或光源。其中物镜的性能最为关键，它直接影响着显微镜的分辨率。普通光学显微镜的成像原理：被检物体先经过物镜成放大的实像，再经目镜成放大的虚像，二次放大，便能看清楚微小的物体。

（1）物镜

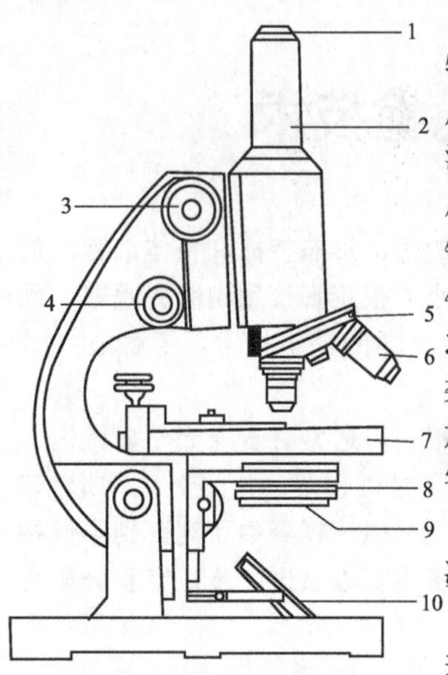

图 1-1　普通光学显微镜的构造

1—目镜；2—镜筒；3—粗调螺旋；4—细调螺旋；5—物镜转换器；6—物镜；7—载物台；8—聚光镜；9—彩虹光阑；10—反光镜

物镜安装在镜筒下端的转换器上，因接近被观察的物体，故又称接物镜。其作用是第一次将镜检物放大而成实像。一般显微镜有3～4个物镜，分成干燥系和油浸系两组。干燥系是指镜检时，物镜与镜检物之间的介质是空气，此系物镜，通常又可分为两种：其一是低倍镜，一般为5×或8×、10×；其二是高倍镜，一般为40×或45×、50×。油浸系是指镜检时，镜检物与物镜之间的介质是折射率与玻片和镜头的折射率相近的油类，如香柏油。观察时，需将镜头浸没在油中。油镜的放大倍数通常为90×或100×，在其侧壁上，刻有oil字样或以一圈黑线作为标志。

显微镜质量的好坏，由物镜的数值孔径和分辨率决定。

① 数值孔径（numerical aperture，NA）：它是用来表示聚光镜发出的锥形光柱照射在镜检物上，被物镜所能聚集的量，即：

$$\mathrm{NA}=n\sin(\mu/2)$$

式中　n——物镜与镜检物之间介质的折射率；

μ——进入物镜的锥形光柱的角度。

介质为空气时，$n=1$，μ 角最大只能到 180°（实验上不可能，因为这时物镜的镜头已经碰到观察的标本），$\sin(\mu/2)=1$，所以干燥系的物镜的数值孔径小于1，一般为0.05～0.95。但如果使用与玻璃相近、折射率较高的介质（如香柏油）时，数值孔径将会增大，一般油镜的数值孔径为0.85～1.40。

② 分辨率（D）：是指显微镜能够辨别两点或两根细线之间的最小距离的能力。辨别距离越小，分辨率愈强。它与物镜的数值孔径（NA）成反比，与入射光线的波长（λ）成正比：

$$D=\lambda/(2\mathrm{NA})$$

由此看来，提高显微镜分辨率的最好办法是增加数值孔径。因为可见光的波长范围比较窄（400～750nm），所以从减少光波长度来提高分辨率是有限的。由于物镜受分辨率的限制，所以其放大能力并不是无限的。

（2）目镜

目镜又称接目镜，装在镜筒上方。其作用是将物镜所形成的实像进一步放大形成虚像，并映入眼部。目镜上也刻有表示放大倍数的标志，如5×或10×、16×。

（3）聚光镜

聚光镜装在镜台下，它可以使光线从正面和斜面照射到标本后进入物镜，形成一个大角度的锥形光柱，以提高物镜的分辨率，并能增强照明度。聚光镜内部有孔径光阑可以调节开孔的大小。聚光镜可以上下移动调节。

（4）反光镜（或光源）

反光镜是老式普通光学显微镜的取光设备，由凹、平两面圆形镜子组成，可以自由转动方向，使光线射向聚光镜。

较新式的显微镜其光源通常是安装在显微镜的镜座内，并有电流调节螺旋，可通过调节电流大小调节光照强度。

显微镜总的放大倍数是目镜和物镜放大倍数的乘积，但从提高分辨率的实际效果来看，还是选用放大倍数较高的物镜为好。

2. 机械装置

显微镜的机械装置部分包括镜座、镜臂、镜筒、镜台、转换器和调焦装置等。

（1）镜座

镜座是显微镜的基座，在显微镜的底部，用于支持整个镜体。通常呈马蹄形，也有三角形、矩形、圆形、椭圆形或丁字形。

（2）镜臂

镜臂是显微镜的脊梁，机械装置一般都直接或间接与其相接，用以支撑、连接镜筒和镜座，为显微镜移动时的握持部分。有的显微镜下端有倾斜关节，可按需要调节镜臂与桌面的角度，便于观察。

（3）镜筒

镜筒上端安装目镜，下端与转换器相连。

（4）镜台

镜台用于放置标本（镜检物），常为圆形或方形，中间有孔可通过光线。台上装有标本推动器，它一方面用来固定标本，另一方面通过旋转推动器上的螺旋，使标本前后、左右移动，便于观察标本的不同部位。

（5）转换器

转换器上端固定在镜筒上，下端有3～4个孔，用于安装不同放大倍数的物镜，根据需要可旋转更换不同放大倍数的物镜。

（6）调焦装置

调焦装置可升降镜筒或镜台，以调节物镜和标本之间的距离，最清晰地观察标本。分为粗调节器和细调节器，前者调节的幅度大，只能做粗略调焦；后者调节的幅度小，可以做精细调焦。

（二）普通光学显微镜的使用

1. 取镜

取镜时一手握镜臂，一手托镜座，轻拿轻放，切忌碰撞和猛振。

2. 光源的调节

不带光源的显微镜，可利用灯光或自然光通过旋转反光镜、升降聚光镜和缩放光圈，以获得合适的亮度（一般以乳白色为适宜）；自带光源的显微镜，可通过调节电流旋钮来调节光照强弱。

3. 镜检

镜检时，将玻片标本放在镜台上，并用弹簧夹或标本推动器固定，移置欲检部位于物镜正下方，然后按照先用低倍镜、后用高倍镜（或油镜）的原则，依次观察。

（1）低倍镜的使用

首先旋转粗调节器，如果调焦装置是调节镜筒的，使物镜向下移动（如果调焦装置是调节镜台的，应向上移动）至标本与物镜的距离约2mm处，用左眼在目镜上观察，慢慢旋转粗调节器，使物镜上升（或镜台下降），直到发现视野中的模糊镜检物后，换用细调节器，慢慢调节至清楚地看到标本为止，将所要观察的部位移至视野中央，以备换高倍镜（或油镜）观察。

(2) 高倍镜的使用

由低倍镜转换高倍镜观察时，先旋转转换器，将高倍镜移至镜筒下，再稍微调节细调节器即可。

(3) 油镜的使用

在低倍镜下找到所要观察的目标后，在标本的欲检部位加一滴香柏油，将油镜放正，再稍微调节细调节器。或者慢慢转动粗调节器，将镜筒下降（或镜台上升），同时从镜体侧面观察，使镜头浸入油滴中，并几乎与标本接触，但切不可压到标本，以免损坏镜头。这时，使镜筒慢慢上升（或镜台慢慢下降），当视野中出现有模糊的被检物时，使用细调节器，直到被检物能看清楚为止。

(4) 记录

使用显微镜时，用左眼观察目标，右眼看记录本，以便边观察边记录。

(5) 收镜与存放

镜检结束后，取下标本，擦净显微镜各部，将镜头转成“八”字形，再将镜筒向下调节，以免物镜与聚光镜相碰受损。然后将显微镜装入镜箱内或套上防尘罩，妥善保存。

(三) 普通光学显微镜的维护

显微镜是贵重的光学仪器，使用后正确的维护和保养，不但可使观察图像清晰，而且可延长显微镜的使用寿命。

◆ 显微镜是贵重和精密的光学仪器，使用时应小心谨慎，严禁随意拆卸玩弄。

◆ 显微镜应保持干净，若有不洁，机械装置部分用软布擦净，光学系统用擦镜纸擦拭。

◆ 显微镜调焦时，如为镜筒升降者，只准升，不能降；如为镜台升降者，只准降，不能升。

◆ 显微镜镜检时，应掌握“先低倍，后高倍（或油镜）”的使用顺序。

◆ 油镜使用后，必须用擦镜纸擦去残留在镜头上的香柏油，再用擦镜纸蘸少许二甲苯揩拭，最后再用干净的擦镜纸擦干。

◆ 显微镜使用时，或存放后均需注意防潮、防晒、防霉、防震。

四、实验步骤

(1) 按普通光学显微镜使用程序，利用高倍镜观察霉菌标本，并记录。

(2) 按普通光学显微镜使用程序，利用油镜观察细菌标本，并记录。

(3) 观察完毕后，对显微镜进行维护和保养。

五、实验结果

将高倍镜观察到的霉菌标本和油镜观察到的细菌标本的形态绘图。

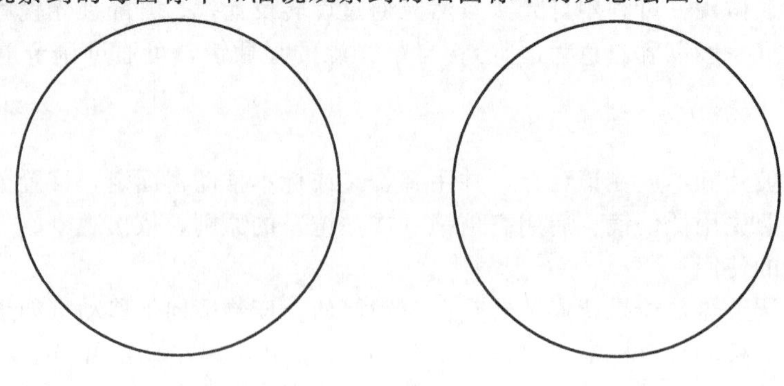

菌名:　　　　　　　　菌名:

放大倍数:　　　　　　放大倍数:

六、思考题

1. 绘出简明的普通光学显微镜光路图。
2. 简述光学显微镜使用程序要点。
3. 使用油镜时，为什么选用香柏油作为物镜与玻片间的介质？

实验二　生物数码显微摄影技术

一、实验目的

1. 学会数码显微摄影的方法。
2. 熟悉科技文献中对显微摄影图片的规范与要求。

二、实验器材

1. 仪器

具有数码显微摄影系统的普通光学显微镜、计算机等。

2. 实验菌

霉菌玻片标本、细菌玻片标本等。

3. 其他

香柏油、二甲苯、擦镜纸、吸水纸等。

三、概述

显微摄影技术是一种利用显微摄影装置把显微镜视野中所观察到的影像拍摄下来，制作成照片或将图像信息传输、记录于其他仪器设备中，以供进一步研究和分析之用的一种技术（图 1-2）。它在教学、科研中，尤其是生物学、食品研究领域中已成为一项常规的而又不可缺少的研究技术之一。

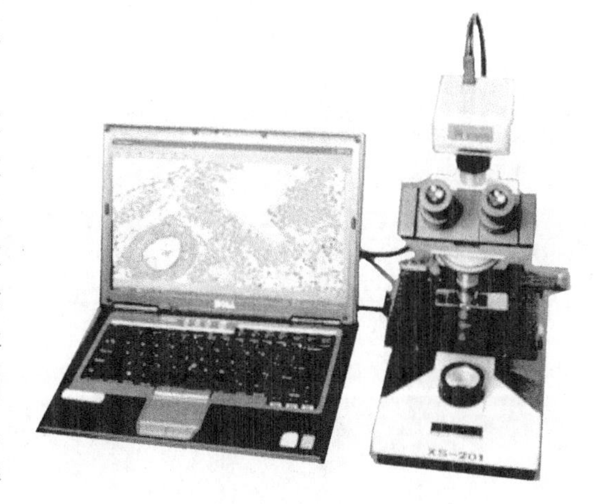

图 1-2　生物数码显微摄影

传统的显微摄影采用银盐胶片显微摄影，随着现代电子和计算机技术的发展，尤其是数码技术在摄影领域的广泛应用，传统的胶片式显微摄影已逐渐被数码显微摄影所取代。数码显微摄影除了正确记录图像信息外，还可将所观察到的现象与实验结果利用计算机显微图像分析软件进行更深层次的分析和研究。数码摄影的成像原理是利用光电耦合器件，将镜头所形成的影像（甚至每个非常细小的局部）的光线亮度信号转化为计算机可以识别的、可以用数字进行描述的电子信号，最后通过计算机或其他专用设备，再把这些数字信号还原成光信号，使影像再现出来。数码显微摄影所产生的实时影像，由于采用了先进的数字技术，其精度远远高于传统的普通照片。

数码显微摄影技术的基本装置是数码摄像机或数码相机、显微镜、计算机和图像分析软件包。

四、实验步骤

(1) 按普通光学显微镜使用程序，利用高倍镜观察霉菌标本，并拍摄。

(2) 按普通光学显微镜使用程序，利用油镜观察细菌标本，并拍摄。

五、实验结果

将拍摄的霉菌和细菌标本的照片打印。

六、思考题

简述数码显微摄影技术要点。

第二章　微生物的制片与染色技术

用显微镜观察微生物个体特征前，必须首先将其制成玻片标本。而微生物种类繁多，包括细菌、放线菌和霉菌等，由于它们形态和结构上的差别，它们的制片方法不尽相同，有的微生物如细菌和酵母菌无色透明，在普通光学显微镜下难以将其与背景区分而看清，需要利用染料对微生物进行染色。

实验三　细菌的制片与镜检

一、实验目的

1. 掌握细菌革兰氏染色法的原理及操作步骤。
2. 进一步学习显微镜，尤其是油镜的使用方法。

二、实验器材

1. 仪器

普通光学显微镜。

2. 实验菌

大肠杆菌（*Escherichia coli*）、微球菌（*Micrococcus* sp.）。

3. 染色液

蒸馏水或无菌生理盐水、结晶紫染色液、革兰氏碘液、95%乙醇、沙黄复染液。

4. 其他

香柏油、二甲苯、擦镜纸、吸水纸、载玻片、酒精灯、接种环。

三、概述

（一）细菌的制片

根据镜检物及所要检查的项目，细菌的制片方法有两种。

1. 压片法（普通法）

用压片法制作活细菌标本，不仅有利于观察细菌的运动，而且还能研究细菌的形态、大小和芽孢。其制片方法是：

（1）滴液——在洁净的载玻片中央，加一滴蒸馏水或无菌生理盐水；

（2）挑菌——用灭菌的接种环挑取一环细菌置于水中，混匀；

（3）盖片——菌悬液上慢慢加盖盖玻片，防止菌液外溢，避免产生气泡。

为便于观察，可用美蓝或复红等染色液代替水使用，将细菌染成蓝色或红色。

2. **涂片法**

涂片法适用于细菌细胞细微结构的观察和鉴别。其方法是：

(1) 滴液——在洁净的载玻片中央，加一滴蒸馏水；

(2) 涂片——用灭菌的接种环挑取少量菌体，与水混合涂成直径约 1cm 的均匀薄层；

(3) 干燥——自然干燥或加热干燥；

(4) 固定——加热烤片，进行固定。

(二) 细菌的染色

细菌个体微小而透明，普通光学显微镜观察不易识别，因此，必须对它们进行染色，染色后菌体与背景之间形成鲜明的对比，从而可在显微镜下清楚地观察。按照所用染料种类多少的不同，可将细菌染色法分为两类：单染色法和复染色法。

1. **单染色法**（普通染色法）

单染色法，只用一种染料染色，主要是便于细菌细胞形态的观察，其程序是：

涂片→干燥→固定→染色（在固定好的玻片上加一滴吕氏碱性美蓝染色液，使其盖满涂片层，静置 1～3min）→水洗（用细小水流慢慢冲去染色液）→干燥（用吸水纸吸去水分或晾干）→镜检（先低倍镜，后油镜）。

2. **复染色法**（革兰氏染色法）

复染色法，是用两种或多种染料进行染色，有帮助鉴别细菌之用。最常用的为革兰氏染色法。革兰氏染色法是 1884 年由丹麦医生、细菌学家 Christian Gram 创立的。通过这一染色方法，可把几乎所有的细菌分成革兰氏阳性菌（简写为 G^+）和革兰氏阴性菌（简写为 G^-）。革兰氏染色法是细菌分类鉴定时的重要指标，是细菌学中最重要的鉴别染色法。

革兰氏染色法原理：通过初染和媒染后，结晶紫与碘在细胞内形成大分子复合物，G^+ 菌因细胞壁厚，网状结构紧密和肽聚糖含量高，在乙醇洗脱时细胞壁孔径缩小，通透性降低，结晶紫与碘复合物被阻碍在细胞壁内，故不脱色而显紫色；反之，G^- 菌壁薄，结构松散，脂类含量高，加入乙醇后脂类溶解，细胞壁通透性增大，结晶紫与碘复合物被释放出来，细胞呈无色，再用沙黄复染后呈红色。染色结果，菌体呈紫色的为革兰氏阳性菌（G^+），红色者为革兰氏阴性菌（G^-）。其操作过程如下：

涂片→干燥→固定→初染（结晶紫，1min，水洗、吸干）→媒染（碘液，1 min，水洗、吸干）→脱色（95%乙醇，30s，水洗、吸干）→复染（沙黄，1min，水洗、吸干）→镜检（先低倍镜，后油镜）。

在进行革兰氏染色过程中，应注意：涂片要薄而均匀；乙醇脱色时间应严格掌握；所用菌种一般是 24～48h 的培养物。

四、实验步骤

对实验细菌分别进行革兰氏染色，镜检观察与判断二种实验细菌的革兰氏染色结果，并记录油镜下菌体形态。

五、实验结果

将显微镜下观察到的革兰氏染色结果填在下表中。

菌名	*Escherichia coli*	*Micrococcus* sp.
菌体形态图		
菌体颜色		
菌体形态		
革兰氏染色结果		

六、思考题

1. 简述革兰氏染色法的要点。
2. 要得到正确的革兰氏染色结果，必须注意哪些操作？哪一步是关键步骤？为什么？

附录：细菌常用染色液及其配制

1. 吕氏碱性美蓝染色液

美蓝饱和液（95%乙醇 100mL，加 1g 美蓝） 30.0mL
0.01%氢氧化钾溶液 100mL
两液混合，摇匀即成。

2. 革兰氏染色液

(1) 结晶紫染色液（初染剂）
A 液：结晶紫饱和液（95%乙醇 100mL，加 5g 结晶紫） 20.0mL
B 液：1%草酸铵水溶液 80.0mL
取 A、B 两清液混匀即成。
(2) 革兰氏碘液（媒染剂）
碘 1.0g
碘化钾 2.0g
蒸馏水 300mL
将碘与碘化钾先混合，加入蒸馏水少许，充分振摇，待完全溶解后，再加蒸馏水至 300mL。
(3) 沙黄复染液（复染剂）
沙黄 0.25g
95%乙醇 10.0mL
蒸馏水 90.0mL
将沙黄溶解于乙醇中，然后用蒸馏水稀释。

实验四　细菌特殊结构的染色与观察

一、实验目的

1. 掌握细菌芽孢、荚膜和鞭毛染色的原理和意义。
2. 学会芽孢、荚膜和鞭毛染色的方法。

二、实验器材

1. 仪器

普通光学显微镜、超净工作台、恒温培养箱。

2. 实验菌

枯草芽孢杆菌，为24～48h营养琼脂培养物；肠膜状明串珠菌，为24h营养琼脂培养物；普通变形杆菌，为营养琼脂培养基（琼脂用量0.8％）连续转接培养4～5代，每代培养18～22h。

3. 染色液

无菌水（10mL分装于试管中）、孔雀绿染色液、沙黄染色液、结晶紫染色液、20％硫酸铜溶液、95％乙醇溶液、硝酸银染色液。

4. 其他

香柏油、二甲苯、擦镜纸、吸水纸、载玻片、盖玻片、酒精灯、接种环、镊子、烧杯、玻璃棒。

三、概述

某些细菌的细胞会产生特殊结构，主要包括芽孢、荚膜和鞭毛。

（一）芽孢

芽孢是某些细菌生长到一定阶段后在菌体内形成的休眠体，通常呈圆形或椭圆形。细菌能否形成芽孢以及芽孢的形状、芽孢在芽孢囊内的位置、芽孢囊是否膨大等特征是鉴定细菌的依据之一。

芽孢具有厚而致密的壁，通透性低，对各种不利因素如高温、冷冻、射线、干燥、化学药品和染料等具有很强的抵抗力。因此，当用一般染色方法染色时，只能使菌体着色，芽孢不易着色（芽孢呈透明）或仅显很淡的颜色。为了使芽孢着色便于观察，需采用特殊染色法——芽孢染色法。

芽孢染色法是根据芽孢具有难以染色而一旦染色后又难以脱色的特点而设计的，所以芽孢染色法都基于同一原则：选用着色力强的染料进行染色。除了用着色力强的染料外，还要加热以促使芽孢着色，接着进行脱色，由于芽孢比菌体（芽孢囊）难以脱色，所以脱色后菌体无色而芽孢上的染料仍保留着，最后再用不同颜色的染料进行复染，使菌体（芽孢囊）重新着色，这样菌体和芽孢因呈现不同的颜色而便于观察。芽孢染色方法一般先用碱性染料孔雀绿在加热的情况下进行染色，然后进行脱色，经孔雀绿染色后的芽孢不易被水洗脱色，仍保留绿色，但孔雀绿对生长型细胞的结构、成分不具亲和力，所以，水洗后可去除残留的染料使菌体变成无色，最后用番红复染，生长型菌体细胞被染成红色，借此将芽孢与菌体区别开。

芽孢染色法的操作步骤为：

(1) 涂片——在洁净的载玻片中央加一小滴无菌水，用灭菌的接种环取少许枯草芽孢杆菌置于水滴中并和水滴充分混匀，并涂成极薄的菌膜。

(2) 干燥固定——涂片在空气中干燥后，手持载玻片一端，有菌膜一面向上，通过酒精灯的微火三次。注意用手指触摸载玻片反面，以不烫手为宜。冷却。

(3) 染色和加热——在涂菌处滴加孔雀绿染色液，并在微火上加热至染料冒蒸汽开始计时，加热染色 10min。注意加热时要不断补充孔雀绿染色液，以免烧干。

(4) 水洗——倾去染色液，冷却后用水冲洗。

(5) 复染——用沙黄染色液染色 1min。

(6) 水洗、干燥、镜检——结果：芽孢被染成绿色，营养体呈红色。

(二) 荚膜

荚膜是包围在某些细菌细胞外的一层黏液状或胶质状的物质，其成分为多糖、糖蛋白或多肽。荚膜与染料的亲和力弱，不易着色，再有荚膜物质溶于水，用水冲洗时易被除去。因此，荚膜染色比较困难。通常采用负染色法观察荚膜，即使菌体和（或）背景染色，而荚膜不着色，这样荚膜在菌体周围呈一圈浅色区域。由于荚膜含水量在 90%以上，荚膜成分可溶性高，所以荚膜染色操作较其他染色操作要更加小心。染色时一般不宜采用热固定的方法，以免荚膜皱缩变形影响观察，同时也要避免激烈的冲洗。

常用的负染色方法有墨汁法和 Anthony 方法。本实验介绍 Anthony 染色法观察荚膜。

Anthony 染色法是先以结晶紫作为初染剂，加于未经加热固定的菌膜上，菌体和荚膜均被染成深蓝紫色，然后用 20%硫酸铜溶液为脱色剂。由于荚膜为非离子性，经初染后，染色剂仅微弱附着于荚膜上。又由于荚膜物质为高度水溶性，所以选用硫酸铜为脱色剂而不用酒精为脱色剂除去过剩的初染剂和附着于荚膜上的染色剂，但硫酸铜无法除去与细胞壁结合的染色剂。另外，此时的硫酸铜也作为复染剂，使其吸附于已脱色的荚膜物质上，使脱色的荚膜被染成浅蓝色或接近于灰白色。这样就将荚膜与菌体区别开，荚膜呈浅蓝色或接近于灰白色，菌体为深蓝紫色。

荚膜 Anthony 染色法的操作步骤：

(1) 涂片——在洁净的载玻片的一端加 2～3 滴结晶紫染色液，用灭菌的接种环取一环菌与玻片上的结晶紫染色液充分混匀。用一块洁净的载玻片的窄边将混匀的菌液刮开涂成极薄的菌膜，放置 5～7min。

(2) 干燥——在空气中自然干燥。注意切勿用酒精灯加热。

(3) 脱色——用 20%硫酸铜溶液冲洗脱色后，在空气中干燥或用吸水纸吸干。

(4) 镜检——结果：荚膜浅蓝色或灰白色，菌体深蓝紫色。

(三) 鞭毛

细菌的鞭毛很细，直径为 10～20nm，用电子显微镜可以清楚观察到。但是若采用特殊染色方法使鞭毛加粗，在普通光学显微镜下也可以看到鞭毛。鞭毛染色方法很多，基本原理都是在染色前采用不稳定的胶体溶液作为媒染剂处理菌体，让其沉积在鞭毛上，使鞭毛加粗，然后再进行染色。常用的媒染剂由单宁酸和氯化高铁或钾明矾等配制而成。本实验采用银染法进行鞭毛染色。

银染法进行鞭毛染色的操作步骤：

(1) 载玻片清洗——选择新的光滑无划痕的载玻片，浸泡于洗洁精充分溶解的水中，煮沸 20min，稍冷后取出用自来水冲洗干净并沥干，然后浸泡于 95%乙醇溶液中。用时取出，在酒精灯火焰上烧去酒精后即可使用。

(2) 菌液制备——将分装于试管中的无菌水缓慢地倒入经 4～5 代转接培养的斜面培养物中，不要摇动试管，让菌体在水中自行扩散。注意蒸馏水预先在恒温培养箱中保温，使之与菌种同温。置于恒温培养箱中保温 10min。目的是让没有鞭毛的老菌体下沉，而具有鞭毛的菌体在水中松开鞭毛。

(3) 涂片——用吸管从菌液上端吸取菌液于洁净的载玻片一端，稍稍倾斜玻片，使菌液缓慢地流向另一端。

(4) 干燥——在空气中自然干燥。

(5) 染色——滴加硝酸银染色液 A 液，染色 4～6min，用蒸馏水轻轻地充分洗净 A 液。用 B 液冲去残水，再加硝酸银染色液 B 液于玻片上。用酒精灯微火加热至有蒸汽冒出，维持 1min 左右。注意加热时应随时补充 B 液，不可使玻片上 B 液蒸干。用蒸馏水冲洗，干燥。

(6) 镜检——结果：菌体和鞭毛呈深褐色至黑色。

四、实验步骤

(1) 对枯草芽孢杆菌进行芽孢染色，镜检，并绘图和描述菌体、芽孢特征。

(2) 对肠膜状明串珠菌进行荚膜染色，镜检，并绘图和描述菌体、荚膜特征。

(3) 对普通变形杆菌进行鞭毛染色，镜检，并描述鞭毛着生方式。

五、实验结果

1. 将显微镜下观察到的枯草芽孢杆菌菌体和芽孢填入下表中。

形态图	菌体形态描述	芽孢形态描述

2. 将显微镜下观察到的肠膜状明串珠菌菌体和荚膜填入下表中。

形态图	菌体形态描述	荚膜形态描述
○		

3. 将显微镜下观察到的普通变形杆菌菌体和鞭毛填入下表中。

形态图	菌体形态描述	鞭毛着生方式和数量
○		

六、思考题

1. 芽孢染色加热的目的是什么？若不加热是否可以？芽孢染色中水的作用是什么？
2. 用 Anthony 法进行荚膜染色硫酸铜的作用是什么？能否用水代替硫酸铜？
3. 为什么用鞭毛染色液 A 液染色后要用蒸馏水充分洗净硝酸银染色液 A 液？能否直接用鞭毛染色液硝酸银染色液 B 液冲洗？

附录：硝酸银染色液配制

A 液：单宁酸　　5.0g

　　$FeCl_3$　　1.5g

用蒸馏水溶解后加入 1% 氢氧化钠溶液 1mL 和 15% 甲醛溶液 2mL，再用蒸馏水定容至 100mL。

B 液：硝酸银　　2.0g

　　蒸馏水　　100mL

B 液配好后先取出 10mL 做回滴用。往 90mL B 液中滴加浓氢氧化铵溶液，当出现大量沉淀时再继续滴加浓氢氧化铵溶液，直到溶液中沉淀刚刚消失变澄清为止。然后将留用的 10mL B 液小心逐滴加入，直到出现轻微和稳定的薄雾为止。注意边滴加边充分摇动，此步操作尤为关键，应格外小心。配好的染色液

4h 内使用效果最佳，现用现配。

实验五　霉菌和酵母菌的制片与镜检

一、实验目的

1. 学会霉菌和酵母菌的一般制片与染色方法。

2. 通过霉菌和酵母菌的镜检，进一步练习显微镜的使用。

二、实验器材

1. 仪器

普通光学显微镜。

2. 实验菌

曲霉菌（*Aspergillus* sp.）、酵母菌（*Saccharomyces* sp.）。

3. 染色液

乳酸酚液、棉蓝乳酸酚液、无菌水、0.1%美蓝液。

4. 其他

接种针（环）、镊子、载玻片、盖玻片、酒精灯、擦镜纸。

三、概述

霉菌和酵母菌都属真核微生物，腐生或寄生，不能进行光合作用，细胞壁由几丁质或其他种类多糖形成，无性或有性方式繁殖。酵母菌为单细胞个体，而霉菌则由有隔或无隔的菌丝体形成，菌丝体往往形成特化形态。

（一）霉菌的制片与染色方法

在霉菌菌体形态研究中，主要采用制片镜检。

1. 制片与染色程序

（1）清片——清洁载玻片。

（2）滴液——载玻片上滴加封藏液或染色液。

（3）挑菌——挑取少许菌体（注意从靠近基质处取）置于封藏液或染色液中，挑取菌体前后的接种针等工具均需火焰灭菌。

（4）盖片——加盖盖玻片，注意不要压入气泡，并用吸水纸吸去盖玻片周围溢出的液体。

（5）烤片——对于青霉、曲霉制片时，应在酒精灯火焰上方缓缓加热，直到封藏液或染色液轻微沸腾为止，以驱散过多的霉菌孢子。但要注意，加热时间不宜过长，否则孢子变形甚至烤焦。

（6）镜检——先低倍，后高倍。

2. 常用的封藏液或染色液

霉菌制片常用的封藏液有乳酸酚液、无菌水或生理盐水、10%的甘油。水易挥发，只宜做临时制片镜检。10%的甘油无杀菌防腐作用，制片也不宜保存。而乳酸酚液具有杀菌防腐、保持原形的作用，是一种较好的半永久性封片的封藏液。

霉菌制片常用的染色液主要是棉蓝乳酸酚（在乳酸酚液中加0.1%～0.5%的棉蓝即可）。棉蓝乳酸酚是一种酸性染料，可使霉菌细胞的原生质着色，而细胞壁不着色，因而用此染色，有利于观察霉菌细胞和孢子的胞壁和分隔。

（二）酵母菌的制片与染色方法

1. 制片方法

观察酵母菌菌体的基本形态（形状、大小及出芽生殖情况），可用水浸法制片，于显微镜下观察，其程序如下：

（1）清片——清洁载玻片。

（2）滴液——载玻片上滴加一滴无菌水。

（3）挑菌——用接种环以无菌操作方法从培养48h的平板上取少量酵母菌与水混合均匀至混浊即可。亦可直接从液体培养基中蘸取一环菌液于载玻片上。

（4）盖片——加盖盖玻片。

（5）镜检——先低倍，后高倍。

2. 染色方法

用0.1%美蓝液对酵母菌染色制片，既有助于观察酵母菌菌体的基本形态，又可根据酵母菌细胞的颜色反应（蓝色或无色）判断细胞的死活（活细胞无色，死细胞蓝色）。因为在活细胞中，新陈代谢旺盛，还原能力强，故0.1%美蓝进入细胞后即由原来的蓝色被还原成无色；而死细胞失去代谢活力，被染成蓝色。

四、实验步骤

（一）霉菌制片与镜检

将实验霉菌制片后进行镜检，观察实验霉菌的菌体形态，并描绘其特征。

（二）酵母菌制片与镜检

用0.1%美蓝液对酵母菌染色制片，镜检，观察酵母细胞的形态和颜色反应，判断细胞的死活，并在高倍镜下，计数三个视野中的酵母细胞总数及其中的活细胞数，计算出实验酵母中活酵母细胞的百分率。

五、实验结果

1. 将在高倍镜下观察到的霉菌和酵母菌绘图。

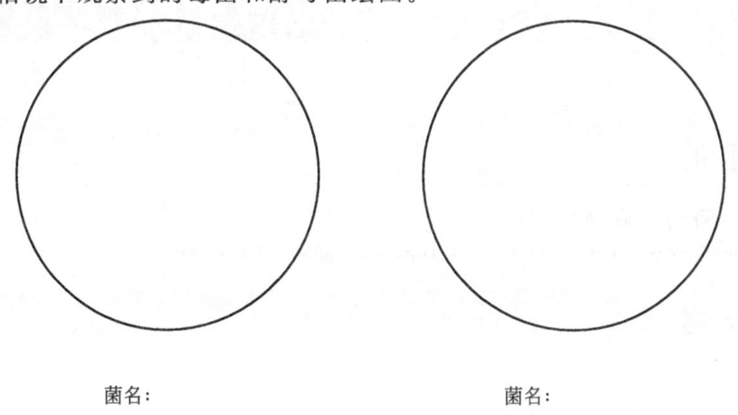

菌名：　　　　菌名：

放大倍数：　　　　放大倍数：

2. 记录实验酵母中活酵母细胞的百分率。

视野	酵母细胞数	活细胞数	活细胞/%
1			
2			
3			
平均			

六、思考题

记述霉菌和酵母菌制片镜检的基本程序。

附录：染色液的配制

1. 乳酸酚液

乳酸	10.0mL
苯酚（化学纯）	10.0mL
甘油	20.0mL
蒸馏水	10.0mL

配制时，先将结晶的苯酚利用水浴加热溶解，再与乳酸、甘油和水混合即成乳酸酚。

2. 0.1%美蓝液

A液：美蓝	0.3g
95%乙醇	30.0mL
B液：氢氧化钾	0.01g
蒸馏水	100mL

将A液和B液混合即可。

实验六　放线菌的制片与镜检

一、实验目的

1. 学会放线菌的一般制片方法。
2. 观察放线菌形态的基本方法，并观察放线菌的形态特征。

二、实验器材

1. 仪器

普通光学显微镜。

2. 实验菌

细黄链霉菌（*Streptomyces microflavus*），马铃薯平板培养 3～4d。

3. 染色液

0.1%美蓝液。

4. 其他

接种针、镊子、小刀、盖玻片、吸水纸、酒精灯、擦镜纸、香柏油、二甲苯等。

三、概述

放线菌是单细胞原核微生物，菌丝体分为营养菌丝和气生菌丝两部分。部分气生菌丝的顶端会分化成孢子丝，呈螺旋状、波浪状或分枝状等。在孢子丝顶端产生孢子，孢子常呈球形、椭圆形或杆形等。气生菌丝和孢子的形状、颜色常作为分类的依据。放线菌的菌丝宽度与细菌类似，必须染色后才能进行观察。它们的形态构造都是放线菌分类鉴定的重要依据。

放线菌的菌落早期绒状同细菌菌落月牙状相似，后期形成孢子菌落呈粉状、干燥，有各种颜色，呈同心圆放射状。

和细菌的单染色方法一样，放线菌也可用石炭酸复红或碱性美蓝等染料着色后，在显微镜下观察其形态。为了不打乱孢子的排列情况，常用印片染色法和胶带纸粘菌染色法进行制片观察。

(1) 营养菌丝的制片与观察——用接种针挑取菌落（连同培养基一起）置于载玻片中央；另取一块载玻片用力将其压碎，弃去培养基，制成涂片，干燥、固定；用美蓝染色液或石炭酸复红染色液染色 30～60s，水洗、干燥，用油镜观察营养菌丝的形态。

(2) 气生菌丝、孢子丝的观察——将培养皿打开，放在低倍镜下寻找菌落的边缘，直接观察气生菌丝和孢子丝的形态（分枝、卷曲情况等）。

(3) 孢子链及孢子的观察（印片法）——取洁净的盖玻片一块，在菌落上面轻轻地压一下，然后将印有痕迹的一面朝下，放在滴有一滴美蓝液的载玻片上，使孢子等印浸在染色液中，制成印片。用油镜观察孢子链及孢子的形态。

(4) 埋片法的制片观察——在马铃薯葡萄糖琼脂培养基平板上，划线接入少量细黄链霉菌的孢子，在接种线旁倾斜地插入无菌盖玻片，于 28～30℃培养 3～4d后，菌丝沿着盖玻片向上生长，待菌丝长好后，取出盖玻片放在干净的载玻片上，置于显微镜下观察。

四、实验步骤

按上述方法制片观察细黄链霉菌的营养菌丝、孢子丝、孢子链及孢子的形态。

五、实验结果

将观察结果绘图，并注明各部位名称。

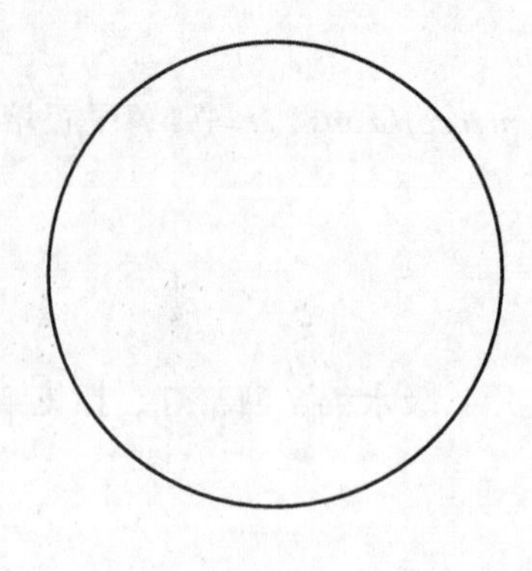

菌名：

放大倍数：

六、思考题

放线菌的菌体为何不易挑取？

第三章　微生物的观察与识别技术

实验七　细菌的形态观察（一）

一、实验目的

观察和识别几种细菌的菌体形态和菌落特征。

二、实验器材

1. 仪器

普通光学显微镜。

2. 实验菌

枯草芽孢杆菌（*Bacillus subtilits*）、大肠杆菌（*Escherichia coli*）、假单胞菌（*Pseudomonas* sp.）。

3. 染色液

结晶紫染色液、革兰氏碘液、95％乙醇、沙黄复染液、蒸馏水或无菌生理盐水。

4. 其他

载玻片、盖玻片、擦镜纸、吸水纸、酒精灯、接种环。

三、实验步骤

（1）观察各实验细菌的菌落特征。

（2）分别对实验细菌进行革兰氏染色。

（3）用油镜镜检、观察各实验细菌的菌体形态和革兰氏染色反应结果。

四、实验结果

1. 报告各实验细菌的特征。

菌　名	菌落特征		菌体形态	革兰氏染色反应
	质地	颜色		
B. subtilits				
E. coli				
P. sp.				

2. 绘制各实验细菌的菌体形态图（有芽孢指示芽孢）。

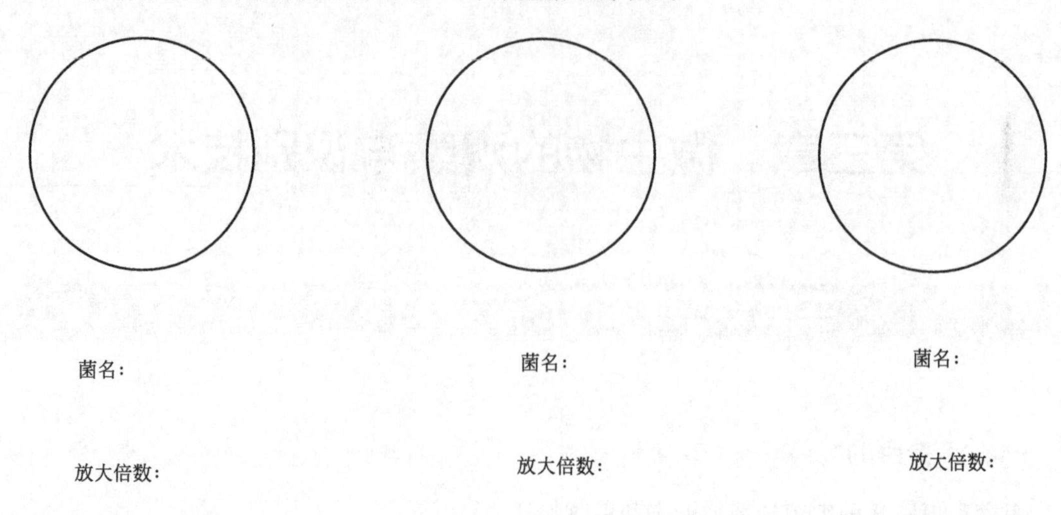

实验八　细菌的形态观察（二）

一、实验目的

观察和识别几种细菌的菌体形态和菌落特征。

二、实验器材

1. 仪器

普通光学显微镜。

2. 实验菌

金黄色葡萄球菌（*Staphylococcus aureus*）、链球菌（*Streptococcus* sp.）、保加利亚乳杆菌（*Lactobacillus bulgaricus*）、沙门氏菌（*Salmonella* sp.）。

3. 染色液

结晶紫染色液、革兰氏碘液、95%乙醇、沙黄复染液、蒸馏水或无菌生理盐水。

4. 其他

载玻片、盖玻片、擦镜纸、吸水纸、酒精灯、接种环。

三、实验步骤

(1) 观察各实验细菌的菌落特征。

(2) 分别对实验细菌进行革兰氏染色。

(3) 用油镜镜检，观察各实验细菌的菌体形态和革兰氏染色反应结果。

四、实验结果

1. 报告各实验细菌的特征。

菌　名	菌落特征		菌体形态	革兰氏染色反应
	质　地	颜　色		
S. aureus				
Str. sp.				
L. bulgaricus				
Sal. sp.				

2. 绘制各实验细菌的菌体形态图（有芽孢指示芽孢）。

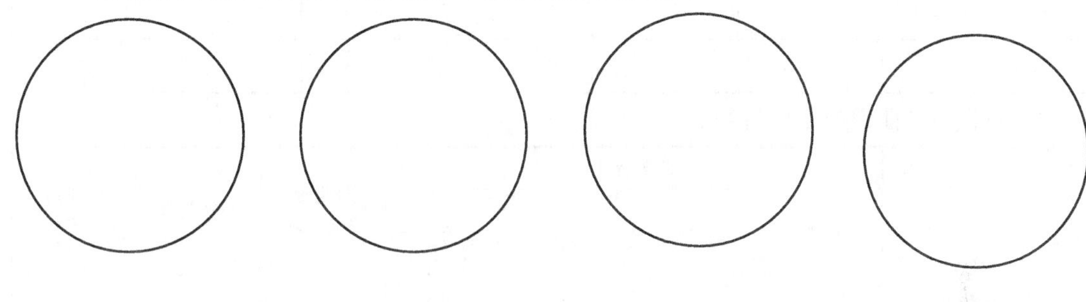

菌名：　　菌名：　　菌名：　　菌名：

放大倍数：　　放大倍数：　　放大倍数：　　放大倍数：

实验九　霉菌的形态观察（一）

一、实验目的

观察和识别毛霉、根霉、曲霉的菌落特征和菌体形态。

二、实验器材

1. 仪器

普通光学显微镜。

2. 实验菌

总状毛霉（*Mucor racemosus*）、黑根霉（*Rhizopus nigricans*）、烟曲霉（*Aspergillus fumigatus*）、黄曲霉（*Asp. flavus*）。

3. 染色液

乳酸酚液、棉蓝乳酸酚液。

4. 其他

载玻片、盖玻片、接种针、镊子、酒精灯。

三、实验步骤

（1）肉眼观察各实验霉菌的菌落特征（质地、大小和颜色），注意异同。

（2）将总状毛霉、黑根霉分别制片、镜检，观察其菌丝特征与分化及孢子囊、孢囊孢子特征。

（3）将烟曲霉、黄曲霉分别制片、镜检，观察其无性繁殖体分生孢子头的特征。

四、实验结果

1. 报告总状毛霉和黑根霉的主要特征。

菌 名	菌落特征			菌丝特征与分化	孢子囊特征	孢囊孢子特征
	质地	大小	颜色			
M. racemosus						
R. nigricans						

2. 报告两种曲霉的主要特征。

菌 名	菌落特征				分生孢子头形状	小梗轮数	分生孢子形状
	质地	大小	颜色				
			正面	反面			
Asp. fumigatus							
Asp. flavus							

3. 绘制各实验霉菌无性繁殖体特征图，并注明各部分名称。

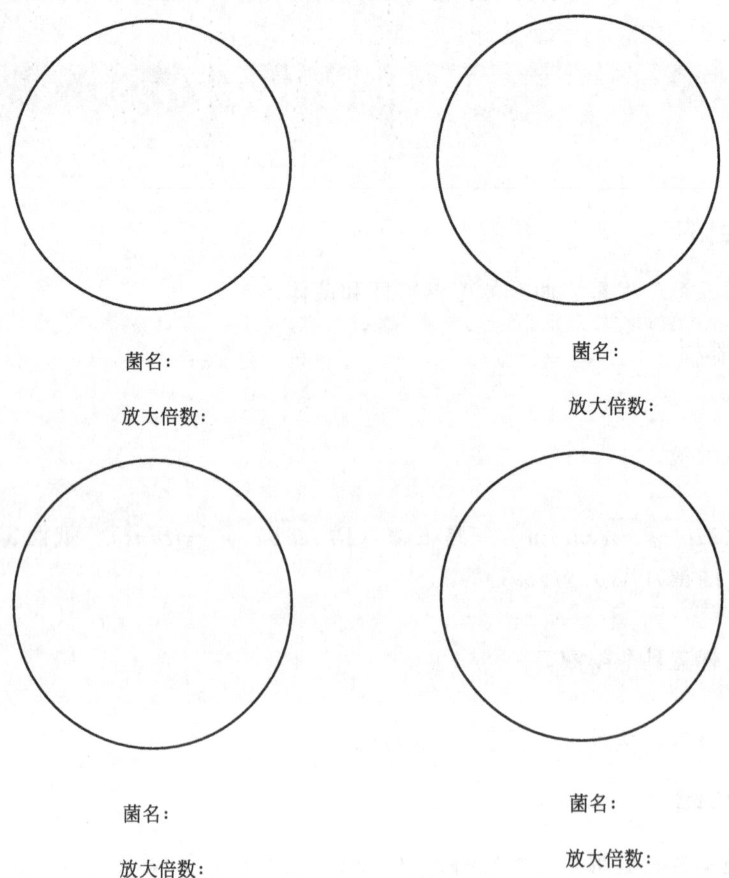

实验十　霉菌的形态观察（二）

一、实验目的

观察和识别青霉和镰刀菌的菌体形态和菌落特征。

二、实验器材

1. 仪器

普通光学显微镜。

2. 实验菌

产紫青霉（*Penicillium purpurogenum*）、橘青霉（*Pen. citrinum*）、禾谷镰刀菌（*Fusarium graminearum*）、串珠镰刀菌（*Fus. moniliforme*）。

3. 染色液

乳酸酚液、棉蓝乳酸酚液。

4. 其他

载玻片、盖玻片、接种针、镊子、酒精灯。

三、实验步骤

（1）肉眼观察各实验霉菌的菌落特征（质地、大小和颜色），注意它们的异同点。

（2）用低倍镜观察各培养皿中青霉菌帚状枝的着生状态和形态或镰刀菌的分生孢子着生状态。

（3）分别对各青霉菌制片或染色镜检，观察其无性繁殖体帚状枝的特征。

（4）分别对各镰刀菌制片或染色镜检，观察大型分生孢子和小型分生孢子的有无及形态特征。

四、实验结果

1. 报告两种青霉的主要特征。

菌　名	菌落特征				帚状枝轮次特征	小梗轮数	分生孢子形状
	质地	大小	颜色				
			正面	反面			
Pen. purpurogenum							
Pen. citrinum							

2. 报告两种镰刀菌的主要特征。

菌　名	菌落特征				大型分生孢子		小型分生孢子	
	质地	大小	颜色		形状	隔膜	形状	隔膜
			正面	反面				
Fus. graminearum								
Fus. moniliforme								

3. 绘制两种青霉帚状枝的特征图，并注明各部分名称。

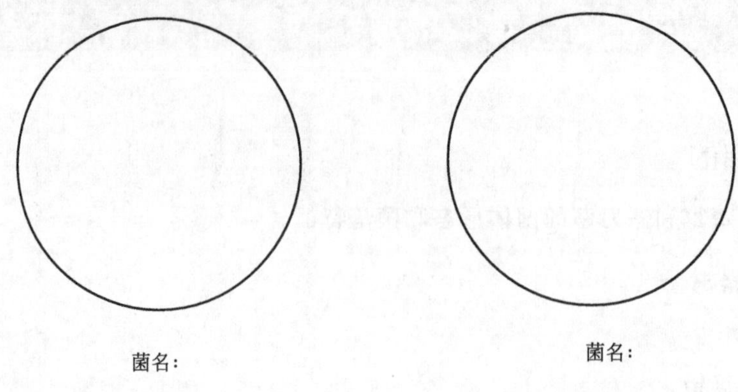

菌名：　　　　　　　　　　　　　　菌名：

放大倍数：　　　　　　　　　　　　放大倍数：

4. 绘制两种镰刀菌分生孢子特征图，并注明各部分名称。

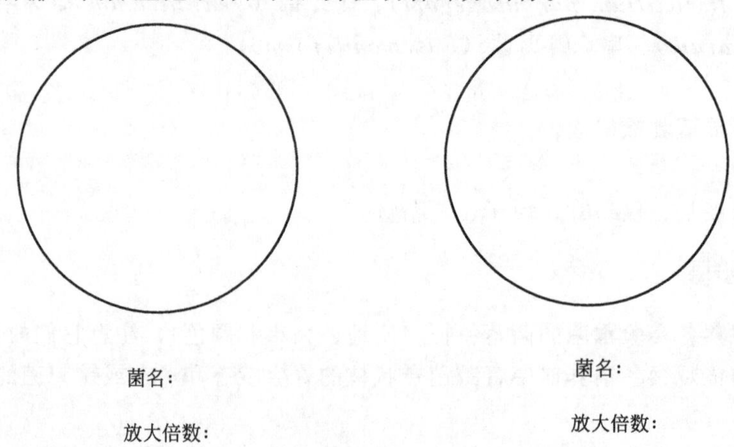

菌名：　　　　　　　　　　　　　　菌名：

放大倍数：　　　　　　　　　　　　放大倍数：

实验十一　霉菌的形态观察（三）

一、实验目的

观察和识别几属半知菌的菌体形态和菌落特征。

二、实验器材

1. 仪器

普通光学显微镜。

2. 实验菌

木霉（*Trichoderma* sp.）、单端孢霉（*Trichothecium* sp.）、交链孢霉（*Alternaria* sp.）、弯孢霉（*Curvularia* sp.）。

3. 染色液

乳酸酚液、棉蓝乳酸酚液。

4. **其他**

载玻片、盖玻片、接种针、镊子、酒精灯。

三、实验步骤

(1) 肉眼观察各类实验霉菌的菌落特征。

(2) 用低倍镜观察各类半知菌在平板培养基上的生长情况。

(3) 制片或染色各实验菌,镜检,观察其分生孢子的形状、颜色、隔膜数目与排列及着生情况;观察分生孢子梗和小梗的形态特征。

四、实验结果

1. 报告四属半知菌的菌落和分生孢子形态特征。

菌　名	菌落特征		分生孢子			
	质地	颜色	形状	颜色	隔膜数目与排列	着生情况
Trichoderma sp.						
Trichothecium sp.						
Alternaria sp.						
Curvularia sp.						

2. 绘制四属半知菌的菌体特征图,并注明名称。

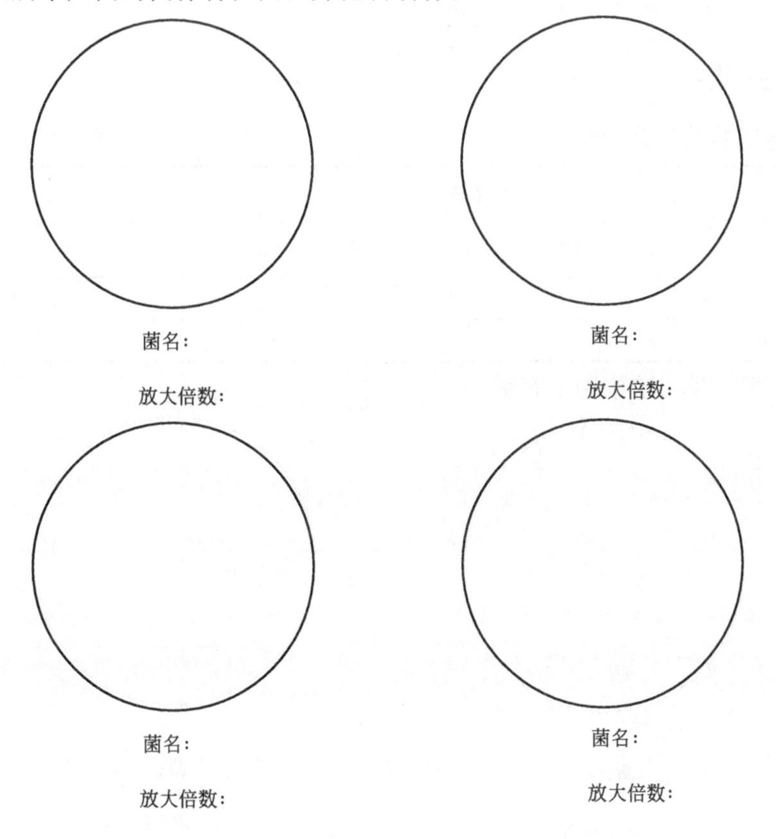

实验十二　酵母菌的形态观察

一、实验目的

观察和识别几种酵母菌的个体形态和菌落特征。

二、实验器材

1. 仪器

光学显微镜。

2. 实验菌

啤酒酵母（*Saccharomyces cerevisiae*）、黏红酵母（*Rhodotorula glutinis*）。

3. 染色液

0.1%美蓝液。

4. 其他

载玻片、盖玻片、擦镜纸、吸水纸、接种环、酒精灯。

三、实验步骤

（1）肉眼观察各实验酵母菌的菌落特征。

（2）对实验酵母菌制片、染色、镜检。

四、实验结果

1. 报告各实验酵母菌的特征。

菌　名	菌落特征		细胞形态	假菌丝有无
	质地	颜色		
S. cerevisiae				
R. g/utinis				

2. 绘制实验中酵母菌细胞形态图。

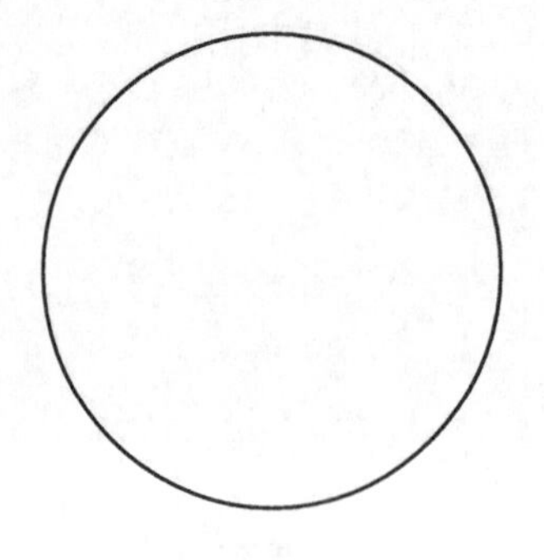

菌名:

放大倍数:

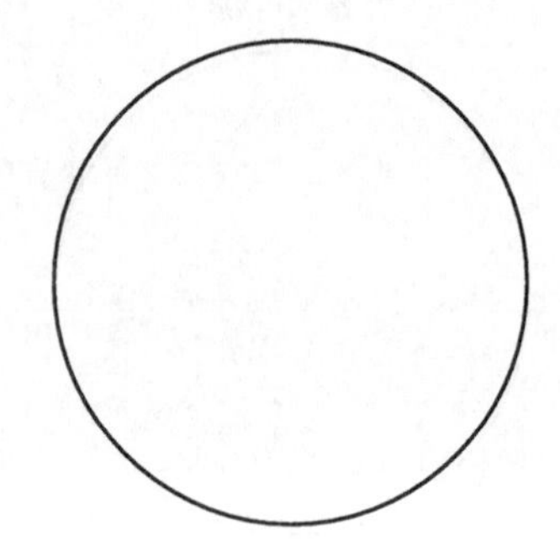

菌名:

放大倍数:

第四章　微生物的测微与显微计数技术

微生物细胞大小是微生物分类鉴定的重要依据之一。微生物个体很小，要用测微技术进行测量，显微测微尺是测量微生物细胞或孢子大小的常用工具。

显微计数是在显微镜下直接计算菌液中微生物数量的方法，具有快速、简便的优点。

实验十三　微生物细胞大小的测定（测微尺的应用）

一、实验目的

1. 了解测微尺的构造，学习测微技术，测量霉菌孢子及酵母菌细胞大小。
2. 增强对微生物细胞大小的感性认识。

二、实验器材

1. 仪器

普通光学显微镜、接目测微尺、接物测微尺。

2. 实验菌

曲霉孢子无菌水悬浮液、酵母菌美蓝悬浮液。

3. 其他

擦镜纸、吸水纸、酒精灯、接种环、载玻片、盖玻片。

三、概述

微生物的大小可用测微尺测量，测微尺分为接目测微尺和接物测微尺两部分。接目测微尺（图 4-1）是一个可放入目镜内的特制圆形玻片，中央是一个细长带刻度的尺，5mm 等分成 50 小格或 10mm 等分成 100 小格。接物测微尺（图 4-2）为一特制的载玻片，中央有 1mm 刻度，等分成 100 小格，每格长 0.01mm（10μm）。接目测微尺每小格的大小随显微镜的不同放大倍数而改变，在测定时先用接物测微尺标定，求出在某一放大倍数时目镜测微尺每小格代表的长度即显微长度，然后用标定好的接目测微尺测量微生物大小。

四、实验步骤

（一）进行接目测微尺显微长度的标定

1. 将接目测微尺装入目镜的光阑处，刻度朝下，并将接物测微尺置于镜台上，刻度向上。

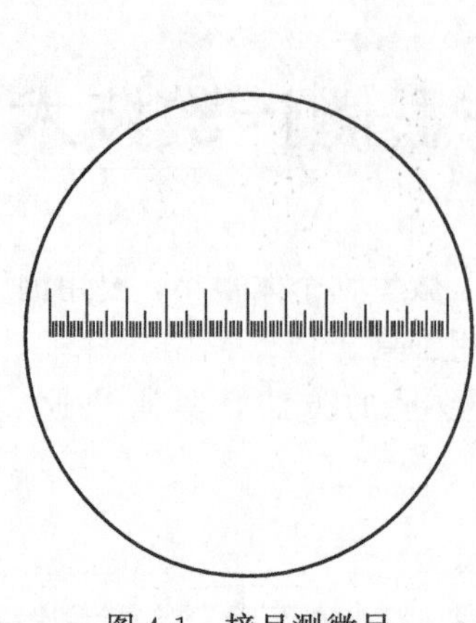

图 4-1 接目测微尺

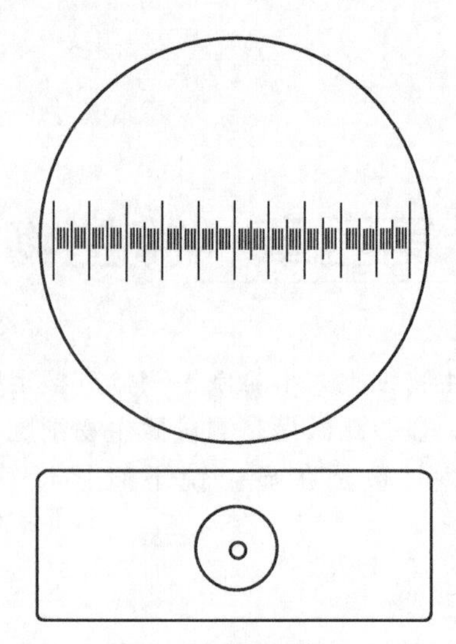

图 4-2 接物测微尺

2. 按照先用低倍镜，后用高倍镜的原则，依照镜检方法和步骤，观察清晰接物测微尺刻度，再转动接目测微尺，使两尺刻度平行，并确定两尺左边第一条重合刻度线，向右寻找两尺的第二条重合刻度线，记录左右重合刻度线之间，接目测微尺和接物测微尺的格数。

3. 目尺每格显微长度的计算：

目尺每格的显微长度(μm) =重合线间接物测微尺格数×10μm/重合线间接目测微尺格数

根据上述方法和公式分别标定低倍镜和高倍镜下接目测微尺的显微长度。

（二） 应用测微尺测定酵母细胞或霉菌孢子大小

1. 取下接物测微尺，换上酵母菌或霉菌玻片标本。

2. 在高倍镜的视野中选取一个单独的菌体或孢子，测定其长度和宽度。视其长和宽各占接目测微尺多少格，再乘以显微长度，即可算出菌体的实际大小。

3. 在同一标本的三个视野中，随机测定 10 个酵母细胞，计算出其平均宽度和长度。

五、实验结果

1. 记录你所用显微镜的低倍镜和高倍镜接目测微尺的显微长度。

物镜放大倍数	接目测微尺格数	接物测微尺格数	接目测微尺的显微长度/μm

2. 记录实验酵母细胞或霉菌孢子大小的测定结果。

测定次数	1	2	3	4	5	6	7	8	9	10	平均值
宽度/μm											
长度/μm											

六、思考题

在测微中，说明为何不用接目测微尺标度的实验长度，而用显微长度；目尺显微长度的标定方法。

实验十四　微生物的显微计数［血细胞（细菌）计数器的应用］

一、实验目的

1. 熟悉血细胞（细菌）计数器的构造、原理和计算方法。
2. 掌握应用血细胞计数器进行霉菌孢子或酵母菌细胞直接计数方法。

二、实验器材

1. 仪器

普通光学显微镜、血细胞（细菌）计数器。

2. 实验菌

酵母菌（*Saccharomyces* sp.）、曲霉（*Aspergillus* sp.）。

3. 其他

吸管、试管、擦镜纸、吸水纸。

三、概述

显微计数是在显微镜下直接计算菌液中微生物数量的方法，显微计数法有三种：计数器测定法、视野计数法和目镜计数法。

计数器测定法是测定单位容积（或质量）内微生物数量的一种方法，适用于细菌、酵母菌细胞和霉菌孢子的直接显微计数，它所用的仪器为血细胞（细菌）计数器。

血细胞（细菌）计数器（图 4-3）是一块比载玻片厚的玻璃片，其上有对称的四条沟和两条嵴，在中央平面两边各有一个计数网格，中间的一个大方格为“计数室”。计数室长和宽各为 1mm，深为 0.1mm，故其容积为 $0.1mm^3$。血细胞（细菌）计数器通常有两种规格：一种是 16×25 型，即先将 1 大格（计数室）分为 16 个中格（中室），而每个中格又分为 25 个小格（小室），总共是 400 个小格（小室）；另一种是 25×16 型，即先将 1 大格分为

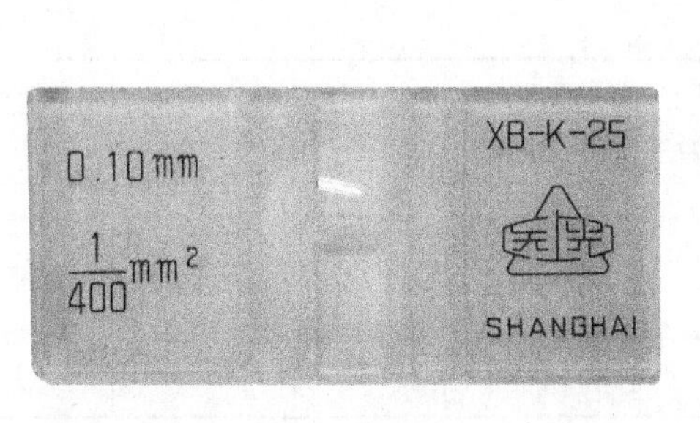

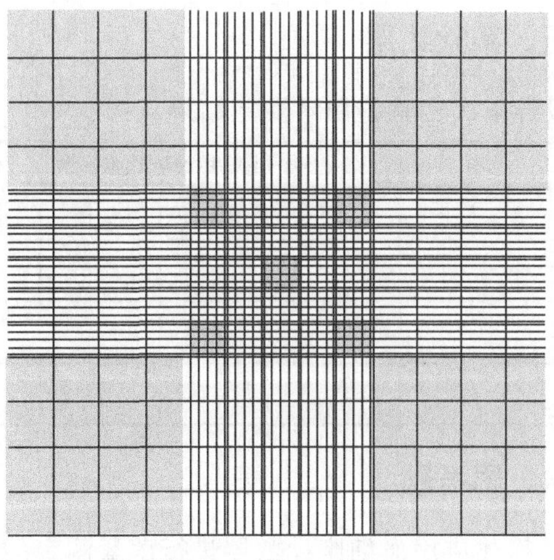

图 4-3　血细胞（细菌）计数器的构造和计数区（25×16 型）

25 个中格，而每个中格又分为 16 个小格，总共也是 400 个小格。因此，当在“计数室”内加入菌液并加盖盖玻片后，通过对一定中格内微生物数量的统计，可以计算出 1mL 菌液中的菌体数。

四、实验步骤

（一）测定准备

1. 应用无菌生理盐水，制备酵母菌或霉菌孢子的菌悬液，并定倍稀释至血细胞计数器每小格 4～5 个菌体为宜。

2. 将计数器、吸管、盖玻片充分洗净，并干燥。

（二）测定

1. 用吸管将稀释菌悬液滴加在计数室上，立即加盖盖玻片，勿使产生气泡，然后用吸水纸吸去多余的菌液。

2. 先在低倍镜下找到大方格后，再转换高倍镜观察并计数。计数时，如用 25×16 型计数器，按对角线方位取左上、左下、中央、右上、右下五个中格（即 80 个小格）。如用16×25 型的计数器，按对角线方位取左上、左下、右上、右下四个中格（即 100 个小格）计数。

3. 每个样品，重复计数三次，取其平均值，为平均每小格的菌量。

4. 计数器使用后，可用水冲洗，切忌用硬物洗刷，洗后，可晾干或电吹风机吹干。

（三）计算

1. 液体样品的菌量计算

$$N_L(\text{个/mL})=m\times4000000\times d$$

式中 m——每个计数小格的平均菌量；

4000000——计数小格容积换算成毫升的常数；

d——稀释倍数。

2. 固态样品表面带菌的菌量计算

$$N_s(\text{个/g})=m\times4000000\times L/W$$

式中 L——固态试样表面洗涤液量；

W——固态试样质量，/g。

五、实验结果

报告本次实验的菌量测定结果。

测定次数	中格中细胞或孢子数						稀释倍数	菌液浓度/(个/mL)	平均菌液浓度/(个/mL)
	左上	左下	中央	右上	右下	总数			
1									
2									
3									

六、思考题

1. 简述应用血细胞计数器进行菌量测定的基本程序。

2. 用血细胞计数器进行计数时，哪些步骤易造成误差？

第五章　培养基的制备技术

培养基是人工配制的适合微生物生长繁殖或积累代谢产物的营养基质。制备培养基的目的在于给微生物创造良好的营养条件，用于培养、分离、鉴定和保存各种微生物或合成各种代谢产物。由于自然界的微生物种类多，具有不同的营养类型，加上人们实验和研究的目的不同，应配制不同类型的培养基，但各种培养基一般均应含有满足微生物生长繁殖的水分、碳源、氮源、无机盐和生长因子等几大营养物质。另外还应具有适宜的 pH 值和一定的缓冲能力。

培养基根据是否需要加入凝固剂以及凝固剂的用量又可分为液体培养基、半固体培养基和固体培养基三种。实验室中常用的凝固剂为琼脂。半固体培养基琼脂加入量为 0.2%～0.7%，固体培养基琼脂加入量为 1.5%～2.0%。

市场上也有配制好的干粉培养基（也叫脱水培养基）出售，这类培养基使用很方便，只要按包装上的说明使用即可。

由于配制培养基的原料和容器等含有微生物，因此配制好的培养基应立即进行灭菌，如果来不及灭菌，应暂时存放于冰箱内，否则其中的微生物生长繁殖消耗营养成分和改变培养基的酸碱度而带来不利的影响。

实验十五　常用基础培养基的配制

一、实验目的

1. 熟悉适合于各类多数微生物生长的基础培养基种类及其特性。
2. 掌握培养基配制的原则和方法。

二、实验器材

1. 材料

锥形瓶、烧杯、漏斗、试管、量筒、玻璃棒、天平、培养基分装器、铝锅、棉花、纱布、弹簧节流夹、油纸或牛皮纸、精密 pH 试纸、牛角匙、试管架、铁丝框、电热器、高压灭菌锅等。

2. 药品

牛肉膏、蛋白胨、葡萄糖、蔗糖、琼脂、硝酸钠、氯化钾、硫酸镁、硫酸亚铁、磷酸氢二钾、0.1mol/L NaOH 溶液、0.1mol/L HCl 溶液、10%乳酸、蒸馏水等。

三、概述

虽然微生物种类繁多，对营养物质要求有所不同，但四大类微生物（细菌、放线菌、霉菌和酵母菌）的营养需求具有一定的共性。实验室中做一般培养时，常常选用一些适合于多数微生物生长的培养基，这类培养基称为基础培养基。一般培养细菌常用营养琼脂、培养霉菌常用马铃薯葡萄糖培养基、培养酵母菌常用麦芽汁培养基、培养放线菌常用高氏1号培养基。

四、实验步骤

（一）培养基的制备程序

动植物组织→制取浸汁

↓

定量称取配料和药品→水→加放药品→热溶→加入琼脂、溶化、补足水量、测调 pH 值→分装（试管或锥形瓶）→加塞子、蜡纸封扎→高压蒸汽灭菌→锥形瓶存放或倒碟，制备平板，试管凝制斜面，备用。

1. 称量

按照培养基的配方依次准确地称取配料和药品。一些不易称量的成分，如比较黏稠的牛肉膏可放在小烧杯或表面皿中称，有些需要甚微的药品，可先配成一定比例的稀释液，再从中取出需要的量。

2. 溶化

在烧杯或瓷量杯中先加入少于所需要的水（如有动植物组织浸出液应算入总量），将配料和药品放入其中，加热，并用玻璃棒不断搅匀，完全溶解后，加入琼脂，再加热溶化，同时补足水量。

3. 调节 pH 值

培养基的酸碱度一般用精密 pH 试纸测定。如测定结果与其所要求的 pH 值范围不符时，则应用已配好的碱液（0.1mol/L NaOH）或酸液（0.1mol/L HCl 或 10%的乳酸）进行调节。

4. 分装

根据不同的需要，趁热将培养基分装于锥形瓶或试管内。注意勿使培养基沾染试管（或锥形瓶）口上，以免浸湿棉塞而引起污染。装入试管的培养基容量，为试管高度的1/5～1/4，装入锥形瓶的容量以锥形瓶容量的 2/3 为宜。

5. 加塞子与包扎

培养基分装好后，应立即加盖棉塞（或橡胶塞），棉塞的大小要适合，既能塞牢，又易拨出，制作棉塞时应将棉花铺成片状，拆边并叠成长条，再卷成圆柱形，棉塞的粗细与瓶口或管口相当，塞上后应松紧适度。棉花的长度应为瓶口或管口直径的二倍左右，塞长的 2/3 塞入瓶口或管口。橡胶塞大小适当即可。

塞子塞好后，瓶口或管口均用蜡纸或牛皮纸包扎，并标明培养基名称、制备组别和时间等标记。

6. 灭菌

培养基包扎好后，立即按培养基配方中规定的灭菌条件进行灭菌，一般用高压蒸汽灭菌法进行（实验十七）。灭菌后，斜面培养基趁热摆成斜面（与桌面角度成 20°左右）冷凝后无菌存放，备用。

（二）每个实验小组配制营养琼脂、马铃薯葡萄糖培养基各 200mL

1. 清洗各种玻璃器皿和有关用具。

2. 根据两种培养基配方，称取配料和药品，分别进行配制，并测试 pH 值，而后分装。营养琼脂、马铃薯葡萄糖培养基各分装 4 支小试管（每管 5mL)，余者分装于锥形瓶中。

3. 加塞塞子，蜡纸包扎，做好标记。

4. 进行高压蒸汽灭菌（121℃、15～30min)。

5. 灭菌后的已装培养基的试管应斜放（与桌面成 20°角)，冷凝后即为斜面培养基。

灭菌后的各类培养基均应无菌存放备用。

（三）无菌生理盐水的配制

1. 每组将清洗干净的 500mL 三角瓶中加入 225mL 生理盐水（每 1000mL 蒸馏水水中加入 8.5g 氯化钠，搅拌溶解)，在中号试管中准确加入 9mL 生理盐水，共 3 支。

2. 将三角瓶口和试管瓶口上加塞塞子，蜡纸包扎，高压蒸汽灭菌（121℃、15～30min)。

五、实验结果

检查配制的两种培养基和无菌水是否达到要求。

六、思考题

1. 报告培养基制备工作的要点，并说明培养基应具备哪些条件？为什么？

2. 培养基配好后，为什么必须马上进行高压蒸汽灭菌？如不能及时灭菌时，应将培养基暂时放置何处？

附录 A：棉塞制作

(1) 取棉花若干铺成正方形；

(2) 对角部分折叠，一角多折叠些，另一角少折叠些；

(3) 从剩余未折叠两角的任一角开始，用力卷成棉塞。

附录 B：有关培养基的配制

1. 营养琼脂

(1) 成分

蛋白胨	牛肉膏	氯化钠	琼脂	蒸馏水
10.0g	3.0g	5.0g	15.0～20.0g	1000mL

(2) 制法

将各成分混合后，加热溶解，调节 pH 至 7.4～7.6。加入琼脂，加热煮沸，使琼脂溶化。分装锥形瓶，高压蒸汽灭菌（121℃、20min)。

2. 马铃薯-葡萄糖琼脂培养基

(1) 成分

马铃薯（去皮切块）	葡萄糖	琼脂	氯霉素	蒸馏水
300g	20.0g	20.0g	0.1g	1000mL

(2) 制法

将马铃薯去皮切块，加 1000mL 蒸馏水，煮沸 10～20min，用纱布过滤，补加蒸馏水至 1000mL，加入葡萄糖和琼脂，加热溶化，分装，高压蒸汽灭菌（121℃、20min)。倾注平板前，用少量乙醇溶解氯霉素加入培养基中。

第六章　消毒与灭菌技术

微生物广泛分布于空气、水和各种物品中，为了保证微生物实验过程中不受其他微生物的干扰，以及实验用的微生物不污染周围环境，在实验中要对所用的仪器、水、培养基、试剂和操作环境等进行必要的、严格的灭菌或消毒，保证纯培养菌的正常和旺盛生长，杜绝杂菌污染。因此，灭菌和消毒是微生物实验的重要技术之一。

微生物学上的灭菌和消毒的含义不同。灭菌是指用物理或化学方法，完全除去或杀死物体表面或内部的所有微生物。消毒是指消除或杀灭病原微生物，灭菌一定可以达到消毒的目的，但消毒不一定能达到灭菌的效果。

消毒和灭菌的方法很多，一般可分为加热、过滤、照射和使用化学药品等方法，可根据所要灭菌的对象和要求选择具体的方法。加热法又分干热灭菌和湿热灭菌两类。干热灭菌有火焰烧灼灭菌和热空气灭菌两种。火焰烧灼灭菌法适用于接种环、接种针和金属用具如镊子等，无菌操作时的试管口和锥形瓶口也在火焰上做短暂烧灼灭菌。干燥箱的干热灭菌法适用于玻璃器皿如吸管和培养皿等的灭菌。湿热灭菌法又可分为高压蒸汽灭菌法、巴氏消毒法、间歇灭菌法和煮沸消毒法，此法适用于含水物品如培养基、生理盐水的灭菌。而对于不宜加热的液体或溶液如血清、羊血等宜采用过滤除菌的方法。实验操作环境的无菌室或超净工作台中的空气可用紫外线灯照射灭菌。化学药品消毒灭菌法是应用能杀死微生物的化学制剂进行消毒灭菌的方法。实验室桌面以及操作人员的手均用化学药品进行消毒灭菌。常用的有75%酒精溶液、2%煤酚皂溶液（来苏儿）等。

实验十六　玻璃器皿包扎及干燥箱干热灭菌

一、实验目的

1. 了解干热灭菌的原理和应用范围。
2. 学习玻璃器皿的包扎和干燥箱干热灭菌的操作技术。

二、实验器材

培养皿、1mL 吸管、10mL 吸管、电热干燥箱等。

三、概述

干燥箱的干热灭菌是利用高温使微生物细胞内的蛋白质凝固变性而达到灭菌的目的。细胞内蛋白质的凝固性与其本身的含水量有关，在菌体受热时，当环境和细胞内含水量越大，则蛋白质凝固就越快，反之含水量越小，凝固缓慢。因此，与湿热灭菌相比，干热灭菌所需温度高（160～170℃），时间长（1～2h）。干热灭菌温度不能超过180℃，否则，包器皿的纸或棉塞就会烤焦，甚至引起燃烧。干热灭菌所用的电热干燥箱的外观结构如图 6-1。

利用干燥箱干热灭菌，只适用于玻璃仪器及金属用具，而不耐热的物品和培养基等含水物品的灭菌则不能使用。

四、实验步骤

（一）玻璃器皿的清洗

每组清洗培养皿 20 套，1mL 吸管 5 支，10mL 吸管 1 支，清洗玻璃器皿的方法和注意事项如下：

(1) 任何清洗方法，必须保证对玻璃器皿没有损伤；

(2) 一般器皿可用肥皂粉清洗，若沾有油污、油漆、蜡质等，可用热溶或用有机溶剂（苯、丙酮、醋酸乙酯等）擦除；

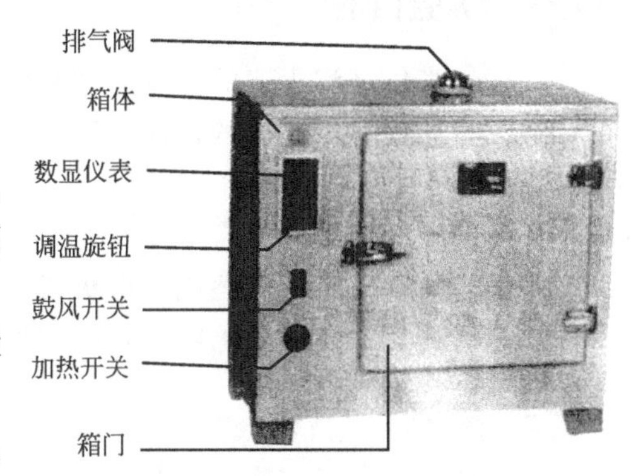

图 6-1　电热干燥箱的外观结构

(3) 清洗后的玻璃器皿，应能被水均匀湿润，而无水纹和水珠。

（二）玻璃器皿的包扎

每组将清洗、自然干燥后的培养皿和吸管进行包扎。

(1) 培养皿的包扎：晾干后的培养皿，应 5～6 套叠在一起，用纸卷包，扎叠。以便进行灭菌。

(2) 吸管的包扎：干净的吸管管口可用少许脱脂棉塞好，并用 4～5cm 宽的纸条，从吸管尖端的头部以螺旋形包卷，直到顶部管口，便可折叠。也可以把 3～5 支吸管同时包扎成束。

（三）玻璃器皿的干燥箱的干热灭菌

(1) 装入待灭菌的物品。将包扎好的培养皿、吸管，放入电热干燥器内，关好箱门，注意物品不要摆得太挤，以免妨碍热空气流通。同时，灭菌物品也不要与干燥箱内壁的铁板接触，以防包装纸烤焦起火。

(2) 升温、恒温与降温。接通电源，可把箱顶通气孔打开，放出箱内湿气，设定灭菌温度 160～170℃，待达到 100℃时，关闭排气孔，待温度升至 160～170℃，保持此温度 1～2h 即成。现在有的电热干燥箱还可设定灭菌时间，只需灭菌开始时将时间设定好即可。注意干热灭菌过程中，严防恒温调节的自动控制器失灵而造成安全事故，灭菌时人不能离开。达到规定时间后，切断电源，自然降温。注意灭菌结束后不能忘记关闭电源。

(3) 开箱取物。待干燥箱内温度降至 80℃以下时，打开箱门，取出灭菌物品，并无菌存放。干燥箱内温度未降至 80℃，不要打开箱门以免骤然降温导致玻璃器皿炸裂或发生烫伤事故。

五、思考题

1. 为什么干热灭菌比湿热灭菌所需要的温度高、时间长？
2. 在干热灭菌操作过程中应注意哪些问题，为什么？

实验十七　高压蒸汽灭菌

一、实验目的

1. 了解高压蒸汽灭菌的基本原理和应用范围。
2. 学习高压蒸汽灭菌的操作方法。

二、实验器材

1. 手提式高压蒸汽灭菌锅、电炉或煤气炉。
2. 需待高压蒸汽灭菌的物品：生理盐水、培养基等（实验十五配制）。

三、概述

高压蒸汽灭菌法是将待灭菌的物品放在一个密闭的加压灭菌锅内，通过加热，使灭菌锅隔套间的水沸腾而产生蒸汽，待水蒸气急剧地将锅内的冷空气从排气阀中驱尽，然后关闭排气阀，继续加热，此时由于水蒸气不能逸出，增加了灭菌器的压力，因此水的沸点随着上升，可获得比100℃更高的蒸汽温度，从而导致菌体蛋白质凝固变性而达到灭菌的目的。此法适用于一切含水物品以及一切不宜干热灭菌的物品。

高压蒸汽灭菌是在高压蒸汽灭菌锅中完成，实验室中常用的高压蒸汽灭菌锅有立式、卧式和手提式等几种。本实验介绍手提式高压蒸汽灭菌锅，其主要构成部分是：金属锅体、锅盖、压力表、放气阀、安全阀等，如图6-2所示。灭菌的温度及维持的时间随灭菌物品的性质和容量等具体情况而有所改变。一般培养基在121℃下维持15～30min可达到彻底灭菌的目的。而含糖培养基则要在112.6℃灭菌下维持15min，但为了保证效果，可将其他成分先在121℃下维持15～30min灭菌，然后以无菌操作方式加入灭菌的糖溶液。又如盛于试管内的培养基121℃灭菌15～20min即可，而盛于大锥形瓶内的培养基最好121℃灭菌30min。值得注意的是在使用高压蒸汽灭菌锅灭菌时，灭菌锅内冷空气的排除是否完全极为重要，因为空气的膨胀压大于水蒸气的膨胀压，所以，当水蒸气中含有空气时，在同一压力下，含空气蒸汽的温度低于饱和蒸汽的温度。因此，灭菌排气时一定要将锅内的冷空气从放气阀中排除尽。灭菌锅内残留有空气时，会影响灭菌效果。

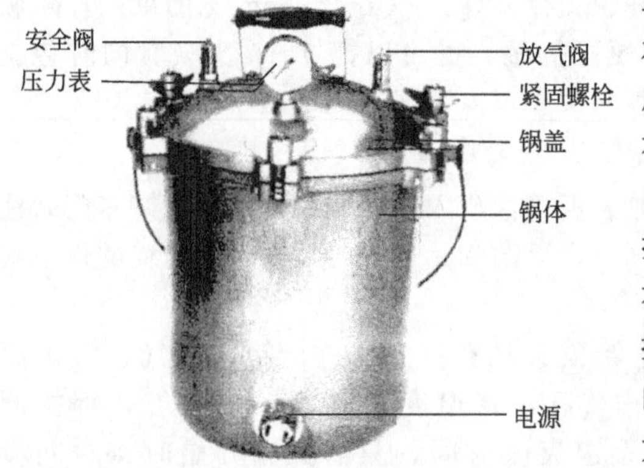

图6-2　手提式高压蒸汽灭菌锅外观结构图

四、实验步骤

（一）高压蒸汽灭菌

1. 装入待灭菌的物品。使用前，将内层锅取出，再向外层锅中加入适量的水（使水面与三角搁架相平为宜），然后放回内层锅，并将待灭菌的物品，依次放入。盖好顶盖（应将盖的排气软管插入内层锅的排气槽内)，旋紧螺旋，拧紧时注意应对称地进行，否则容易造成漏气。

2. 加热与升温。打开锅盖上的放气阀进行加热，待锅内产生蒸汽后，放气阀即有蒸汽排出，约3～5min，待冷空气排尽，再关闭放气阀，让锅内温度随蒸汽压力增高而逐渐上升。待升温增压至所需压力（温度）时，控制热源或用钳子稍微打开放气阀，维持压力（温度）至所需时间即可停止加热。本实验灭菌条件为121℃，灭菌15～30min。

3. 降温与取出物品。自然降温，必须待压力表指针回到零位时，才可打开放气阀放气，当蒸汽排完时，再开盖取出灭菌物品，并无菌存放备用。倒出锅内余水，将高压蒸汽灭菌锅清洗干净，晾干后，再装好放妥备用。

（二）灭菌培养基的无菌性检查

将灭过菌的培养基在适宜条件下培养（营养琼脂36℃±1℃，培养24h；马铃薯葡萄糖培养基28℃±1℃，培养3～5d)，培养期间观察培养基是否有菌生长。

五、实验结果

1. 检查培养基的高压蒸汽灭菌情况。
2. 对灭菌培养基无菌检查的结果填入下表中。

培养基名称	培养条件	无菌生长(－)	有菌生长(＋)

六、思考题

1. 报告高压蒸汽灭菌方法的程序和要点。
2. 高压蒸汽灭菌开始之前，为什么要将锅内冷空气排尽？灭菌完毕后，为什么待压力降至“0”时，才能打开排气阀，开盖取物？
3. 灭菌在微生物实验操作中有何重要意义？

第七章　微生物的分离纯化与培养技术

自然界中的微生物总是混居在一起，即使一粒土或一滴水或一颗粮食中也生存着多种微生物。要研究和利用其中的某一种微生物，首先必须将其从混杂的微生物群体中分离出来，获得该微生物的纯种。将特定的微生物个体从群体中或从混杂的微生物群体中分离出来的技术叫作分离；在特定环境中只让一种来自同一祖先的微生物群体生存的技术叫作纯化。因此，微生物的分离纯化是微生物实验中的最基本技术之一。

通过微生物的分离纯化，在平板上获得某一微生物的单一的菌落后，需要采用合适的接种和培养技术来获得微生物纯种，从而进行科学研究和生产备用。微生物接种和培养方法很多，要根据实验目的和培养基种类进行选择。

实验十八　微生物的分离与纯化

一、实验目的

1. 掌握倒平板的方法和几种常用的微生物分离与纯化的基本操作技术。
2. 掌握无菌操作的基本环节。
3. 了解细菌和霉菌培养的适宜条件。

二、实验器材

1. 仪器

超净工作台或无菌室、摇床、恒温培养箱。

2. 培养基

无菌水（或生理盐水）、营养琼脂、马铃薯葡萄糖琼脂（实验十五制备）。

3. 样品

土壤样品、酱牛肉、大米等样品。

4. 其他

吸管、酒精灯、锥形瓶、试管、培养皿、涂布棒、试管架、记号笔等。

三、概述

为了从混杂的样本中分离出所需的菌种或者已有的微生物菌种由于某些原因受到污染或出现退化现象需要纯化或复壮，这些工作离不开菌种分离纯化。含有一种以上的微生物培养物称为混合培养物，如果在一个菌落中所有细胞均来自一个亲代细胞，那么这个菌落称为纯培养，得到纯培养的过程称为分离纯化。常用的微生物分离纯化的方法是平板划线法、稀释混合平板法和稀释涂布平板法，但任何分离纯化方法皆需严格地进行无菌操作，这样才能得到纯的菌株。

平板划线法是最简单的微生物分离纯化方法。用无菌的接种环取样品稀释液（或培养物）少许在平板上进行划线。划线的方法很多，常见的比较容易出现单个菌落的划线方法有斜线法、曲线法、方格法、放射法、四格法等（图 7-1）。平板划线法主要应用于食品致病菌进行增菌后的平板分离。当接种环在培养基表面上往后移动时，接种环上的菌液逐渐稀释，最后在所划的线上分散着单个细胞，经培养，每一个细胞长成一个单独的菌落（图 7-2）。

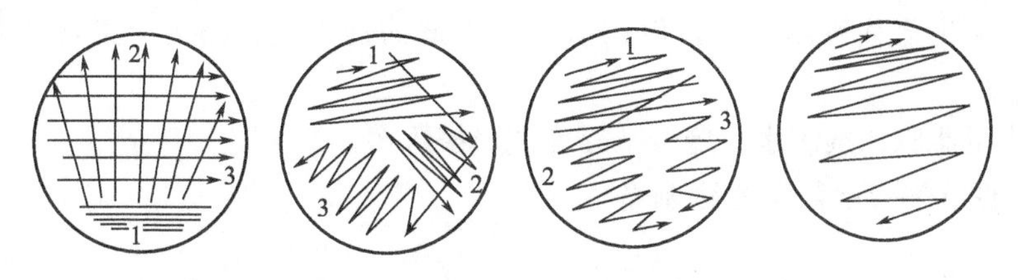

图 7-1　平板划线法的划线方法

稀释混合平板法首先将样本通过无菌水进行 10 倍系列稀释，取一定量的稀释液加到无菌培养皿中，倾注 40～50℃的适宜固体培养基充分混合，待凝固后，做好标记，把平板倒置在恒温箱中定时培养。培养后会出现由单一细胞经过多次增殖后形成的一个菌落（图 7-3）。

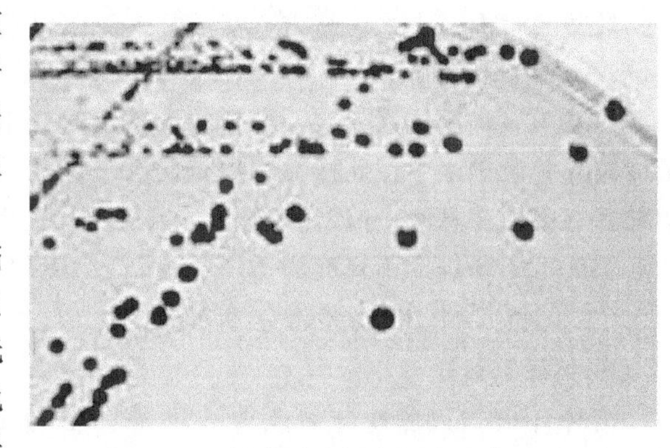

图 7-2　平板划线法经培养后形成的菌落

稀释涂布平板法首先把样本通过适当的稀释，取一定量的稀释液放在无菌的已凝固的适合培养基琼脂平板上，然后用无菌玻璃刮刀或 L 形玻璃棒把稀释液均匀地涂布在培养基表面上，恒温培养便可以得到单个菌落。

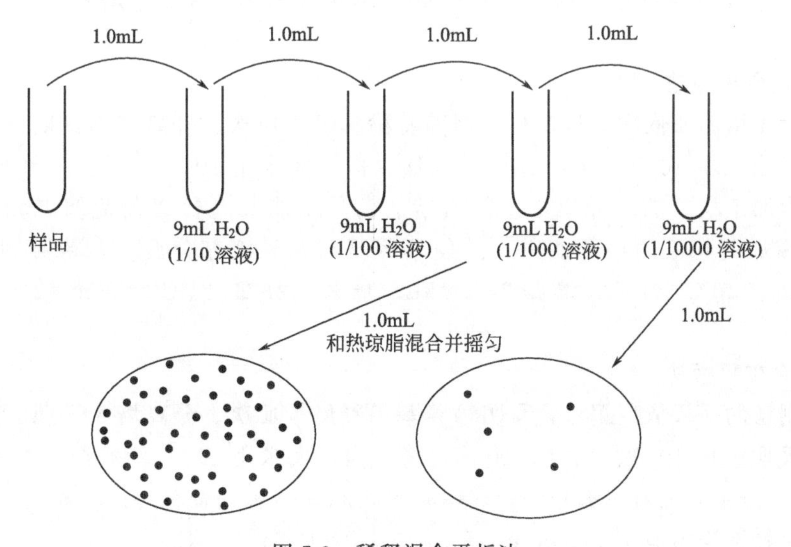

图 7-3　稀释混合平板法

四、实验步骤

（一）微生物分离与纯化无菌操作的环节和要点

1. 用于微生物分离与纯化的无菌室或超净工作台应经常清理打扫，使用前用紫外灯照射5～10min，或用3%～5%的石炭酸溶液喷雾消毒。

2. 操作人员需用75%酒精棉球擦手。

3. 操作过程不得离开酒精灯火焰。

4. 棉塞或橡胶塞不乱放。

5. 分离与纯化菌种所用工具，使用前需经火焰灼烧灭菌，用后仍需经火焰灼烧灭菌，才能放在桌上。

6. 所有使用器皿、蒸馏水、培养基等均需严格灭菌。

（二）采样和样品稀释液的制备

1. 采样

土壤：选定采土壤样地点，先除去表层5cm的土壤，用铲子取5～10cm的土壤装入无菌容器中。

散装酱牛肉、大米：超市购买后装入无菌容器中。

2. 制备样品稀释液

称取10g样品加入盛有90mL的无菌水的三角瓶中，置于摇床上振荡30min，使样品中菌体充分分散于水中，此样品稀释液记为10^{-1}，依次用4支装9mL无菌水的试管进行10倍稀释（吸取菌悬液1mL注入第一支含有9mL无菌水的试管，混匀，其稀释度为10^{-2}），然后依此可稀释制成稀释度为10^{-3}、10^{-4}、10^{-5}的菌悬液。

（三）样品中微生物的分离纯化

1. 平板划线法

接种环火焰灭菌冷却后蘸取一环稀释度为10^{-1}样品稀释液，在已制成的营养琼脂平板和马铃薯葡萄糖琼脂平板上，进行连续划线（如图7-1所示）。做好标记，倒置在恒温箱（细菌：36℃±1℃、培养24～48h；霉菌：28℃±1℃、培养72～120h）后观察结果。

2. 稀释混合平板法

首先给无菌培养皿依次编号，写明培养基稀释度、皿次、分离培养日期、班级、组别。用灭菌吸管吸取土壤10^{-3}、10^{-4}、10^{-5}（酱牛肉、大米用10^{-1}、10^{-2}、10^{-3}）稀释液各1mL，分别滴加于相应的培养皿中。待热熔的营养琼脂和马铃薯葡萄糖培养基冷至45～50℃，倒入滴加菌悬液的培养皿中，并使培养基与菌悬液充分混合，待凝固后，倒置在恒温箱（细菌：36℃±1℃、培养24～48h；霉菌：28℃±1℃、培养72～120h）观察结果。

3. 稀释涂布平板法

首先给制备的平板依次编号，写明培养基稀释度、皿次、分离培养日期、班级、组别。用灭菌吸管吸取土壤10^{-3}、10^{-4}、10^{-5}（酱牛肉、大米用10^{-1}、10^{-2}、10^{-3}）稀释液各0.1～0.2mL，分别滴加对应编号的营养琼脂平板和马铃薯葡萄糖琼脂平板上，然后用无菌的涂布棒把稀释液均匀地涂布在培养基表面，倒置在恒温箱（细菌：36℃±1℃、培养24～48h；霉菌：28℃±1℃、培养72～120h）观察结果。

五、实验结果

1. 将利用平板划线法、稀释混合平板法和稀释涂布平板法从样品中分离得到的细菌纯培养物（营养琼脂平板）总菌落数结果填入下表中。

分离方法	稀释混合平板法			稀释涂布平板法			平板划线法
稀释度							
1							
2							
平均值							

2. 将利用平板划线法、稀释混合平板法和稀释涂布平板法从样品中分离得到的霉菌纯培养物（马铃薯葡萄糖琼脂平板）总菌落数结果填入下表中。

分离方法	稀释混合平板法			稀释涂布平板法			平板划线法
稀释度							
1							
2							
平均值							

六、思考题

1. 报告在微生物分离纯化操作中，特别应注意的问题。
2. 稀释混合平板分离时，为什么要将已熔化的琼脂培养基冷却至45～50℃才能倾入装有菌悬液的培养皿内？
3. 在恒温箱中培养微生物时为何培养皿需要倒置？

实验十九　纯种移植与培养

一、实验目的

1. 学习微生物分离纯化后的纯种移植方法。
2. 进一步熟悉无菌操作的要点。

二、实验器材

1. 仪器

超净工作台或无菌室、恒温培养箱。

2. **培养基**

实验十八的平板培养物；营养琼脂、马铃薯葡萄糖琼脂试管斜面（实验十五制备）。

3. **其他**

酒精灯、试管架、记号笔、接种针等。

三、概述

纯种移植就是将纯种微生物在无菌操作条件下，移植到已经灭菌并适宜于该菌生长的培养基上的过程，这也是微生物学实验中一项最基本的操作技术，其关键在于严格的无菌操作，严防杂菌污染，才能保证菌种的纯度和存活。

根据不同的实验目的和培养基的种类，可以采用不同的接种方法。常用的纯种移植的方法有固体斜面接种法、固体平板接种法、液体接种法和穿刺接种法，它们均以获得生长良好的纯种微生物为目的。接种方法不同，采用的接种工具也有区别。如固体斜面接种法、固体平板接种法接种时用接种环，液体接种法接种时用吸管，穿刺接种法用接种针。

固体斜面接种是从已经生长好的菌种平板或斜面上（或分离纯化实验后平板上的单一菌落）挑起少量菌种移植到另一支新鲜斜面培养基上的一种接种方法。在菌种扩大培养和保藏时采用此方法。

固体平板接种法根据实验目的和要求不同，可以采用不同的平板接种方法。常用的有平板划线接种法、涂布接种法、倾注接种法和点接法。涂布接种法、倾注接种法既可用于微生物的分离和纯化，也可用于微生物的平板菌落计数；平板划线接种法既可用于微生物的分离和纯化（参阅实验十八），也可用于细菌、酵母菌的菌落观察。点接法是用接种针蘸取少量霉菌或放线菌孢子，在平板培养基上点接，用于观察霉菌和放线菌菌落特征。

液体接种法是用吸管或移液管将菌悬液或液体培养物移入新鲜液体培养基中，或用接种环、接种针等将固体斜面或平板的菌种移至新鲜液体培养基中的一种接种方法。当观察微生物的生长特性、进行生化反应的测定和制备发酵种子液时等常用此种接种方法。

穿刺接种是用接种针蘸取少量的菌种，沿固体或半固体直立柱培养基中心向管底作直线穿刺。经穿刺接种后的培养物可作为保藏厌氧或兼性厌氧菌种的一种方式。细菌的生理生化反应特性测定试验如三糖铁琼脂或明胶液化也采用穿刺接种方法。此外，如用半固体直立柱培养基接种也是检查细菌动力的一种方法。穿刺接种只适用于细菌和酵母菌的接种培养。

四、实验步骤

（一）检查实验十八微生物的分离与纯化平板培养的结果

1. 平板划线分离最后的线段，应出现单独的菌落。

2. 平板混合稀释或平板涂布分离，应出现单独菌落，同一稀释度的两个培养皿的菌落数应接近。

3. 初步确认平板上长出的菌落分属的类群。

（二）进行纯种移植

分别将平板上分离的不同菌种的单独菌落按无菌操作要求，应用试管斜面接种法、固体平板接种法分别移植到适于该菌生长的培养基上，并做好标记。

1. **试管斜面接种法**

操作前先用75%酒精棉球擦手，将菌种管和新鲜斜面培养基握在左手的大拇指和其他四指之间，使斜面朝上，右手拿接种环，在火焰上灭菌，再用右手小指与无名指夹去试管棉塞（棉塞绝不可放在桌上），立即使试管口在火焰上灭菌，将烧红的接种环伸入到新鲜的培养基的试管上，触及培养基润湿一下，然后挑取少许菌体，用划线（细菌与酵母菌）或点接（霉菌）接种于斜面上，注意不要把培养基划破，也不要把菌沾在管壁上，此过程要迅速完成，接种后要立即灼烧管口，并加盖棉塞，同时接种环应灼烧灭菌，以免污染环境。接种后需在接的种试管上贴好标签，注明菌名、接种日期等，标签一般贴在试管斜面正上方、距试管口 2～3cm 的部位。

2. 固体平板接种法

热溶 PDA 培养基，并趁热倒碟，冷凝制成平板。将接种环在火焰上彻底灭菌后挑取少许菌体，以左手稍稍开启培养皿盖，迅速将所挑的菌体（孢子和菌丝）接种在平板上，每皿等距离点 1～3 点，做好标记。

（三）进行纯种培养

1. 将纯种移植的菌株，分别按其生长适温决定培养温度，细菌为 36℃±1℃，培养时间 24～48h，霉菌和酵母菌大多适于 28～30℃，培养时间霉菌为 5～7d，酵母菌以 3～4d 为宜。

2. 培养期中注意检查菌种纯度，发现不纯，或有杂菌污染，必须重新进行分离和纯种移植。

3. 培养无误而纯的菌种，除供菌种鉴定外，应予整理、封口、编号，作为菌种保藏，以便教学、科研和生产中应用。

五、思考题

1. 报告纯种移植和培养的要点和意义。

2. 初步鉴定移植的菌株分属于哪个类群？并简述它们的菌落形态特征和你使用的接种方式有无污染及原因。

实验二十　细菌生长曲线的测定

一、实验目的

1. 了解细菌生长曲线特点、规律及测定原理。

2. 学习用比浊法测定细菌的生长曲线的方法。

二、实验器材

1. 仪器

721 型分光光度计、比色杯、恒温摇床、无菌吸管、试管、锥形瓶。

2. 菌种

大肠杆菌。

3. 培养基

牛肉膏蛋白胨培养液。

三、概述

将少量细菌接种到一定体积的、适合的新鲜培养基中，在适宜的条件下进行培养，定时测定培养液中的菌量，以菌量的对数作纵坐标，生长时间作横坐标，绘制的曲线叫生长曲线。它反映了单细胞微生物在一定环境条件下于液体培养时所表现出的群体生长规律。依据其生长速率的不同，一般可把生长曲线分为延滞期、对数期、稳定期和衰亡期，这四个时期的长短因菌种的遗传性、接种量和培养条件的不同而有所改变。因此通过测定微生物的生长曲线，可了解各菌的生长规律，对于科研和生产都具有重要的指导意义。

四、实验步骤

1. 种子液制备

取大肠杆菌斜面菌种 1 支，以无菌操作挑取 1 环菌苔，接入牛肉膏蛋白胨培养液中，静置培养 18h 作种子培养液。

2. 标记编号

取盛有 50mL 无菌牛肉膏蛋白胨培养液的 250mL 三角瓶 11 个，分别编号为 0h、1.5h、3h、4h、6h、8h、10h、12h、14h、16h、20h。

3. 接种培养

用 2mL 无菌吸管分别准确吸取 2mL 种子液加入已编号的 11 个三角瓶中，于 37℃下振荡培养。然后分别按对应时间将三角瓶取出，立即放冰箱中贮存，待培养结束时一同测定 OD 值。

4. 生长量测定

将未接种的肉膏蛋白胨培养基倾倒入比色杯中，选用 600nm 波长分光光度计上调节零点，作为空白对照，并对不同时间培养液从 0h 起依次进行测定，对浓度大的菌悬液用未接种的牛肉膏蛋白胨液体培养基适当稀释后测定，使其 OD 值在 0.10～0.65 以内，经稀释后测得的 OD 值要乘以稀释倍数，才是培养液实际的 OD 值。

五、实验结果

1. 将测定的 OD 值填入下表。

时间/h	0	1.5	3	4	6	8	10	12	14	16	20
光密度值 OD_{600}											

2. 以上述表格中的时间为横坐标、OD_{600} 值为纵坐标，绘制大肠杆菌的生长曲线。

六、思考题

若同时用平板计数法测定，所绘出的生长曲线与用比浊法测定绘出的生长曲线有何差异？为什么？

附录：有关培养基的制备

牛肉膏蛋白胨培养液

（1）成分

牛肉膏	蛋白胨	氯化钠	蒸馏水
3.0g	10.0g	5.0g	1000mL

（2）制法

将各成分混合后，加热溶解，调节 pH 至 7.0～7.2，分装三角瓶，高压蒸汽灭菌（121℃、20min）。

第八章　微生物生理生化试验

微生物代谢与其他生物代谢有着许多相似之处，也有不同之处。微生物代谢的重要特征之一就是代谢类型的多样性，各种微生物所具有的酶系统不尽相同，因此对营养基质的分解能力不一样，对不同有机化合物的分解利用情况也不相同。如：有的微生物能分泌淀粉酶将淀粉水解为麦芽糖或葡萄糖；而有的微生物能分泌脂肪酶，可将脂肪水解为甘油和脂肪酸；葡萄糖进入细胞后，不同细菌可经不同途径利用葡萄糖，产生不同的代谢产物。此外，即使在营养类型上同属化能异养型的不同微生物，它们分解利用含碳化合物、含氮化合物的途径和产生的代谢产物也各不相同。由此可知，微生物代谢类型多样性具体表现在生化反应的多样性。研究某些微生物的生化变化规律及其特点，不仅可以作为微生物分类的根据，并对各种传染病微生物的防治和有益微生物的利用等方面的研究，均有很大的帮助。

实验二十一　细菌生理生化反应试验

一、实验目的

1. 了解细菌的主要生化反应和生理鉴定方法，从而认识微生物代谢类型的多样性。
2. 学习应用 IMViC 四项生化反应鉴定大肠杆菌。

二、实验器材

1. 仪器

酒精灯、接种环、试管、杜氏发酵管、锥形瓶、培养皿、培养箱等。

2. 实验菌

大肠杆菌，产气肠杆菌。

3. 培养基和试剂

糖类发酵试验培养液、蛋白胨水培养液、缓冲葡萄糖蛋白胨水培养液、西蒙氏柠檬酸盐培养基、硝酸盐培养基、0.2%溴麝香草酚蓝水溶液、吲哚（靛基质）试剂、甲基红试剂、V-P 试剂、硝酸盐还原试剂。

三、概述

本实验主要介绍糖类发酵试验、吲哚试验（I）、甲基红试验（M）、V-P 试验（Vi）、柠檬酸盐利用试验（C）、硝酸盐还原试验。其原理如下。

（一）糖类发酵试验

这是微生物糖类代谢性能的重要试验，在肠道细菌的鉴定上尤为重要。微生物在分解糖、醇或糖苷（如葡萄糖、乳糖、蔗糖、阿拉伯糖、木糖、麦芽糖、甘露醇、甘油）的能力有很大的差异。发酵后产生各种有机酸（如乳酸、醋酸、甲酸、琥珀酸）及各种气体（如H_2、CO_2、CH_4）。

酸的产生可利用指示剂来显示。在配制培养基时预先加入溴麝香草酚蓝（其 pH 值在 5.2 以下呈黄色，在 6.8 以上呈紫色），当细菌发酵糖产酸时，可使培养基由紫色变为黄色。气体的产生可由杜氏发酵管内倒立的杜氏小管中气泡的有无来证明。

记录实验结果时，产酸又产气用“⊕”来表示，只产酸用“＋”表示，不产酸又不产气用“－”表示。

（二）吲哚试验（I）

此属蛋白质代谢试验，有些微生物能产生色氨酸酶，分解蛋白胨中的色氨酸产生吲哚和丙酮酸，吲哚与对二甲基氨基苯甲醛（吲哚试剂）结合后可产生红色的玫瑰吲哚。此可记为阳性反应，用“＋”表示。否则为阴性反应，用“－”表示。

（三）甲基红试验（M）

某些细菌在糖代谢过程中，培养基中的糖先分解为丙酮酸。但有些细菌分解丙酮酸时，产生的酸较多，基质的 pH 值可降至 4.5 以下，使甲基红呈鲜红色，即为阳性反应（用“＋”表示），而有些细菌可把丙酮酸转变成中性的乙酰甲基甲醇，产生的酸类少，pH 常在 5.4 以上，使甲基红呈黄色，即为阴性反应（用“－”表示）。

（四）V-P 试验（Vi）

某些细菌在糖代谢过程中，分解葡萄糖，产生丙酮酸，脱羧后，通过三条途径产生中性的乙酰甲基甲醇，在碱性条件下，被空气中的氧气氧化成二乙酰，二乙酰再与蛋白质中的精氨酸的胍基反应，生成红色化合物，此为 V-P 阳性反应（用“＋”表示），否则 V-P 为阴性反应（用“－”表示）。

（五）柠檬酸盐利用试验（C）

细菌利用柠檬酸盐的能力不同，有的可利用柠檬酸作为碳源，有的则不能。某些菌在分解柠檬酸钠后即形成碳酸钠，使培养基变碱性，根据培养基中指示剂变色情况来判断试验结果。指示剂可用 0.2％溴麝香草酚蓝，其变色范围为 pH6.8（绿色）～7.6（涤蓝）。如培养基由绿色变为蓝色，并有菌落生长，则为阳性反应（用“＋”表示）；否则，为阴性反应（用“－”表示）。

（六）硝酸盐还原试验

有些微生物能使硝酸盐还原为亚硝酸盐、氨和氮，形成的亚硝酸盐与硝酸盐还原试剂反应，呈现红色或棕色，此为阳性反应（用“＋”表示）；否则为阴性反应（用“－”表示）。

四、实验步骤

（一）糖类发酵试验

挑取少量实验菌分别接种于葡萄糖发酵管和乳糖发酵管中，置 36℃±1℃培养箱中培养，一般观察 2～3d，迟缓反应需观察 13～30d，另外保留一支不接种的培养基作对照。观察并记录实验结果。

（二）吲哚试验（I）

将实验菌分别接种于蛋白质胨水培养液，置 36℃±1℃培养箱中培养 1～2d 后，沿管壁滴加吲哚试剂（柯凡克试剂或欧-波试剂）0.5mL。观察液面接触处的颜色反应，记录实验结果。

（三）甲基红试验（M）

将实验菌分别接种于缓冲葡萄糖蛋白胨水中，置36℃±1℃，培养2～5d后，滴加甲基红试剂1滴，观察并记录实验结果。

（四）V-P试验（Vi）

将实验菌分别接种于缓冲葡萄糖蛋白胨水中，置36℃±1℃，培养2～4d，取2mL培养液，加入6% α-萘酚-乙醇溶液0.5mL和40%氢氧化钾溶液0.2mL，充分振摇试管，观察结果。

（五）柠檬酸盐利用试验（C）

将各实验菌接种在西蒙氏柠檬酸盐培养基的斜面或平板上，置36℃±1℃，培养4d，观察菌落是否出现和颜色是否变化，并记录实验结果。

（六）硝酸盐还原试验

将实验菌接种于盛有硝酸盐培养基的试管中，置36℃±1℃下培养1～4d，加入硝酸盐还原试剂甲、乙两液各一滴，观察培养液的颜色是否呈红色或棕色，并记录实验结果。

如不出现红色，可用二苯胺试剂处理判定：

1. 在培养液中加入2滴二苯胺试剂，若呈蓝色，表明培养液仍为硝酸盐，而又无亚硝酸盐的红色反应，故为硝酸盐还原试验阴性（－）。

2. 加入二苯胺试剂后，培养液无蓝色反应，则表示硝酸盐和还原生成的亚硝酸盐均不存在，都已被进一步还原。所以，仍作为硝酸盐还原试验阳性反应（＋）处理。

五、实验结果

把各实验菌生化反应的结果填入下表中。

菌名 反应	大肠杆菌	产气肠杆菌
糖类发酵试验		
吲哚试验(I)		
甲基红试验(M)		
V-P试验(Vi)		
柠檬酸盐利用试验(C)		
硝酸盐还原试验		

六、思考题

1. 细菌分解柠檬酸盐之后，为什么培养基的pH值会升高？

2. M试验与V-P试验中间产物和最终代谢产物有何异同？

附录：细菌生理生化试验培养基和试剂的配制

1. 糖发酵管

（1）成分

牛肉膏	蛋白胨	氯化钠	磷酸氢二钠（$Na_2HPO_4 \cdot 12H_2O$）
5.0g	10.0g	3.0g	2.0g

0.2%溴麝香草酚蓝溶液	蒸馏水	pII7.4
12.0mL	1000mL	

(2) 制法

① 葡萄糖发酵管按上述成分配好后，按0.5%加入葡萄糖，分装于有一个倒置小管的小试管内，121℃高压蒸汽灭菌15min。

② 其他各种糖发酵管可按上述成分配好后，分装每瓶100mL，121℃高压灭菌15min。另将各种糖类分别配好10%溶液，同时高压蒸汽灭菌。将5mL糖溶液加于100mL培养基内，以无菌操作分装小试管。

2. 蛋白胨水（靛基质试验用）

(1) 成分

蛋白胨（或胰蛋白胨）	氯化钠	蒸馏水	pH7.4
20.0g	5.0g	1000mL	

(2) 制法

按上述成分配制，分装小试管，121℃高压蒸汽灭菌15min。

(3) 柯凡克试剂

对二甲基氨基苯甲醛	戊醇	浓盐酸
5.0g	75.0mL	25.0mL

先将对二甲基氨基苯甲醛溶于戊醇中，然后慢慢加入盐酸。

(4) 欧-波试剂

对二甲基氨基苯甲醛	95%酒精	浓盐酸
1.0g	95.0mL	20.0mL

配法同上。

3. 缓冲葡萄糖蛋白胨水（MR和V-P试验用）

(1) 成分

磷酸氢二钾	多胨	葡萄糖	蒸馏水	pH7.0
5.0g	7.0g	5.0g	1000mL	

(2) 制法

溶化后校正pH，分装试管，每管1mL，121℃高压蒸汽灭菌15min。

甲基红试剂配制方法：10mg甲基红溶于30mL 95%乙醇中，然后加入20mL蒸馏水。

4. 西蒙氏柠檬酸盐培养基

(1) 成分

氯化钠	硫酸镁（$MgSO_4 \cdot 7H_2O$）	磷酸二氢铵	磷酸氢二钾	
5.0g	0.2g	1.0g	1.0g	
柠檬酸钠	琼脂	蒸馏水	0.2%溴麝香草酚蓝溶液	pH6.8
5.0g	20.0g	1000mL	40.0mL	

(2) 制法

先将盐类溶解于水中，校正pH，再加琼脂，加热溶化。然后加入指示剂，混合均匀后分装试管，121℃高压蒸汽灭菌15min。放成斜面。

5. 硝酸盐培养基、硝酸盐还原试剂

(1) 成分

硝酸钾	蛋白胨	蒸馏水
0.2g	5.0g	1000mL

(2) 制法

溶解，校正 pH7.4，分装试管，每管约 5mL，121℃高压蒸汽灭菌 15min。

(3) 硝酸盐还原试剂

① 甲液：将对氨基苯磺酸 0.8g 溶解于 2.5mol/L 乙酸溶液 100mL 中。

② 乙液：将甲萘胺 0.5g 溶解于 2.5mol/L 乙酸溶液 100mL 中。

实验二十二　大分子物质的微生物分解试验

一、实验目的

掌握大分子物质的微生物分解的试验原理与方法。

二、实验器材

1. 实验菌

枯草芽孢杆菌、大肠杆菌、金黄色葡萄球菌、试验菌 1 和试验菌 2 斜面菌种各一支。

2. 培养基和试剂

淀粉培养基、油脂培养基、明胶培养基、卢哥氏碘液。

三、概述

细菌对大分子物质如淀粉、蛋白质和脂肪等不能直接利用，必须靠产生的胞外酶，如淀粉酶、蛋白酶和脂肪酶将大分子物质分解成糖、氨基酸、甘油与脂肪酸等小分子物质进行吸收和利用。不同微生物分解利用生物大分子的能力各有不同。水解过程可通过底物的变化来验证，如细菌水解淀粉的区域，用碘测定不再产生蓝色；明胶水解可观察到被液化；脂肪水解后产生脂肪酸改变了培养基的 pH，可通过指示剂中性红的颜色变化来判断。

淀粉水解试验的实验原理：大部分细菌对淀粉不能直接利用，必须靠产生的淀粉酶将淀粉水解为小分子糊精或进一步水解为葡萄糖（或麦芽糖）后吸收利用，细菌水解淀粉的过程可通过底物的变化来证明，即用碘测定不再产生蓝色。

油脂水解的实验原理：某些细菌可产生脂肪酶（胞外酶），能分解培养基中的脂肪生成甘油及脂肪酸，脂肪酸的产生可通过预先加入油脂培养基中的中性红指示剂[指示范围 pH6.8（红）～pH8.0（黄）]加以指示。当细菌分解脂肪产生脂肪酸时，培养基的 pH 改变，培养基中出现红色斑点。

明胶水解的实验原理：某些细菌可产生胶原酶，使明胶被分解，失去凝固能力，呈现液体状态，此现象被记为明胶水解阳性反应。

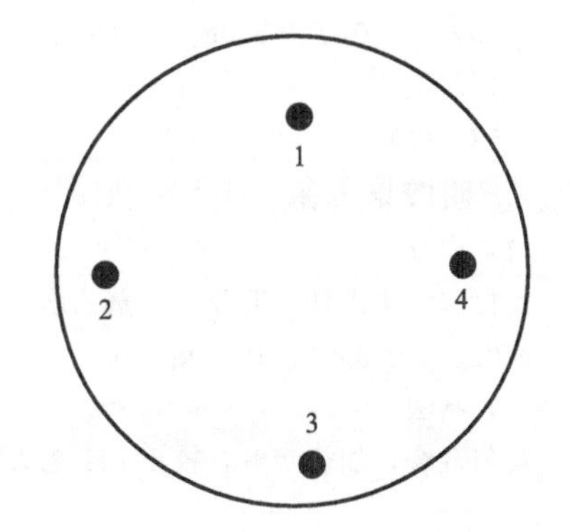

图 8-1　淀粉水解试验示意图

1—枯草芽孢杆菌；2—试验菌 1；3—大肠杆菌；4—试验菌 2

四、实验步骤

（一）淀粉水解试验

1. 将溶化后冷却至 50℃左右的淀粉培养基倾入无菌培养皿中，待凝固后制成平板。

2. 用接种环挑取少量菌体涂涂布在平板上，每个菌种涂直径为 0.3～0.5cm 大小的圆(见图 8-1)，对照菌为枯草芽孢杆菌。

3. 将接种后的培养皿于 37℃恒温箱中倒置培养 24h。

4. 观察：取出平皿，打开皿盖，滴加少量碘液于平板上，轻轻旋转，使碘液均匀铺满整个平板。菌落周围如出现无色透明圈，则说明淀粉已被水解，表示该细菌具有分解淀粉的能力。透明圈的大小，可说明测试菌株水解淀粉能力的强弱。

（二）油脂水解试验

1. 将溶化的油脂培养基冷却至 45℃左右，充分振荡使油脂均匀分布，无菌操作倾入培养皿中，待凝固后，制成平板。

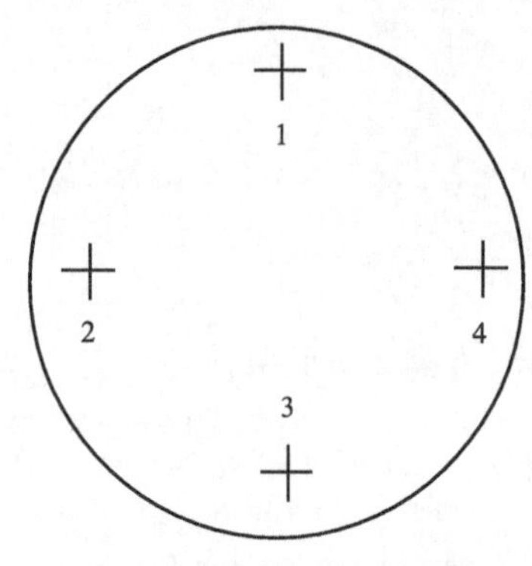

图 8-2 油脂水解试验示意图
1—金黄色葡萄球菌；2—大肠杆菌；
3—试验菌 1；4—试验菌 2

2. 将制成的平板用记号笔画成四部分，每部分分别画"＋"接种一种菌，其中金黄色葡萄球菌作为对照（图 8-2)。

3. 将接种的平板于 37℃恒温箱内倒置培养 24h。

4. 取出平板，观察平板底层有菌的区域，如出现红色斑点，即说明脂肪被水解，为阳性反应。

（三）明胶水解试验

1. 挑取大肠杆菌和枯草芽孢杆菌的纯培养物少许，以接种针分别穿刺接种到明胶培养基中，置 20℃培养 5～7d。

2. 观察明胶培养基液化情况。若被检细菌 20℃不易生长，可放 37℃培养，但在此温度下明胶培养基呈液态状，故观察结果时，应将明胶培养基轻轻放入 4℃冰箱 30min，此时明胶又凝固，若放置于冰箱 30min 仍不凝固者，即明胶被试验细菌液化，视为阳性。

附录：细菌生理生化试验培养基和试剂的配制

1. 淀粉培养基

牛肉膏蛋白胨培养基加 2%可溶性淀粉。

2. 油脂培养基

(1) 成分

蛋白胨	牛肉膏	氯化钠	香油或花生油	中性红（1.6%水溶液）	琼脂	蒸馏水	pH7.2
10.0g	5.0g	5.0g	10.0g	0.1mL	15.0～20.0g	1000mL	

(2) 制法

121℃灭菌 20min。

3. 明胶培养基

(1) 成分

蛋白胨	牛肉膏	明胶	蒸馏水
5.0g	3.0g	120.0g	1000mL

(2) 制法

均匀混合，加热溶解，校正 pH 至 7.0～7.2，纱布过滤后分装试管，121℃灭菌 15min，备用。

第九章　微生物菌种保藏技术

微生物菌种是国家的重要自然资源的一部分。微生物易受外界环境的影响而经常发生小概率的变异，这些变异可能造成菌种优良性状的劣化或自身的死亡。而优良菌株的获得又是一项艰苦的工作，要使菌种在生产中长期保持优良的性状，就必须设法减少菌种的退化和死亡，即做好菌种保藏工作。因此，菌种保藏是指通过适当方法使微生物能够长期存活，并保持原种的生物学性状稳定不变的措施，是一项重要的微生物学基础工作。微生物菌种保藏的目的在于使菌种经过一定时间保藏后仍然保持活力，不污染杂菌，形态和生理特征稳定，以便以后的使用。理想的微生物菌种保藏方法应具备下列条件：①长期保藏后微生物菌种仍保持存活；②保证高产突变株不改变表型及基因型，特别是不改变代谢产物生产的高产能力。无论何种保藏方法，主要是根据微生物本身的生理生化特点，人为地创造适宜条件，使微生物的代谢处于缓慢并且生长繁殖受抑制的休眠状态。一般人为创造的环境主要有低温、干燥、缺氧及缺乏营养等。在此种条件下，可使微生物菌株很少发生突变和死亡，以达到保持纯种和存活的目的。常用的菌种保藏方法有斜面菌种低温保藏法、液体石蜡保藏法、砂土保藏法、冷冻干燥保藏法、液氮超低温保藏法。对于需要保藏的微生物除了选择适宜的保藏方法外，还需要挑选典型、优良、纯正的菌种及细胞，并保证微生物的代谢处于最不活跃或相对静止的状态（如可以选择细菌的芽孢、真菌的孢子等材料）。同样，对于不产孢子的微生物来说，也要使其新陈代谢处于最低水平，又不会死亡，从而达到长期保藏的目的。另外，尤其要注意的是在进行菌种保藏之前，要必须设法保证它是典型的纯培养物。在保藏过程中要进行严格的管理和检查，发现问题应及时处理。

实验二十三　斜面菌种低温保藏法

一、实验目的

1. 学会斜面传代低温保藏菌种的操作方法。
2. 了解斜面传代低温保藏法的优缺点。

二、实验器材

1. 仪器

培养箱、超净工作台、冰箱（4℃）、接种针、接种环、酒精灯、标签等。

2. 菌种

待保藏的细菌、放线菌、酵母菌、霉菌等斜面菌种。

3. 培养基

营养琼脂培养基（斜面，培养和保藏细菌用）、麦芽汁琼脂培养基（斜面，培养和保藏酵母菌用)、高氏1号琼脂培养基(斜面，培养和保藏放线菌用)、马铃薯葡萄糖琼脂培养基(斜面，培养和保藏霉菌用)。

三、概述

斜面传代低温保藏法是微生物菌种保藏的常用方法之一。该保藏方法是将微生物接种在适宜的斜面培养基上，在适宜条件下进行培养，使菌种生长旺盛并长满斜面，对于具有休眠体的菌种培养至休眠细胞的产生阶段。然后经检查无污染后，将斜面试管放入4℃冰箱进行保存，每隔一定时间进行传代培养后，再继续保藏。对于厌氧微生物进行穿刺接种培养，或接种后将灭菌的液体石蜡倒入斜面进行保藏，或采用庖肉培养基进行培养保藏。斜面传代低温保藏法的优点是操作简单，无需特殊设备，费用低廉，可大量保存(尤其是适用于于生产中需要大量的斜面菌种及研究中短期菌种的需要)，适宜各类微生物菌种的保藏。其缺点是保存时间短，一般保存1～6个月(对不同微生物的保藏时间则因菌种而异)，需要每隔一定时间重新保藏，易产生菌种的衰退现象，易污染杂菌。选用斜面传代低温保藏法进行微生物菌种保藏需要选用适宜菌种生长的培养基。许多生产及研究单位对经常使用的菌种多采用该法进行保藏。

四、实验步骤

1. 培养基无菌检验

对待接种的营养琼脂斜面培养基、麦芽汁琼脂斜面培养基、高氏1号琼脂斜面培养基和PDA斜面培养基进行无菌检验。检验无菌后备用。

2. 接种

将待保藏的细菌、放线菌、酵母菌、霉菌各斜面菌种在无菌超净工作台上分别接种于相应的斜面培养基上，每一菌种接种3支。

3. 贴标签

接种后将标有菌名、培养基的种类、接种时间的标签贴于试管斜面的正上方。

4. 培养

将接种后并贴好标签的斜面试管放入恒温培养箱进行培养，培养至斜面铺满菌苔。细菌于37℃培养24～36h；酵母菌于28～30℃培养36～60h；放线菌和霉菌于28℃培养3～7d。

5. 检查

将培养结束后的各斜面菌种各挑取一支，通过斜面菌苔特征观察、镜检，或实验室发酵试验确定所培养的斜面菌种性能是否保持原种的特性。对于不符合要求的菌种需重新制作斜面进行培养，检查合格后才能用作斜面菌种的保藏。

6. 保藏

将检查合格的各斜面菌种放入4℃冰箱保存。为防止棉塞受潮，可用牛皮纸包扎，或换上无菌胶塞，也可以用溶化的固体石蜡熔封棉塞或胶塞。

五、实验结果

将所培养的各斜面菌种特征填入下表中。

菌种		细菌	放线菌	酵母菌	霉菌
菌种名称					
菌苔特征	转接前				
	转接后				
菌体特征	转接前				
	转接后				

六、思考题

1. 适合于菌种保藏的培养基应具备哪些条件？
2. 菌种斜面传代低温保藏法有何优缺点？

实验二十四　冷冻干燥保藏法

一、实验目的

1. 掌握冷冻干燥保藏菌种的原理和方法。
2. 学会菌种的复苏方法。

二、实验器材

1. 仪器

培养箱、超净工作台、冷冻真空干燥机、安瓿瓶（中性硬质玻璃，内径 6mm，长度 10cm)、灭菌长滴管、移液管、接种针、接种环、250mL 锥形瓶、棉花、瓶塞、牛皮纸（或锡箔纸)、灭菌吸管、酒精灯、标签等。

2. 试剂和培养基

培养基：营养琼脂斜面培养基、麦芽汁琼脂斜面培养基、高氏 1 号琼脂斜面培养基、

PDA 斜面培养基。

试剂：灭菌脱脂牛奶（或奶粉）、2%盐酸溶液。

3. 菌种

待保藏的细菌、放线菌、酵母菌、霉菌等斜面菌种。

三、概述

冷冻干燥保藏法，又称冷冻真空干燥保藏法，是将含菌的液体样品在减压条件下升华其中水分，最后达到干燥。由于冷冻过程产生的冰晶及冰晶升华过程可对细胞产生伤害，因此在冷冻过程中需要加入冷冻保护剂。冷冻干燥保藏法集中了菌种保藏中低温、干燥、缺氧和添加保护剂等多种有利于菌种保藏的条件，使微生物代谢处于相对静止的状态，适合于菌种的长期保藏，菌种保藏时间一般可达 10～20 年。该法适用于细菌、放线菌、霉菌（除不产生孢子只产生菌丝体的真菌外）、酵母菌的保藏，具有保藏范围广、存活率高等特点，是目前最有效的菌种保藏方法之一。冷冻干燥保藏法缺点是操作过程繁琐，并且需要冻干机，设备较贵。此外，冻干的质量直接影响菌种的保存效果。

目前常用的冷冻保护剂为脱脂奶粉（牛奶）、蔗糖、谷氨酸钠、动物血清等。脱脂奶粉（牛奶）的含量为 10%，需要配置成 20%的含量，采用 110℃灭菌 20min。蔗糖含量为0.5～1.0mol/L，高压蒸汽灭菌。动物血清可采用马血清、牛血清等，采用过滤法除菌，含量为 10%。冷冻干燥保藏法主要步骤为：①将待保藏菌种的细胞或孢子悬液悬浮于冷冻保护剂中；②在低温（−45℃）下将微生物细胞快速冷冻；③在真空条件下使冰升华，除去大部分水。使用冻干菌种时，将保藏管打开后，直接加入新鲜的液体培养基使冻干粉溶解、混匀，然后再将含冻干菌种的培养基加入斜面或平板培养基上在适宜条件下培养即可重新获得具有活力的菌种。

四、实验步骤

1. 安瓿瓶清洗、包扎和灭菌

（1）安瓿瓶先用 2%盐酸溶液浸泡过夜，再用自来水冲洗至中性，最后用蒸馏水冲洗 3 次，烘干。

（2）将标有菌名、制种日期的标签放入安瓿瓶，瓶口塞上棉花后用牛皮纸包扎。注意有字的一面朝向管壁。

（3）将包扎好的安瓿瓶于 121℃灭菌 30min。备用。

2. 制备菌悬液

（1）菌种斜面培养，将待保藏菌种接种于适宜培养基上，置于适宜的温度下培养，获得生长良好的培养物。一般细菌培养 24～28h，酵母菌培养 3d，放线菌培和霉菌培养 7～10d。如果为芽孢菌，可采用芽孢保藏；放线菌和霉菌可采用孢子保藏。

（2）吸取 2～3mL 无菌脱脂牛奶加入斜面菌种管中（脱脂牛奶可从市场购买或自行制备，制备方法见本实验后附录），然后用接种环轻轻刮下培养物，再用双手搓动试管，使培养物充分而均匀分散在脱脂牛奶中制成胞（孢）悬液。调整菌悬液浓度为 10^{8}～10^{10} 个/毫升。

3. 分装菌悬液

用灭菌移液管将上述菌液分装于灭菌安瓿瓶中，每瓶 0.2mL。重新塞上棉塞。注意分装时不要将菌液粘在管壁上。

4. **菌悬液冷冻干燥**

(1) 将装有菌液的安瓿瓶置于低温冰箱进行冷冻，温度为－40℃。

(2) 将冷冻后的安瓿瓶放入真空冻干机，控制真空度小于13.33Pa，接近干燥状态时逐渐降到3～4Pa。当培养物呈酥松块状或松散片状，并从安瓿瓶内壁脱落，可认为已初步干燥，冻结结束。

5. **封瓶**

干燥后，在保持3～4Pa真空度下进行封瓶，密封结束后去除真空。

6. **保藏**

将保藏管保藏于5℃以下。保藏温度低有利于菌种的稳定性。

7. **复苏**

(1) 用手指弹保藏管，使培养物在保藏管的下端。

(2) 在超净工作台用70%酒精棉球擦拭保藏管无培养物一端，用砂轮在该端保藏管锉一道沟，用无菌纱布包好保藏管，用手掰开保藏管；或者在酒精灯火焰上灼烧无培养物的保藏管端，然后用酒精棉球擦拭使破裂。

(3) 在保藏管中加入0.5～1.0mL适宜液体培养基，使冻干菌种复水。

(4) 将上述含冻干菌种的液体培养基接种于斜面培养在适宜条件下培养。或者直接取少量粉状培养物接种于液体培养基、固体培养基，在适宜条件下培养。

五、实验结果

将复苏后的菌种的生长情况和菌落特征填入下表中。

菌种	细菌	放线菌	酵母菌	霉菌
菌种名称				
生长情况				
菌落特征				

六、思考题

1. 为何冷冻干燥保藏需要加入冷冻保护剂？
2. 复苏过程的关键操作点是什么？

附录：脱脂牛奶制备方法

(1) 将新鲜牛奶煮沸，然后将装有煮沸牛奶的容器置于冷水中，待脂肪漂浮于液面成一层时，除去上层油脂。

(2) 将上述牛奶于3000r/min、4℃离心15min，再除去上层油脂，即制成脱脂牛奶。

实验二十五　液氮超低温保藏法

一、实验目的

1. 掌握液氮超低温保存菌种的基本原理。

2. 了解液氮超低温保存菌种的操作方法。

二、实验器材

1. 菌种

大肠杆菌、酿酒酵母、假单胞菌、灰色链霉菌。

2. 培养基

肉汤培养基、马铃薯培养基、麦芽汁酵母膏培养基。

3. 溶液或试剂

甘油、75%乙醇、2%盐酸、脱脂牛奶。

4. 仪器和其他用具

培养箱、超净工作台、接种环、酒精灯、无菌吸管、无菌滴管、无菌培养皿、安瓿管、冻干管、冰箱、低温冰箱和液氮罐。

三、概述

液氮超低温保存菌种法是将菌种保藏在−196℃的液态氮中，或在−150℃的氮气中长期保藏的方法。它的原理是利用微生物在−130℃以下新陈代谢趋于停止而有效地保藏。

近年来大量有特殊意义和特征的高等动、植物细胞能够在液氮中长期保藏，并发现在液氮中保藏的菌种存活率远比其他保藏方法高且回复突变的发生率极低。液氮保藏已经成为工业微生物菌种保藏的最好方法。液氮超低温保藏微生物菌种的步骤是先制备细胞悬液，分装0.5～1mL入玻璃安瓿管或液氮冷藏专用塑料瓶中，玻璃安瓿管用酒精喷灯封口。然后以1.2℃/min的制冷速度降温，直到温度达到细胞冻结点（通常为−30℃）之上几度。待细胞冻结后，将制冷速度降为1℃/min，直到温度达到−50℃，将安瓿管迅速移入液氮罐中于液相（−196℃）或气相（−156℃）中保存。如果无控速冷冻机，则一般可用如下方法代替：将安瓿管或液氮瓶置于−70℃冰箱中冷冻4h，然后迅速移入液氮罐中保存。在液氮冷冻保藏中，最常用的冷冻保护剂是二甲亚砜和甘油，最终使用浓度一般为甘油10%、二甲亚砜5%。所使用的甘油一般用高压蒸汽灭菌，而二甲亚砜最好用过滤灭菌。进行液氮超低温保藏菌种时应严格控制制冷速度。

四、实验步骤

1. 安瓿管或冻存管的准备

用圆底硼硅玻璃制品的安瓿管，或螺旋口的塑料冻存管。注意玻璃管不能有裂纹。将安瓿管或冻存管清洗干净，121℃下高压蒸汽灭菌15～20min，备用。

2. 保护剂的准备

保护剂种类要根据微生物类别选择。配制保护剂时，应注意其浓度，一般采用10%～20%甘油。

3. 微生物保藏物的准备

微生物不同的生理状态对存活率有影响，一般使用静止期或成熟期培养物。分装时注意应在无菌条件下操作。菌种的准备可采用下列几种方法：刮取培养物斜面上的孢子或菌体，与保护剂混匀后加入冻存管内；接种液体培养基，振荡培养后取菌悬液与保护剂混合分装于冻存管内；将培养物在平皿培养，形成菌落后，用无菌打孔器从平板上切取一些大小均匀的小块（直径5～10mm），真菌最好取菌落边缘的菌块，与保护剂混匀后加入冻存管内；在小安瓿管中装 1.2～2mL 的琼脂培养基，接种菌种，培养 2～10d 后，加入保护剂，待保藏。

4. 预冻

预冻时冷冻速度一般控制在以每分钟下降 1℃为好，使样品冻结至－35℃。目前常用的有三种控温方法：

① 程序控温降温法，应用电子计算机程序控制降温装置，可以稳定连续降温，能很好地控制降温速率。

② 分段降温法，将菌体在不同温级的冰箱或液氮罐中分段降温冷却，或悬挂于冰的气雾中逐渐降温。一般采用两步控温，将安瓿管或塑料小管，先放－20～－40℃冰箱中 1～2h，然后取出放入液氮罐中快速冷冻。这样冷冻速率每分钟下降 1～1.5℃。

③ 对耐低温的微生物，可以直接放入气相或液相氮中。

5. 保藏

将安瓿管或塑料冻存管置于液氮罐中保藏。一般气相中温度为－150℃，液相中温度为－196℃。

6. 保藏周期

一般 10 年以上。

7. 复苏方法

从液氮罐中取出安瓿管或塑料冻存管，应立即放置在 38～40℃水浴中快速复苏并适当摇动。直到内部结冰全部融解为止，一般需 50～100s。开启安瓿管或塑料冻存管，将内容物移至适宜的培养基上进行培养。

8. 适用范围

各类微生物。

9. 液氮保藏注意事项

① 防止冻伤，操作注意安全，戴面罩及皮手套。

② 塑料冻存管一定要拧紧螺帽。

③ 运送液氮时一定要用专用特制的容器，绝不可用密闭容器存放或运输液氮，切勿使用保温瓶存放液氮。

④ 注意存放液氮容器的室内通风，防止过量氮气使人窒息。

五、实验结果

将复苏后的菌种的生长情况和菌落特征填入下表中。

菌种名称	大肠杆菌	酿酒酵母	假单胞菌	灰色链霉菌
生长情况				
菌落特征				

六、思考题

1. 液氮冷冻保存菌种有什么优缺点？
2. 简述液氮冷冻保存菌种过程中的注意事项。

第十章　微生物鉴定和菌种选育技术

目前，微生物鉴定技术一般分为四个不同水平。①细胞的形态和习性水平：观察细胞的形态特征、运动性、酶反应、营养要求和生长条件等。②细胞组分水平：细胞组成成分，例如细胞壁成分，细胞氨基酸库，脂类、醌类、光合色素等的分析。③蛋白质水平：氨基酸序列分析、凝胶电泳和各种免疫标记技术。④核酸水平：核酸分子杂交，G+C值的测定，遗传信息的转化和转导，16S或18S rRNA寡核苷酸序列分析，重要基因序列分析和全基因组测序等。而针对不同的微生物，往往要鉴定不同的重点指标：霉菌等形体较大的真菌，以形态特征为主；放线菌和酵母菌，形态和生理特征并用；细菌，形态、生理、生化遗传等指标；病毒，电子显微镜、生化、免疫、致病性等。

菌种鉴定的工作步骤：获得该微生物的纯培养物；测定鉴定指标；查找权威性的菌种鉴定手册。

实验二十六　酸奶制作及其发酵剂菌种形态学特征

一、实验目的

1. 熟悉酸奶制作的工艺流程及关键点。
2. 掌握酸奶生产用发酵剂菌种的种类及发酵条件。
3. 了解乳酸菌的分离培养及形态学特征。

二、实验器材

1. 仪器

生化培养箱、超净工作台、高压蒸汽灭菌锅、不锈钢桶、水浴锅、冰箱、普通光学显微镜。

2. 实验菌种

保加利亚乳杆菌（*Lactobacillus bulgaricus*），标准分类名称为德氏乳杆菌保加利亚乳亚种（*Lactobacillus delbrueckii* subsp. *bulgaricus*）；嗜热链球菌（*Streptococcus thermophilus*），标准分类名称为唾液链球菌嗜热亚种（*Streptococcus salivarius* subsp. *thermophilus*）。

3. 原料及试剂

原料乳（或市售纯牛乳）、脱脂乳粉、白砂糖、生理盐水。

4. 培养基

脱脂乳培养基、MRS固体培养基。

5. 染色液

革兰氏（Gram）染色液。

6. **其他**

酸奶瓶（杯）、蜡纸（保鲜膜）、橡皮筋、温度计、接种环、酒精灯、镊子、载玻片、擦镜纸、涂布棒、玻璃棒、移液管。

三、实验步骤

1. **发酵剂制备**

发酵剂制备分三个阶段：乳酸菌纯培养物的制备；母发酵剂的制备；生产（工作）发酵剂的制备。

（1）乳酸菌纯培养物的制备

无菌条件下，将保加利亚乳杆菌和嗜热链球菌分别接种于10mL 10%脱脂乳中，42～43℃培养至凝乳，取出再接种于新的脱脂乳中培养，如此2～3代使菌种活化。

（2）母发酵剂的制备

取已活化的乳酸菌纯培养物按3%接种于100～200mL脱脂乳中，42～43℃培养，待凝乳块均匀稠密有微量或无乳清分离时即可用于制造生产发酵剂。

（3）生产（工作）发酵剂的制备

生产（工作）发酵剂是母发酵剂的扩大培养，方法与母发酵剂制备相同，可根据实际需求确定生产发酵剂量。脱脂乳宜采用90℃杀菌30min。制备好的生产发酵剂可保存于4℃冰箱中，并尽快使用。

2. **工艺流程**

（1）原料乳的验收及处理

生产酸奶所需要的原料乳要求酸度在18°T以下，乳脂率大于3.0%，非脂乳固体大于8.5%，且不含抗生素和防腐剂，需经过滤除去杂质。（注：可选用市售UHT乳代替原料乳，并省略后续杀菌处理步骤。）

（2）杀菌与蔗糖的添加

将原料乳加入不锈钢桶中，然后置于90～95℃水浴锅加热。当原料乳中心温度上升到90℃时，开始计时，保持30min进行杀菌处理。在杀菌将近结束时，缓慢加入白砂糖，边加边搅拌使其溶解，白砂糖添加量通常为6%～8%。杀菌结束后立即冷却到40～45℃。（注：若选择市售纯牛奶，白砂糖常温溶解即可。）

（3）装瓶

原料乳杀菌的同时，将酸奶瓶（杯）沸水浴消毒20min，待其冷却后，将冷却后的消毒乳分装于酸奶瓶（杯）中，添加量不宜超过容器的4/5。

（4）添加发酵剂

将制备好的生产发酵剂（保加利亚乳杆菌∶嗜热链球菌=1∶1）搅拌均匀，徐徐加入盛有消毒乳的酸奶瓶（杯）中，搅拌均匀。发酵剂添加量一般为原料乳的3%～5%。装好后用蜡纸（保鲜膜）封口，橡皮筋扎紧，即可发酵。

（5）发酵

将包装好的酸奶瓶（杯）平稳放入42～43℃恒温箱中，培养4h以上至完全凝乳。

（6）后熟

酸奶发酵完成后，置于4℃冰箱冷藏4～24h完成后熟，后熟的目的是为了促使发酵剂菌种进一步发酵产香，同时也有利于乳清吸收。

3. 发酵剂菌种的形态学特征

（1）发酵剂菌种菌落形态观察

吸取部分发酵好的酸奶，用生理盐水进行10倍梯度稀释，选取适当稀释梯度的酸奶稀释液，涂布于MRS固体培养基，42℃培养48h，观察长出的单菌落，并记录其形态特征。

（2）发酵剂菌种菌体形态观察

无菌条件下，使用接种环挑取形态不同的两种单菌落，分别制片并进行革兰氏染色，然后采用显微镜观察，并记录菌体细胞特征。

四、实验结果

1. 酸奶的感官评价

依次对制作酸奶的气味、颜色、质地、滋味、口感等感官性状进行综合评价，并填入下表。

气味	颜色	质地	滋味	口感	综合评价

2. 酸奶发酵剂菌种的形态学特征

（1）菌落和菌体细胞特征描述

菌株名称	菌落特征								菌体特征	
	形状	表面特征	隆起形状	边缘	表面光泽	质地	颜色	透明度	形态	排列
保加利亚乳杆菌										
嗜热链球菌										

（2）保加利亚乳杆菌和嗜热链球菌菌落和菌体细胞绘图

保加利亚乳杆菌（*Lactobacillus bulgaricus*）：

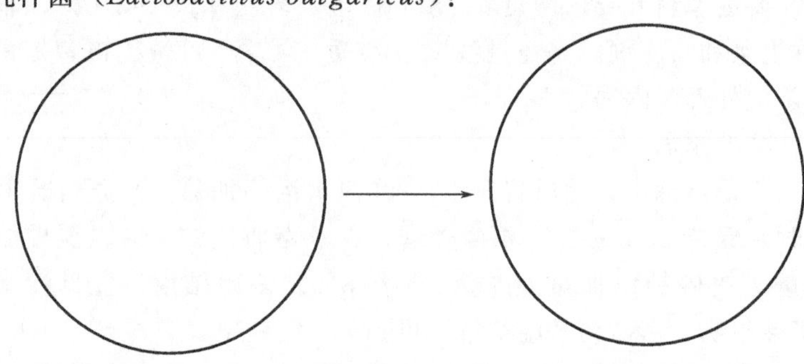

菌落形态　　菌体细胞形态

嗜热链球菌（*Streptococcus thermophilus*）：

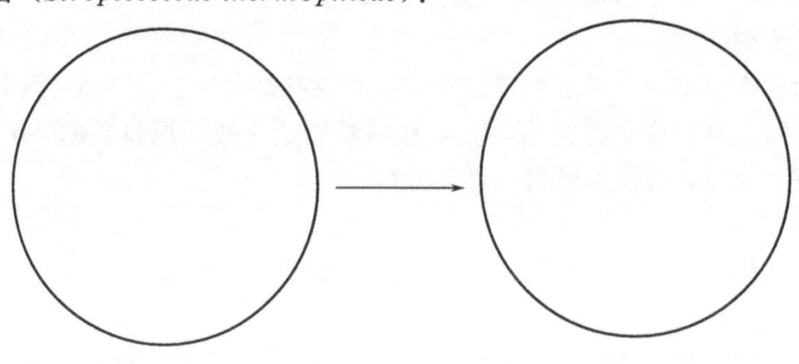

菌落形态　　菌体细胞形态

五、思考题

1. 酸奶生产选择保加利亚乳杆菌和嗜热链球菌共同发酵的原因是什么？二者为何种关系？

2. 保加利亚乳杆菌和嗜热链球菌，为革兰氏阳性菌还是革兰氏阴性菌？

附录：有关培养基、染色液的制备

1. 脱脂乳培养基

（1）成分

脱脂乳粉　　10.0g

纯净水　　1000mL

（2）配制方法

取10.0g脱脂乳粉溶解于1000mL水中，高压蒸汽灭菌（110℃、10min）。

2. MRS 固体培养基

（1）成分

蛋白胨	10.0g	酵母粉	5.0g
牛肉膏	10.0g	葡萄糖	20.0g
吐温-80	1.0mL	乙酸钠	5.0g
$MgSO_4 \cdot 7H_2O$	0.58g	$MnSO_4 \cdot 4H_2O$	0.25g
柠檬酸氢二铵	2.0g	K_2HPO_4	2.0g
琼脂粉	2.0g	蒸馏水	1000mL

（2）配制方法

上述成分（琼脂粉除外）溶解在1000mL蒸馏水中，pH值调至pH6.2～6.4，再加入琼脂粉，高压蒸汽灭菌（121℃、15min）。

3. 革兰氏（Gram）染色液

（1）草酸铵结晶紫染液

A液：结晶紫　　2.0g

　　　95%乙醇　　20mL

B液：草酸铵　　0.8g

　　　蒸馏水　　80mL

将A液和B液混合，静置48h后使用。

（2）卢戈氏（Lugol）碘液

碘片　　1.0g

碘化钾　　2.0g

蒸馏水　　300mL

先将碘化钾溶解在少量水中，再将碘片溶解在碘化钾溶液中，待碘全溶后，加足水分即成。

（3）95%乙醇溶液

（4）番红复染液

番红　　2.5g

95%乙醇　　100mL

取配好的番红乙醇溶液10mL与80mL蒸馏水混匀即可。

实验二十七 发酵乳制品中乳酸菌的分离与初步鉴定

一、实验目的

1. 掌握从发酵乳或含乳酸菌的材料中分离纯化乳杆菌和乳酸球菌的方法。
2. 学习乳杆菌和乳酸球菌的初步鉴定方法。

二、实验器材

1. 样品

市售普通酸乳（要求有活性乳酸菌存在）。

2. 培养基

乳清琼脂培养基、脱脂乳培养基（5mL 或 10mL 试管）、溴甲酚绿（BCG）牛乳琼脂培养基、番茄汁琼脂培养基、酸化 MRS 琼脂培养基、改良 MRS 琼脂培养基、MRS 液体培养基（5mL 或 10mL 试管，200mL 三角瓶，0.07MPa 灭菌 20min）。

3. 试剂与染色剂

无菌生理盐水（9mL 试管，45mL/100mL 三角瓶，内带玻璃珠）、灭菌吐温-80（10 倍稀释液）、$CaCO_3$ 粉末（用硫酸纸包好，高压灭菌）、3%的 H_2O_2 溶液、乳酸标准样品、革兰氏染色液、10%硫酸、2%高锰酸钾。

4. 仪器

无菌吸管（1mL、5mL）、无菌培养皿、接种环、特制蜗卷铂耳环、玻璃涂布棒、酒精灯、培养箱、显微镜、振荡器等。

三、概述

乳酸菌能利用可发酵性糖产生乳酸，人们利用其产酸特点发酵生产某些食品，提高食品的适口性或延长储藏期。例如，利用乳酸菌发酵生产乳制品（如酸乳、干酪、马奶酒等）、各种植物发酵制品（如泡菜和青储饲料等）。因此，从自然界中有目的地分离纯化和鉴定某些乳酸菌，对于开发新产品、提高发酵食品质量具有实际应用价值。

从混杂群体中分离特定微生物的常用方法有：控制分离培养基的营养成分、控制培养基的 pH、添加抑制剂、控制培养温度、控制气体条件、对样品进行特殊处理等。常用的纯种分离方法有平板划线分离法、简单平板分离法、稀释分离法、涂布分离法、毛细管分离法、显微操作单细胞分离法等。

发酵乳中乳酸菌的分离可采用溴甲酚绿（BCG）牛乳营养琼脂平板分离法。溴甲酚绿指示剂在酸性环境中呈黄色，在碱性环境中呈蓝色。在分离培养基（pH6.8）中加入溴甲酚绿指示剂后呈蓝绿色，乳酸菌在该培养基中生长并分解代谢乳糖，产生乳酸，使菌落呈黄色，由于乳酸在培养基中的渗透，菌落周围的培养基也变为黄色。在含有 $CaCO_3$ 的培养基中，乳酸菌产生的乳酸能将培养基中的 $CaCO_3$ 溶解，菌落周围产生透明圈。但是出现 $CaCO_3$ 溶解圈仅能说明该菌产酸，不能证明所产酸为乳酸，对应菌株也就不能直接鉴定为乳酸菌，还要进行有机酸的测定。乳酸可用纸色谱法鉴别。

四、实验步骤

1. 样品稀释

用无菌吸管吸取待分离样品 5mL，移入盛有 45mL 无菌生理盐水带玻璃珠的三角瓶中，充分振摇混匀，即为10^{-1}的样品稀释液。另取一支吸管自10^{-1}稀释液三角瓶内吸取1mL移入10^{-2}无菌生理盐水试管内，反复吹吸混匀，再按10倍梯度依次稀释至10^{-6}、10^{-7}稀释度。

2. 平板分离培养

取上述10^{-6}、10^{-7}稀释度的稀释液各1mL分别注入无菌培养皿中，每个稀释度做两个重复。以无菌操作按20～30g/L的量将灭菌的$CaCO_3$加入熔化了的酸化MRS琼脂培养基中，于自来水中迅速冷却培养基至50℃左右（稍烫手，但能长时间握住），边冷却边摇晃，将瓶内$CaCO_3$摇匀（勿产生气泡）的同时，立刻倒入培养皿内摇匀（$CaCO_3$不能沉淀于平皿底部），使样品稀释液和$CaCO_3$均匀分布于培养基中。待培养基凝固后，倒置于30℃（酸泡菜汁样品）和40℃（酸乳样品）温箱中培养24～48h。

3. 观察菌落特征

酸乳中的德氏乳杆菌保加利亚亚种：菌落周围产生$CaCO_3$的溶解圈，菌落直径1～3mm，边缘不规则，呈白色至灰白色，菌落表面较粗糙。

酸乳中的乳酸球菌（常为嗜热链球菌）：菌落周围产生$CaCO_3$的溶解圈，菌落直径1～3mm，边缘整齐，呈白色至灰白色，不透明，菌落表面较光滑。

4. 纯化培养

挑取典型单菌落5～6个分别接种于MRS液体培养基中，37℃温箱培养24h。

5. 镜检形态

取上述试管液体培养物一接种环，进行涂片、革兰氏染色，油镜观察个体形态和纯度。酸乳中的德氏乳杆菌保加利亚亚种为G^+菌，细胞宽约2μm，呈长短不等的杆状，单生、成对或长丝状排列。乳酸球菌中的嗜热链球菌为G^+菌，细胞直径0.5～1μm，常常成对或呈长链排列。同时挑取一环培养液与载玻片上的3%H_2O_2混匀，观察产气泡情况。

6. 乳酸测定

取上述试管培养上清液，采用纸色谱法检测乳酸的产生情况。取上清液约10mL于试管中，加入10%硫酸1mL，再加2%高锰酸钾1mL，此时乳酸转化为乙醛，把事先在含氨的硝酸银溶液中浸泡的滤纸条搭在试管口上，微火加热试管至沸，观察滤纸变化。

五、实验结果

1. 描述乳杆菌和乳酸球菌在不同培养基平板上的菌落特征，记录H_2O_2酶试验结果和镜检结果。

2. 记录纯化培养物的纯度（菌种纯度），并绘制所分离的乳酸菌个体形态图。

六、思考题

简述从发酵乳或含乳酸菌的材料中分离纯化乳杆菌和乳酸球菌的方法和原理。

实验二十八　基于16S rDNA序列分析的细菌菌属鉴定

一、实验目的

1. 了解未知细菌的快速种属分析方法。

2. 掌握通过特定引物对细菌的 16S rDNA 片段进行 PCR 扩增，然后对扩增片段进行序列分析比对，快速获得细菌种属信息的操作方法。

二、实验器材

1. 仪器

移液器（1000μL、200μL、100μL、10μL）；涡旋振荡器；Eppendorf 管；离心机；水浴锅；电泳仪；恒温振荡培养箱；PCR 仪；凝胶成像系统；基因序列分析仪，离心管（1.5mL、200μL）；Micro Amp™ Optical 96-Well Reaction Plate 或 PCR 管；Micro Amp™ Optical Adhesive Film。

2. 试剂

DNA 快速提取试剂（PrepMan Ultra 或 Lysis Buffer for Microorganism to Direct PCR）；琼脂糖；PCR mixture 或常规 PCR 试剂［*Taq* 酶，10×*Taq* Buffer（Mg^{2+}），dNTPs，ddH_2O 等］；10×loading buffer；PCR 产物纯化试剂盒；测序试剂（BigDye Terminator，5×Sequencing Buffer）；BigDye XTerminator Purification Kit 等。

3. 引物

16S rDNA	名称	序列	扩增长度
第 1 部分	27F 519R	5′-AGA GTT TGA TCC TGG CTC AG-3′ 5′-GWA TTA CCG CGG CKG CTG-3′	500bp 左右
第 2 部分	357F 1115R	5′-CTC CTA CGG GAG GCA GCA G-3′ 5′-AGG GTT GCG CTC GTT GC-3′	750bp 左右
第 3 部分	926F 1492R	5′-AAA CTY AAA KGA ATT GAC GG-3′ 5′-TAC GGC TAC CTT GTT ACG ACT T-3′	560bp 左右
全长序列	16SF 16SR	5′-AGA GTT TGA TCC TGG CTC AG-3′ 5′-CTA CGG CTA CCT TGT TAC GA-3′	1500bp 左右

注：其中 Y=C∶T，K=G∶T，W=A∶T。

三、概述

16S rDNA 鉴定是指利用细菌 16S rDNA 序列测序的方法对细菌进行种属鉴定。其基本步骤包括细菌基因组 DNA 的提取、16S rDNA 特定片段的 PCR 扩增、扩增产物纯化、DNA 片段测序、序列比对等步骤，是一种比较快速的获得细菌种属信息的方法。

细菌 rRNA（即核糖体 RNA）按沉降系数分为 3 种，分别为 5S rRNA、16S rRNA 和 23S rRNA。16S rDNA 是细菌染色体上编码 16S rRNA 相对应的 DNA 序列，其在大多数细菌基因组上有多个拷贝。16S rDNA 由于大小适中，约 1500bp，既能体现不同菌属之间的差异，又能利用测序技术较容易地得到其序列，因此广泛被细菌学家和分类学家所接受。

在 16S rRNA 分子中，可变区序列因细菌不同而异，恒定区序列基本保守，所以可利用恒定区序列设计引物，将 16S rDNA 片段扩增出来，利用可变区序列的差异来对不同菌属、菌种的细菌进行分类鉴定。

16S rDNA 序列的前 500bp 序列变化较大，包含有丰富的细菌种属的特异性信息，所以对于绝大多数菌株来说，只需要第一对引物测前 500bp 序列即可鉴别出细菌的菌属。针对更精确的种属鉴定或是前 500bp 无法鉴别的情况，需要进行 16S rDNA 的全序列扩增和测序，得到较为全面的 16S rDNA 的序列信息。

四、实验步骤

1. 核酸提取

挑取单菌落，然后置于装有 50μL DNA 快速提取试剂的离心管中，涡旋振荡混匀 30s 左右，然后按对应 DNA 快速提取试剂的要求处理后，以离心机最大转速离心 3min，取 5μL 上清液与 495μL ddH_2O 混合（即稀释 100 倍），混匀作为下步 PCR 的模板 DNA。提取的 DNA 于−20℃保存。

提取细菌基因组 DNA 时，对于细胞壁比较薄的革兰氏阴性细菌，可挑取一菌环菌株，置于 100μL ddH_2O 中，混匀，沸水热变性 10min 后，离心 3min 分离，稀释 50 倍后作为 PCR 模板。必要时做梯度 PCR 确认最佳的模板量。

2. 基因扩增

（1）PCR 反应体系

试剂	使用量(25μL 体系)
模板 DNA	2μL(10～100ng)
Taq 酶(5U/μL)	0.2μL
10×*Taq* Buffer(Mg^{2+})	2.5μL
dNTPs(各 2.5mmol/L)	2μL
引物 F(1μmol/L)	5μL
引物 R(1μmol/L)	5μL
ddH_2O	8.3μL

注：DNA 模板量通常在 100ng 以下，必要时可进行梯度稀释，确定最佳的 DNA 模板使用量。PCR 反应体系应在冰上配制，然后置于冰箱中冷却 3～5min，最后放于 PCR 仪上进行反应，这种冷启动法可增强 PCR 扩增的特异性。

（2）PCR 反应条件

94℃：10min
94℃：30s
58℃：30s
72℃：45s
72℃：5min
4℃：∞
} 30 个循环

（3）电泳

称取 1g 琼脂糖置于 100mL TAE 电泳缓冲液中，加热溶化，待温度降至 60℃左右时，均匀铺板，制成 1%的琼脂糖凝胶。PCR 反应结束后，加样，每 5μL PCR 产物加入 1μL loading buffer 试剂，混匀，以 100V 电压进行琼脂糖凝胶电泳。电泳结束后，染色，用凝胶成像仪观察，拍照，记录实验结果。

3. 产物纯化

将 PCR 产物按照 PCR 产物纯化试剂盒的说明步骤进行纯化，纯化后的 PCR 产物作为下一步测序反应的模板。

4. 测序反应

（1）测序反应体系

试剂	使用量（10μL 体系）
模板 DNA	1μL
引物（1μmol/L）	1.6μL
BigDy X Terminator	1μL
5×Sequencing Buffer	1μL
ddH_2O	5.4μL

（2）测序反应条件

96℃：2min
96℃：30s
55℃：15s　30个循环
60℃：4min
4℃：∞

（3）测序反应纯化（BigDye XTerminator Purification Kit）

每管加入 27μL SAM Solution 和 6μL BigDye XTerminator Solution。放在 Eppendorf MixMate 上 2000r/min 振荡 30min。在离心机上以 1000r/min 离心 2min。每管吸取 10μL 上清液于 96 孔板中，放入测序仪中测序。

（4）序列比对和种属鉴定

基因测序仪得到的测序结果，在 MicroSEQ 微生物鉴定系统中或登录美国国立生物技术信息中心（National Center for Biotechnology Information，NCBI）进行 BLAST 序列比对，得到菌种的种属信息。

PCR 及测序反应时，为了保证酶的活性，整个体系应在冰中配制；然后置于低温冰箱中冷却 3～5min，最后放于 PCR 仪上进行反应，这种冷启动法有利于增强 PCR 扩增的特异性。但是针对不同公司的 *Taq* 酶产品，这一步骤有时不是必需的。

五、实验结果

菌株编号	鉴定结果	鉴定时间	鉴定人	备注

六、思考题

简述基于 16S rDNA 序列分析的细菌菌属鉴定的基本原理。

实验二十九　紫外照射法诱变选育高产细菌素的菌株

一、实验目的

1. 掌握紫外照射法诱变的基本操作环节。
2. 了解物理诱变方法的优缺点。

二、实验器材

1. 仪器

紫外灯（一般用15W的紫外灯，波长在260nm附近）、恒温振荡器、生化培养箱、超净工作台、高速离心机。

2. 培养基和试剂

MRS培养基、BHI培养基、Nisin。

3. 出发菌株及指示菌出发菌株

细菌素产生菌株D1、抑菌试验指示菌（无害李斯特氏菌）。

三、概述

紫外诱变是辐射诱变的一种，辐射诱变即用α射线、β射线、γ射线、X射线、中子和其他粒子等物理因素诱发变异。当通过辐射将能量传递到生物体内时，生物体内各种分子便产生电离和激发，接着产生许多化学性质十分活跃的自由原子或自由基团。它们继续相互反应，并与其周围物质特别是大分子核酸和蛋白质反应，引起分子结构的改变。进而又影响到细胞内的一些生化过程，如DNA合成的中止、各种酶活性的改变等，最重要的是可能造成染色体损伤。由于染色体断裂和重接而产生的染色体结构和数目的变异即染色体突变，而DNA分子结构中碱基的变化则造成基因突变。那些带有染色体突变或基因突变的细胞，经过细胞世代将变异了的遗传物质传给后代的有性细胞或无性繁殖器官，即可产生生物体的遗传变异。

紫外诱变时，DNA或RNA分子中的嘌呤和嘧啶吸收紫外线后，可在分子内形成嘧啶二聚体，即两个相邻的嘧啶共价连接，二聚体出现会减弱双键间氢键的作用，并引起双链结构的扭曲变形，阻碍碱基间的正常配对，从而可能引起突变或死亡。另外二聚体的形成，会妨碍双链的解开，因而影响DNA的复制和转录。

四、实验步骤

1. 出发菌株传代活化

将斜面保藏菌种细菌素产生菌株D1转接到MRS固体传代培养基上，恒温箱中37℃培养24h，反复接种3次之后将菌种置于4℃冰箱中保存。

2. 出发菌株生长曲线的制定

曲线制定方法：将菌种细菌素产生菌株D1转接到MRS液体培养基中，每组取4个平行样，置于37℃培养箱中恒温培养，每隔2h测定菌液吸光度，记录吸光度，根据吸光度绘制出发菌株的生长曲线，根据生长曲线找出出发菌种生长最旺盛时的菌龄。

3. 紫外诱变

(1) 离心收集生长至最旺盛期（即对数生长期）的细菌D1菌泥，用灭菌的生理盐水洗涤后离心重悬，使单细胞菌体的悬浊液终浓度为10^7～10^8CFU/mL，取3～5mL上述重悬菌液加到直径9cm的无菌培养皿内（为提高诱变效果，培养皿内可以放入一无菌磁力搅拌子，置磁力搅拌器上均匀搅拌），然后放在15W紫外灯下30cm处进行诱变处理。在正式照射前，应先开紫外灯10min，让紫外灯预热，然后开启皿盖在搅拌下正式照射一定时间（根据菌种的不同，诱变照射的时间也不同，一般可以选择10～50s）。操作均应在红灯下进行，或用黑纸包住，避免白炽光。

（2）取未照射的制备菌液和照射菌液各 0.5mL 进行稀释涂布分离单菌落，计数活菌数。

（3）取照射菌液 2mL 于液体培养基中扩大培养 4～6h。

（4）取中间培养液稀释分离、培养。同时以未诱变原液作对照，如此反复诱变 3 次，诱变后测定致死率。

4. 致死率的测定

一般情况下，诱变剂均具有致死和诱变的双重效应，因此需要测定出发菌株经诱变后的致死率，以便找出诱变剂的最佳剂量。待诱变处理菌液长出菌落后进行计数，根据数据绘制曲线图，以未经诱变的菌液作对照，按照如下公式计算致死率：

致死率＝（未诱变对照菌落数－诱变后的菌落数）/未诱变对照菌落数×100%

5. 初筛双层平板拮抗法

下层为固体 MRS 培养基，将突变菌在下层培养基稀释涂布，使每个平皿中菌落数在 30～100个之间，置于生化培养箱中 37℃培养 48h 后，再对上层倾注 10mL 半固体 BHI 培养基，上层培养基中添加不超过 0.5%（体积分数）的无害李斯特氏菌作为指示菌，37℃培养 48h，观察抑菌圈大小，初步筛选出抑菌能力强的菌株。

6. 复筛牛津杯琼脂扩散抑菌试验

将初筛突变菌接种于液体培养基，37℃培养 48h，用发酵液在 100℃条件下处理 5min，排除过氧化氢的干扰，10000r/min 离心 15min，取上清液作为发酵液。将 BHI 固体培养基熔化，BHI 培养基中添加不超过 0.5%（体积分数）的无害李斯特氏菌作为指示菌，倒平板，平板凝固后均匀放入牛津杯。凝固后将牛津杯拔出，在孔中加入 55μL 发酵液，37℃培养 24h，采用游标卡尺十字交叉法测量抑菌圈直径并计算抑菌效价。通过抑菌效价再次判断突变株发酵液中细菌素的抑菌能力，筛选出高产细菌素的突变株。

$$抑菌效价=(X-Y)/V\times1000$$

式中　X——抑菌圈直径，mm；

　　Y——牛津杯直径，mm；

　　V——加入的发酵液体积，μL。

五、实验结果

记录突变株的编号并拍照保存对应抑菌活性检测结果。

六、思考题

1. 为什么紫外诱变时要在红灯下进行，不能开白炽灯？
2. 简述将无害李斯特氏菌加入 BHI 固体培养基中倾注平皿时的注意事项。

下篇　食品微生物学检验

食品安全问题关系到人民健康、国家经济（特别是工业、贸易和农业）的可持续发展和社会稳定，是世界关注的热点问题。食品的微生物污染是构成食源性疾病的主要祸根，细菌性、真菌性食物中毒占各种食物中毒之首，每年的发生数量、受害人数、死亡人数和造成的经济损失都是非常巨大的，我国如此，发达国家同样深受其害。食品微生物学检验的广泛应用和不断改进，是制定各级预防、监控和预警系统的重要组成部分，是食品微生物污染的溯源、控制和降低由此引起的一系列重大损失的重要有效手段，对促进人民身体健康、经济可持续发展和社会稳定都很重要，具有较大的经济、社会和安全意义。

食品生产、流通、消费等环节均可能遭受微生物的污染，对食品安全的危害主要为引起食品的腐败和霉变；引起食物中毒；使人感染致病。微生物的类型主要是细菌和真菌。微生物污染食品的机会和原因很多，一般有：食品生产环境的污染，食品原料的污染，食品加工过程的污染等。据此，食品微生物学检验的范围包括原辅料检验、食品检验、生产环境检验和生产用水检验。原辅料和食品的微生物学检验按检测的对象又可分为细菌学检验和真菌学检验。

食品微生物学检验的一般程序：检验前准备；样品的采集与处理；样品的送检与检验；结果报告。

第十一章　食品微生物学检验概述

第一节　食品微生物学检验的基本原则和要求

在2016年国家卫生和计划生育委员会和国家食品药品监督管理总局发布的食品安全国家标准食品微生物学检验总则（GB 4789.1—2016）中规定了食品微生物学检验的基本原则和要求。

一、实验室基本要求

（一）环境与设施

1. 实验室环境不应影响检验结果的准确性。

2. 实验室的工作区域应与办公室区域明显分开。

3. 实验室工作面积和总体布局应能满足从事检验工作的需要，实验室布局应采用单方向工作流程，避免交叉污染。

4. 实验室内环境的温度、湿度、照度、噪声和洁净度等应符合工作要求。

5. 食品样品检验应在洁净区域（包括超净工作台或洁净实验室）进行，洁净区域应有明显的标示。

6. 病原微生物分离鉴定工作应在二级或以上生物安全实验室进行。

（二）检验人员

1. 检验人员应具有相应的微生物专业教育和培训经历，具备相应的资质，能够理解并正确实施检验。

2. 检验人员应掌握实验室生物安全操作和消毒知识。

3. 检验人员应在检验过程中保持个人整洁与卫生，防止人为污染样品。

4. 检验人员应在检验过程中遵守相关安全措施的规定，保证自身安全。

5. 有颜色视觉障碍的人员不能执行涉及辨色的实验。

（三）实验设备

1. 实验设备应满足检验工作的需要。主要包括称量设备（天平）、消毒灭菌设备（干燥箱、高压蒸汽灭菌器等）、样品处理设备（均质器）、培养设备（培养箱）、生物安全设备（生物安全柜）、冷藏冷冻设备（冰箱、冰柜）等。

2. 实验设备应放置于适宜的环境条件下，便于维护、清洁、消毒与校准，并保持整洁与良好的工作状态。

3. 实验设备应定期进行检查和/或检定（加贴标识）、维护和保养，以确保工作性能和操作安全。

4. 实验设备应有日常性监控记录和使用记录。

（四）检验用品

1. 常规检验用品主要有接种环（针）、酒精灯、镊子、剪刀、药匙、消毒棉球、硅胶（棉）塞、吸管、吸球、试管、培养皿、微孔板、广口瓶、量筒、玻璃棒及L形玻璃棒、pH试纸、记号笔和均质袋等。现场采样检验用品主要有无菌采样容器、棉签、涂抹棒等。

2. 检验用品在使用前应保持清洁和/或无菌。常用的灭菌方法包括湿热法、干热法和化学法等。

3. 需要灭菌的检验用品应放置在特定容器内或用合适的材料（如专用包装纸、铝箔纸等）包裹或加塞，应保证灭菌效果。

4. 检验用品的储存环境应保持干燥和清洁，已灭菌与未灭菌的用品应分开存放并明确标识。

5. 灭菌检验用品应记录灭菌/消毒的温度与持续时间及有效使用期限。

（五）培养基和试剂

1. 培养基的制备和质量控制按照其相应的规定执行。

2. 检验试剂的质量及配制应适用于相关检验。对检验结果有重要影响的关键试剂应进行适用性验证。

（六）质控菌株

1. 应使用微生物菌种保藏专门机构或专业权威机构保存的、可溯源的标准菌株。

2. 应对从食品、环境或人体分离、纯化、鉴定的，未在微生物菌种保藏专门机构登记注册的原始分离菌株（野生菌株）进行系统、完整的菌株信息记录，包括分离时间、来源，表型及分子鉴定的主要特征等。

3. 实验室应保存能满足实验需要的标准或参考菌株，在购入和传代保藏过程中，应进行验证试验，并进行文件化管理。

二、样品的采集

（一）采样原则

1. 样品的采集应遵循随机性、代表性的原则。

2. 采样过程遵循无菌操作程序，防止一切可能的外来污染。

3. 样品在保存和运输的过程中，应采取必要的措施防止样品中原有微生物的数量变化，保持样品的原有状态。

（二）采样方案

1. 根据检验目的、食品特点、批量、检验方法、微生物的危害程度等确定采样方案。

2. 采样方案分为二级和三级采样方案。二级采样方案设有n、c和m值，三级采样方案设有n、c、m和M值。

n：同一批次产品应采集的样品件数；

c：最大可允许超出m值的样品数；

m：微生物指标可接受水平的限量值（三级采样方案）或最高安全限量值（二级采样方案）；

M：微生物指标的最高安全限量值。

按照二级采样方案设定的指标，在n个样品中，允许有$\leqslant c$个样品其相应微生物指标检验值大于m值。按照三级采样方案设定的指标，在n个样品中，允许全部样品中相应微生物指标检验值≤m值；允许有≤c个样品其相应微生物指标检验值在m值和M值之间；不允许有样品相应微生物指标检验值大于M值。

例如：$n=5$，$c=2$，$m=100$CFU/g，$M=1000$CFU/g。含义是从一批产品中采集5个样品，若5个样品的检验结果均小于或等于m值（≤100CFU/g），则这种情况是允许的；若≤2个样品的结果（X）位于m值和M值之间（100CFU/g<X≤1000 CFU/g），则这种情况也是允许的；若有3个及以上样品的检验结果位于m值和M值之间，则这种情况是不允许的；若有任一样品的检验结果大于M值（>1000CFU/g），则这种情况也是不允许的。

3. 各类食品的采样方案应按食品安全相关标准中的规定执行。

（三）各类食品的采样方法

采样应遵循无菌操作程序，采样工具和容器应无菌、干燥、防漏，形状及大小适宜。

1. 预包装食品。应采集相同批次独立包装、适量件数的食品样品，每件样品的采集量应满足微生物指标检验的要求。

独立包装小于、等于1000g的固态食品或小于、等于1000mL的液态食品，取相同批次的包装。

独立包装大于1000mL的液态食品，应在采样前摇动或用无菌棒搅拌液体，使其达到均质后采集适量样品，放入同一个无菌采用容器内作为一件食品样品；大于1000g的固态食品，应用无菌采样器从同一包装的不同部位分别采取适量样品，放入同一个无菌采样容器内作为一件食品样品。

2. 散装食品或现场制作食品。用无菌采样工具从n个不同部位现场采集样品，放入n个无菌采样容器内作为n件食品样品，每件采样量应满足微生物指标检验单位的要求。

（四）采集样品的标记、贮存和运输

1. 采集样品的标记。应对采集的样品进行及时、准确的记录和标记，采样人应清晰填写采样单（包括采样人、采样地点、时间、样品名称、来源、批号、数量、保存条件等信息）。

2. 采集样品的贮存和运输。采样后，应将样品在接近原有贮存温度条件下尽快送往实验室检验。运输时应保持样品完整。如不能及时运送，应在接近原有贮存温度条件下贮存。

三、样品检验

（一）样品处理

1. 实验室接到送检样品后应认真核对登记，确保样品的相关信息完整并符合检验要求。

2. 实验室应按要求尽快检验。若不能及时检验，应采取必要的措施保持样品的原有状态，防止样品中原有微生物因客观条件的干扰而发生变化。

3. 各类食品样品处理应按食品安全标准检验方法的规定执行。

（二）检验方法的选择

1. 应选择现行有效的国家标准方法。

2. 食品微生物检验方法标准中对同一检验项目有两个及两个以上定性检验方法时，应以常规培养方法为基准方法。

3. 食品微生物检验方法标准中对同一检验项目有两个及两个以上定量检验方法时，应

以平板计数法为基准方法。

四、生物安全与质量控制

（一）实验室生物安全要求

应符合 GB 19489 的规定。

（二）质量控制

1. 实验室应根据需要设置阳性对照、阴性对照和空白对照，定期对检验过程进行质量控制。

2. 实验室应对重要的检验设备（特别是自动化检验仪器）设置仪器比对。

3. 实验室应定期对实验人员进行技术考核。

五、记录与报告

（一）记录

检验过程中应即时、客观地记录观察到的现象、结果和数据等信息。

（二）报告

实验室应按照检验方法中规定的要求，准确、客观地报告每一项检验结果。

六、检验后样品的处理

检验结果报告后，被检样品方能处理。检出致病菌的样品要经过无害化处理。同时检验结果报告后，剩余样品和同批样品不进行微生物项目的复检。

第二节　各类食品安全的微生物学检验

目前除乳与乳制品的微生物学检验为 2010 版外，其他食品的微生物学检验均为 2003 版。

一、肉与肉制品检验（GB/T 4789.17—2003）

肉与肉制品包括鲜（冻）的畜禽肉、熟肉制品及熟肉干制品。

（一）样品的采取和送检

1. 生肉及脏器检样：如系屠宰场宰后的畜肉，可于开腔后，用无菌刀采取两腿内侧肌肉各 150g（或劈半后采取两侧背最长肌各 150g）；如系冷藏或售卖之生肉，可用无菌刀取腿肉或其他部位之肌肉 250g。检样采取后，放入灭菌容器内，立即送检；如条件不许可时，最好不超过 3h，送检样时应注意冷藏，不得加入任何防腐剂。检样送往化检验室应立即检验或放置冰箱暂存。

2. 禽类（包括家禽和野禽）：鲜、冻家禽采取整只，放灭菌容器内。带毛野禽可放清洁容器内，立即送检，以下处理同生肉及脏器检样。

3. 各类熟肉制品（包括酱卤肉、肴肉、肉灌肠、熏烤肉、肉松、肉脯、肉干等）：一般采取 250g。熟禽采取整只，均放灭菌容器内，立即送检，以下处理同生肉及脏器检样。

4. 腊肠、香肚等生灌肠：采取整根、整只，小型的可采数根数只，其总量不少于250g。

（二）检样的处理

1. 生肉及脏器检样的处理：先将检样进行表面消毒（沸水内烫3～5s，或烧灼消毒），再用无菌剪子剪取检样深层肌肉25g，进行检验。

2. 鲜、冻家禽检样的处理：先将检样进行表面消毒，用灭菌剪或刀去皮，剪取肌肉25g（一般可从胸部或腿部剪取），进行检验。带毛野禽先去毛后，同家禽检样处理。

3. 各类熟肉制品检样的处理：直接切取或称取25g，进行检验。

注：以上样品的采集、送检和处理均以检验肉禽及其制品内的细菌含量来判断其质量鲜度为目的。如须需验肉禽及其制品受外界环境污染的程度或检索其是否带有某种致病菌，应用棉拭采样法：检验肉禽及其制品受污染的程度，一般可用板孔5cm² 的金属制规板压在受检物上，将灭菌棉拭稍沾湿，在板孔5cm² 的范围内揩抹多次，然后将板孔规板移压另一点，用另一棉拭揩抹，如此共移压揩抹10次，总面积为50cm²，共用10支棉拭。每支棉拭在揩抹完毕后应立即剪断或烧断后投入盛有50mL灭菌水的三角烧瓶或大试管中，立即送检。检验时先充分振摇，吸取瓶、管中的液体作为原液，再按要求作10倍递增稀释。检索致病菌，不必用规板，可疑部位用棉拭揩抹即可。

（三）检验方法

菌落总数测定：按GB 4789.2执行；

大肠菌群测定：按GB 4789.3执行；

沙门氏菌检验：按GB 4789.4执行；

志贺氏菌检验：按GB/T 4789.5执行；

金黄色葡萄球菌检验：按GB 4789.10执行。

二、乳与乳制品检验（GB 4789.18—2010）

乳与乳制品包括鲜乳及其制品（菌落总数检验不适于酸乳）。

（一）样品的采取和送检

样品应当具有代表性。采样过程采用无菌操作，采样方法和采样数量应根据具体产品的特点和产品标准要求执行。样品在保存和运输的过程中，应采取必要的措施防止样品中原有微生物的数量变化，保持样品的原有状态。

1. 生乳的采样

样品应充分搅拌混匀，混匀后应立即取样，用无菌采样工具分别从相同批次（此处特指单体的贮奶罐或贮奶车）中采集 n 个样品，采样量应满足微生物指标检验的要求。

具有分隔区域的贮奶装置，应根据每个分隔区域内贮奶量的不同，按比例从中采集一定量经混合均匀的代表性样品，将上述奶样混合均匀采样。

2. 液态乳制品的采样

适用于巴氏杀菌乳、发酵乳、灭菌乳、调制乳等。取相同批次最小零售原包装，每批至少取 n 件。

3. 半固态乳制品的采样

炼乳（淡炼乳、加糖炼乳、调制炼乳等）的采样：原包装小于或等于500g（mL）的制品，取相同批次的最小零售原包装，每批至少取 n 件。采样量不小于5倍或以上检验单位的样品。原包装大于500g（mL）的制品（再加工产品，进出口），采样前应摇动或使用搅拌器搅拌，使其达到均匀后采样。如果样品无法进行均匀混合，就从样品容器中的各个部位取代表性样。采样量不小于5倍或以上检验单位的样品。

奶油及其制品（稀奶油、奶油、无水奶油等）的采样：原包装小于或等于1000g（mL）的制品，取相同批次的最小零售原包装，采样量不小于5倍或以上检验单位的样品。原包装大于1000g（mL）的制品：采样前应摇动或使用搅拌器搅拌，使其达到均匀后采样。对于固态制品，用无菌抹刀除去表层产品，厚度不少于5mm。将洁净、干燥的采样钻沿包装容器切口方向往下，匀速穿入底部。当采样钻到达容器底部时，将采样钻旋转180°，抽出采样钻并将采集的样品转入样品容器。采样量不小于5倍或以上检验单位的样品。

4. 固态乳制品的采样

干酪与再制干酪的采样：原包装小于等于500g的制品，取相同批次的最小零售原包装，采样量不小于5倍或以上检验单位的样品。原包装大于500g的制品，根据干酪的形状和类型，可分别使用下列方法：①在距边缘不小于10cm处，把取样器向干酪中心斜插到一个平表面，进行一次或几次；②把取样器垂直插入一个面，并穿过干酪中心到对面；③从两个平面之间，将取样器水平插入干酪的竖直面，插向干酪中心；④若干酪是装在桶、箱或其他大容器中，或是将干酪制成压紧的大块时，将取样器从容器顶斜穿到底进行采样。采样量不小于5倍或以上检验单位的样品。

乳粉、乳清粉、乳糖、酪乳粉的采样：原包装小于或等于500g的制品，取相同批次的最小零售原包装，采样量不小于5倍或以上检验单位的样品。原包装大于500g的制品，将洁净、干燥的采样钻沿包装容器切口方向往下，匀速穿入底部，当采样钻到达容器底部时，将采样钻旋转180°，抽出采样钻并将采集的样品转入样品容器，采样量不小于5倍或以上检验单位的样品。

（二）检样的处理

1. 乳及液态乳制品的处理

将检样摇匀，以无菌操作开启包装。塑料或纸盒（袋）装，用75%酒精棉球消毒盒盖或袋口，用灭菌剪刀切开；玻璃瓶装，以无菌操作去掉瓶口的纸罩或瓶盖，瓶口经火焰消毒。用灭菌吸管吸取25mL（液态乳中添加固体颗粒状物的，应均质后取样）进行检验。

2. 半固态乳制品的处理

炼乳：清洁瓶或罐的表面，再用点燃的酒精棉球消毒瓶或罐口周围，然后用灭菌的开罐器打开瓶或罐，以无菌手续称取25g检样，放入预热至45℃的装有225mL灭菌生理盐水（或其他增菌液）的锥形瓶中，振摇均匀。

稀奶油、奶油、无水奶油等：无菌操作打开包装，称取25g检样，放入预热至45℃的装有225mL灭菌生理盐水（或其他增菌液）的锥形瓶中，振摇均匀。从检样融化到接种完毕的时间不应超过30min。

3. 固态乳制品的处理

干酪及其制品：以无菌操作打开外包装，对有涂层的样品削去部分表面封蜡，对无涂层的样品直接经无菌程序用灭菌刀切开干酪，用灭菌刀（勺）从表层和深层分别取出有代表性的适量样品，磨碎混匀，称取25g检样，放入预热到45℃的装有225mL灭菌生理盐水（或其他稀释液）的锥形瓶中，振摇均匀。充分混合使样品均匀散开（1～3min），分散过程时温度不超过40℃。尽可能避免泡沫产生。

乳粉、乳清粉、乳糖、酪乳粉：取样前将样品充分混匀。罐装乳粉的开罐取样法同炼乳处理，袋装奶粉应用75%酒精的棉球涂擦消毒袋口，以无菌程序开封取样。称取检样25g，加入预热到45℃盛有225mL灭菌生理盐水等稀释液或增菌液的锥形瓶内（可使用玻璃珠助溶），振摇使充分溶解和混匀。对于经酸化工艺生产的乳清粉，应使用pH8.4±0.2的磷酸氢二钾缓冲液稀释。对于含较高淀粉的特殊配方乳粉，可使用淀粉酶降低溶液黏度，或将稀释液加倍以降低溶液黏度。

酪蛋白和酪蛋白酸盐：以无菌操作，称取25g检样，按照产品不同，分别加入225mL灭菌生理盐水等稀释液或增菌液。在对黏稠的样品溶液进行梯度稀释时，应在无菌条件下反复多次吹打吸管，尽量将黏附在吸管内壁的样品转移到溶液中。对于酸法工艺生产的酪蛋白：使用磷酸氢二钾缓冲液并加入消泡剂，在pH8.4±0.2的条件下溶解样品。对于凝乳酶法工艺生产的酪蛋白：使用磷酸氢二钾缓冲液并加入消泡剂，在pH7.5±0.2的条件下溶解样品，室温静置15min。必要时在灭菌的匀浆袋中均质2min，再静置5min后检测。对于酪蛋白酸盐：使用磷酸氢二钾缓冲液在pH7.5±0.2的条件下溶解样品。

（三）检验方法

菌落总数测定：按GB 4789.2执行；

大肠菌群测定：按GB 4789.3中的平板计数法执行；

沙门氏菌检验：按GB 4789.4执行；

志贺氏菌检验：按GB/T 4789.5执行；

金黄色葡萄球菌检验：按GB 4789.10执行；

霉菌和酵母计数：按GB 4789.15执行；

乳酸菌检验：按GB 4789.35执行；

单核细胞增生李斯特氏菌：按GB 4789.30检验；

双歧杆菌：按GB/T 4789.34检验；

阪崎肠杆菌：按GB 4789.40检验。

三、蛋与蛋制品检验（GB/T 4789.19—2003）

蛋与蛋制品包括鲜蛋及蛋制品。

（一）样品的采取和送检

1. 鲜蛋、糟蛋、皮蛋：用流水冲洗外壳，再用75%酒精棉涂擦消毒后放入灭菌袋内，加封作好标记后送检。

2. 巴氏杀菌冰全蛋、冰蛋黄、冰蛋白：先将铁听开处用75%酒精棉球消毒，再将盖开启，用灭菌电钻由顶到底斜角钻入，徐徐钻取检样，然后抽出电钻，从中取出250g，检样装入灭菌广口瓶中，标明后送检。

3. 巴氏杀菌全蛋粉、蛋黄粉、蛋白片：将包装铁箱上开口处用75%酒精棉球消毒，然后将盖开启，用灭菌的金属制双层旋转式套管采样器斜角插入箱底，使套管旋转收取检样，再将采样器提出箱外，用灭菌小匙自上、中、下部收取检样，装入灭菌广口瓶中，每个检样质量不少于100g，标明后送检。

4. 对成批产品进行质量鉴定时的采样数量如下：巴氏杀菌全蛋粉、蛋黄粉、蛋白片等产品以生产一日或一班生产量为一批，检验沙门氏菌时，按每批总量的5%抽样（即每100箱中抽验五箱，每箱一个检样），但每批最少不得少于三个检样。测定菌落总数和大肠菌群时，每批按装听过程前、中、后取样三次，每次取样100g，每批合为一个检样。

巴氏杀菌冰全蛋、冰蛋黄、冰蛋白等产品按生产批号在装听时流动取样。检验沙门氏菌时，冰蛋黄及冰蛋白按每250kg取样一件，巴氏消毒冰全蛋按每500kg取样一件。菌落总数测定和大肠菌群测定时，在每批装听过程前、中、后取样三次，每次取样100g合为一个检样。

（二）检样的处理

1. 鲜蛋、糟蛋、皮蛋外壳：用灭菌生理盐水浸湿的棉拭子充分擦拭蛋壳，然后将棉拭子直接放入培养基内增菌培养，也可将整只蛋放入灭菌小烧杯或平皿中，按检样要求加入定量灭菌生理盐水或液体培养基，用灭菌棉拭子将蛋壳表面充分擦洗后，以擦洗液作为检样检验。

2. 鲜蛋蛋液：将鲜蛋在流水下洗净，待干后再用75%酒精棉消毒蛋壳，然后根据检验要求，打开蛋壳取出蛋白、蛋黄或全蛋液，进行检验。

3. 巴氏杀菌全蛋粉、蛋白片、蛋黄粉：将检样放入带有玻璃珠的灭菌瓶内，按比例加入灭菌生理盐水充分摇匀待检。

4. 巴氏杀菌冰全蛋、冰蛋白、冰蛋黄：将装有冰蛋检样的瓶浸泡于流动冷水中，使检样融化后取出，放入带有玻璃珠的灭菌瓶中充分摇匀待检。

5. 各种蛋制品沙门氏菌增菌培养：以无菌手续称取检样，接种于亚硒酸盐煌绿或煌肉汤等增菌培养基中（此培养基预先置于盛有适量玻璃珠的灭菌瓶内），盖紧瓶盖，充分摇匀，然后放入36℃±1℃温箱中，培养20h±2h。

（三）检验方法

菌落总数测定：按GB 4789.2执行；

大肠菌群测定：按GB 4789.3执行；

沙门氏菌检验：按GB 4789.4执行；

志贺氏菌检验：按GB/T 4789.5执行。

四、水产食品检验（GB/T 4789.20—2003）

水产食品包括即食动物性水产干制品、即食藻类食品和腌、醉制生食动物性水产品及其糜制品和熟制品。

（一）样品的采取和送检

现场采取水产食品样品时，应按检验目的和水产品的种类确定采样量。除个别大型鱼类和海兽只能割取其局部作为样品外，一般都采完整的个体，待检验时再按要求在一定部位采取检样。在以判断质量鲜度为目的时，鱼类和体型较大的贝甲类虽然应以一个个体为一件样品，单独采取一个检样。但当对一批水产品作质量判断时，仍须采取多个个体做多件检样以反映全面质量。而一般小型鱼类和对虾、小蟹，因个体过小在检验时只能混合采取检样，在采样时须采数量更多的个体，鱼糜制品（如灌肠、鱼丸等）和熟制品采取250g，放灭菌容器内。

水产食品含水较多，体内酶的活力也较旺盛，易于变质。因此在采好样品后应在最短时间内送检，在送检过程中应加冰保温。

（二）检样的处理

1. 鱼类：采取检样的部位为背肌。先用流水将鱼体体表冲净，去鳞，再用75%酒精棉球擦净鱼背，待干后用灭菌刀在鱼背部沿脊椎切开5cm，再切开两端使两块背肌分别向两侧翻开，然后用无菌剪子剪取肉25g进行检验。

注：剪取肉样时，勿触破及沾上鱼皮。

2. 虾类：采取检样的部位为腹节内的肌肉。将虾体在流水下冲净，摘去头胸节，用灭菌剪子剪除腹节与头胸节连接处的肌肉，然后挤出腹节内的肌肉，称取25g进行检验。

3. 蟹类：采取检样的部位为胸部肌肉。将蟹体在流水下冲净，剥去壳盖和腹脐，再去除鳃条，复置流水下冲净。用75%酒精棉球擦拭前后外壁，置灭菌搪瓷盘上待干。然后用灭菌剪子剪开成左右两片，再用双手将一片蟹体的胸部肌肉挤出（用手指从足根部一端向剪开的一端挤压），称取25g进行检验。

4. 贝壳类：缝中徐徐切入，撬开壳盖，再用灭菌镊子取出整个内容物，称取25g进行检验。

（三）检验方法

菌落总数测定：按GB 4789.2执行；

大肠菌群测定：按GB 4789.3执行；

沙门氏菌检验：按GB 4789.4执行；

志贺氏菌检验：按GB/T 4789.5执行；

副溶血性弧菌检验：按GB/T 4789.7执行；

金黄色葡萄球菌检验：按GB 4789.10执行；

霉菌和酵母计数：按GB 4789.15执行。

注：水产食品兼受海洋细菌和陆上细菌的污染，检验时细菌培养温度应为30℃。以上检样的方法和检验部位均以检验水产食品肌肉内细菌含量从而判断其鲜度质量为目的。如需检验水产食品是否染某种致病菌时，其检样部位应采胃肠消化道和鳃等呼吸器官，鱼类检取肠管和鳃，虾类检取头胸节内的内脏和腹节外沿处的肠管，蟹类检取胃和鳃条，贝类中的螺类检取腹足肌肉以下的部分，贝类中的双壳类检取覆盖在斧足肌肉外层的内脏和瓣鳃。

五、冷冻饮品、饮料检验（GB/T 4789.21—2003）

冷冻饮品包括冰淇淋、冰棍、雪糕和食用冰块。饮料包括果、蔬汁饮料、含乳饮料、碳酸饮料、植物蛋白饮料、碳酸型茶饮料、固体饮料、可可粉固体饮料、乳酸菌饮料、罐装茶饮料、罐装型植物蛋白饮料（以罐头工艺生产）、瓶（桶）装饮用纯净水、低温复原果汁等。

（一）样品的采取和送检

1. 果蔬汁饮料、碳酸饮料、茶饮料、固体饮料：应采取原瓶、袋和盒装样品。

2. 冷冻饮品：采取原包装样品。

3. 样品采取后，应立即送检。如不能立即检验，应置冰箱保存。

（二）检样的处理

1. 瓶装饮料：用点燃的酒精棉球烧灼瓶口灭菌，用石炭酸纱布盖好，塑料瓶口可用75%酒精棉球擦拭灭菌，用灭菌开瓶器将盖启开，含有二氧化碳的饮料可倒入另一灭菌容器内，口勿盖紧，覆盖一灭菌纱布，轻轻摇荡。待气体全部逸出后，进行检验。

2. 冰棍：用灭菌镊子除去包装纸，将冰棍部分放入灭菌广口瓶内，木棒留在瓶外，盖上瓶盖，用力抽出木棒，或用灭菌剪子剪掉木棒，置45℃水浴30min，溶化后立即进行检验。

3. 冰淇淋：放在灭菌容器内，待其溶化，立即进行检验。

（三）检验方法

菌落总数测定：按GB 4789.2执行；

大肠菌群测定：按GB 4789.3执行；

沙门氏菌检验：按GB 4789.4执行；

志贺氏菌检验：按GB/T 4789.5执行；

金黄色葡萄球菌检验：按GB 4789.10执行；

霉菌和酵母计数：按 GB 4789.15 执行；

乳酸菌检验：按 GB 4789.35 执行。

六、调味品检验（GB/T 4789.22—2003）

调味品包括以豆类及其他粮食作物为原料发酵制成的酱油、酱类和醋等及水产调味品。

（一）样品的采取和送检

样品送往化验室后应立即检验或放置冰箱暂存。

（二）检样的处理

1. 瓶装样品：用点燃的酒精棉球烧灼瓶口灭菌，石炭酸纱布盖好，再用灭菌开瓶器启开，袋装样品用 75%酒精棉球消毒袋口后进行检验。

2. 酱类：用无菌操作称取 25g，放入灭菌容器内，加入 225mL 蒸馏水，吸取酱油 25mL，加入灭菌 225mL 蒸馏水，制成混悬液。

3. 食醋：用 20%～30%灭菌碳酸钠溶液调 pH 到中性。

（三）检验方法

菌落总数测定：按 GB 4789.2 执行；

大肠菌群测定：按 GB 4789.3 执行；

沙门氏菌检验：按 GB 4789.4 执行；

志贺氏菌检验：按 GB/T 4789.5 执行；

副溶血性弧菌检验：按 GB/T 4789.7 执行；

金黄色葡萄球菌检验：按 GB 4789.10 执行。

七、冷食菜、豆制品检验（GB/T 4789.23—2003）

冷食菜、豆制品包括冷食菜、非发酵豆制品及面筋、发酵豆制品的检验。

（一）样品的采取和送检

采样时应注意样品代表性，采取接触盛器边缘、底部及上面不同部位样品，放入灭菌容器内。样品送往化验室应立即检验或放置冰箱暂存，不得加入任何防腐剂，定型包装样品则随机采取。

（二）检样的处理

以无菌操作称取 25g 检样，放入 225mL 灭菌蒸馏水，用均质器打碎 1min，制成混悬液。定型包装样品，先用 75%酒精棉球消毒包装袋口，用灭菌剪刀剪开后以无菌操作称取 25g 检样，放入 225mL 无菌蒸馏水，用均质器打碎 1min，制成混悬液。

（三）检验方法

菌落总数测定：按 GB 4789.2 执行；

大肠菌群测定：按 GB 4789.3 执行；

沙门氏菌检验：按 GB 4789.4 执行；

志贺氏菌检验：按 GB/T 4789.5 执行；

金黄色葡萄球菌检验：按 GB 4789.10 执行。

八、糖果、糕点、蜜饯检验（GB/T 4789.24—2003）

（一）样品的采取和送检

糕点、面包、蜜饯可用灭菌镊子夹取不同部位样品，放入灭菌容器内，糖果采取原包装样品，采取后立即送检。

（二）检样的处理

1. 糕点、面包：如为原包装，用灭菌镊子夹下包装纸，采取外部及中心部位。如为带馅糕点，取外皮及内馅 25g，裱花糕点，采取奶花及糕点部分各一半共 25g，进行检验。

2. 蜜饯：采取不同部位称取 25g 检样，进行检验。

3. 糖果：用灭菌镊子夹去包装纸，称取数块共 25g，加入预温至 45℃的灭菌生理盐水 225mL，等溶化后检验。

（三）检验方法

菌落总数测定：按 GB 4789.2 执行；

大肠菌群测定：按 GB 4789.3 执行；

沙门氏菌检验：按 GB 4789.4 执行；

志贺氏菌检验：按 GB/T 4789.5 执行；

金黄色葡萄球菌检验：按 GB 4789.10 执行；

霉菌和酵母计数：按 GB 4789.15 执行。

九、酒类检验（GB/T 4789.25—2003）

酒类包括发酵酒中的啤酒（鲜啤酒和熟啤酒）、果酒、黄酒、葡萄酒的检验。

（一）样品的采取和送检

发酵酒样品的采样按 GB 4789.1 执行。

（二）检样的处理

用点燃的酒精棉球烧灼瓶口灭菌，用石炭酸纱布盖好，再用灭菌开瓶器将盖启开，含有二氧化碳的酒类可倒入另一灭菌容器内，口勿盖紧，覆盖一灭菌纱布，轻轻摇荡。待气体全部逸出后，进行检验。

（三）检验方法

菌落总数测定：按 GB 4789.2 执行；

大肠菌群测定：按 GB 4789.3 执行；

沙门氏菌检验：按 GB 4789.4 执行；

志贺氏菌检验：按 GB/T 4789.5 执行；

金黄色葡萄球菌检验：按 GB 4789.10 执行。

第十二章　食品安全的细菌学检验

细菌不仅种类多，而且生理特性也多种多样，无论环境中有氧或无氧、高温或低温、酸性或碱性，都有适合该种环境的细菌存在，食品被细菌污染后，不仅能在食品中生长，有的还可产生毒素，造成食品的腐败变质，引起食物中毒及其他食源性疾病。根据国内外统计，在各种食物中毒中，以细菌性食物中毒最多，引起细菌性食物中毒的有沙门氏菌属、致病性大肠杆菌、肉毒梭菌、副溶血性弧菌、金黄色葡萄球菌和假单胞菌属等。另外在国家抽查过程中，食品的菌落总数超标现象普遍，是雪糕、月饼、饼干等产品不合格率居高不下的主要原因。食品中细菌污染主要是生产环境、员工个人卫生，或原材料不卫生、消毒不彻底造成的。

本章包括食品中菌落总数、大肠菌群和致病菌的检验。

实验三十　食品中菌落总数测定（GB 4789.2—2016）

一、实验目的

1. 掌握食品中菌落总数测定的基本程序和要点。
2. 学会对不同样品稀释度确定的原则。

二、实验器材

恒温培养箱：36℃±1℃，30℃±1℃；冰箱：2～5℃；恒温水浴锅：46℃±1℃；天平：感量为0.1g；吸管：10mL（具0.1mL刻度）、1mL（具0.01mL刻度）或微量移液器及吸头；锥形瓶：容量250mL、500mL；试管：16mm×160mm；培养皿：直径为90mm；pH计或pH比色管或精密pH试纸；放大镜或/和菌落计数器；均质器；振荡器；电炉；酒精灯等。

微生物实验室常规灭菌及培养设备。

三、培养基、试剂和样品

1. 培养基和试剂

平板计数琼脂；磷酸盐缓冲液或0.85%生理盐水（制备方法参阅附录）；75%乙醇溶液。

2. 样品

酱牛肉、奶粉、面包和饮用纯净水等。

四、概述

食品中菌落总数的测定，目的在于判定食品被细菌污染的程度，反映食品在生产、加工、销售过程中是否符合安全要求，反映出食品的新鲜程度和安全状况。也可以应用这一方法观察细菌在食品中的繁殖动态，确定食品的保质期，以便对被检样品进行安全学评价时提供依据。如果某一食品的菌落总数严重超标，说明其产品的安全状况达不到要求，同时食品将加速腐败变质，失去食用价值。

食品有可能被多种细菌所污染，每种细菌都有它一定的生理特性，培养时应用不同的营养条件及其生理条件（如培养温度和培养时间、pH、需氧等）去满足其要求，才能分别将各种细菌培养出来。但在实际工作中，一般都只用一种常用的方法去做菌落总数的测定。按食品安全国家标准的规定，食品中菌落总数（aerobic plate count）是指食品检样经过处理，在一定条件下（如培养基、培养温度和培养时间、pH、需氧性质等）培养后，所得每克（毫升）检样中形成的细菌菌落总数。因此食品中菌落总数测定的结果并不表示样品中实际存在的所有细菌数量，仅仅反映在给定生长条件下可生长的细菌数量，即只包括一群能在平板计数琼脂平板上生长繁殖的嗜热中温性的需氧细菌，厌氧或微需氧菌、有特殊营养要求的以及非嗜中温的细菌，由于现有条件不能满足其生理需求，故难以繁殖生长。由于菌落总数并不能区分其中细菌的种类，所以有时被称为杂菌数，中温需氧菌数等。

由于食品的性质、处理方法及存放条件的不同，以致对食品卫生质量具有重要影响的细菌种类和相对数量比也不一致，因而目前在食品细菌数量和腐败变质之间还难于找出适用于任何情况的对应关系。同时，用于判定食品腐败变质的界限数值出入也较大。

国家标准菌落总数的测定采用标准平板培养计数法，根据检样的污染程度，做不同倍数稀释，选择其中的2～3个适宜的稀释度，与培养基混合，在一定培养条件下，每个能够生长繁殖的细菌细胞都可以在平板上形成一个可见的菌落。由此根据平板上生长的菌落数计算出计数稀释度（稀释倍数）和样品中的细菌含量。

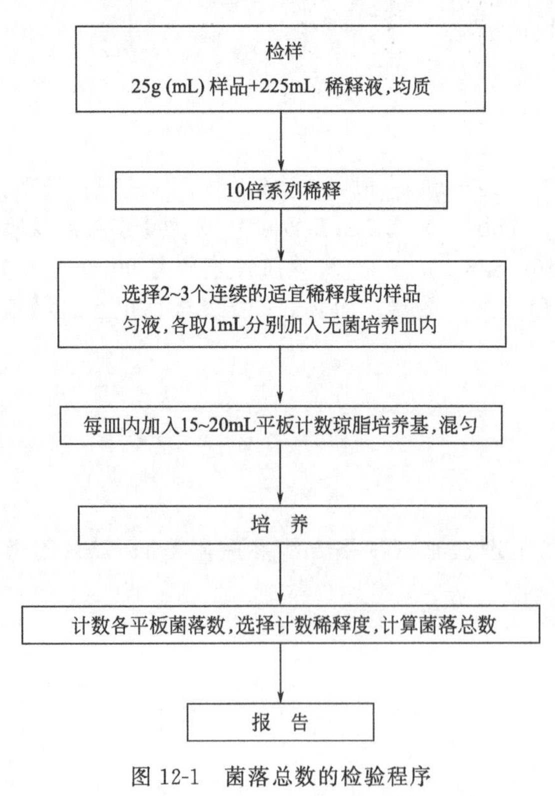

图 12-1　菌落总数的检验程序

五、实验步骤

（一）检验程序

菌落总数的检验程序如图 12-1。

（二）操作步骤

1. 检样的稀释

（1）固体和半固体样品：称取 25g 检样置盛有 225mL 生理盐水或磷酸盐缓冲液的无菌均质杯内，8000～10000r/min 均质 1～2min，或放入盛有 225mL 稀释液的无菌均质袋中，用拍击式均质器拍打 1～2min，制成 1∶10（即 10^{-1}）的样品匀液。

（2）液体样品：以无菌吸管吸取 25mL 样品置盛有 225mL 生理盐水或磷酸盐缓冲液的无菌锥形瓶内（瓶内预置适当数量的无菌玻璃珠）中，充分混匀，制成 1∶10（即 10^{-1}）的样品匀液。

（3）用 1mL 无菌吸管或微量移液器吸取 1∶10 稀释液 1mL，沿管壁缓慢注于盛有 9mL 无菌稀释液的试管内（注意吸管或吸头尖端不要触及稀释液面)，振摇试管或换用一支无菌吸管反复吹打使其混合均匀，做成 1∶100 (即 10^{-2})的稀释液。

按上述操作顺序，做 10 倍递增稀释液，如此每递增稀释一次，即换用一支 1mL 无菌吸管或吸头。

2. 平板接种与培养

(1) 根据对样品污染状况的估计，选择 2～3 个适宜稀释度的样品匀液（液体样品可包括原液)，在进行 10 倍递增稀释时，吸取 1mL 样品匀液于无菌培养皿内，每个稀释度做两个培养皿。同时分别吸取 1mL 空白稀释液加入两个无菌培养皿内作空白对照。

(2) 及时将 15～20mL 冷却至 46℃的平板计数琼脂培养基（可放置于 46℃±1℃恒温水浴锅中保温）倾注培养皿内，并转动培养皿使其混合均匀。

(3) 待琼脂凝固后，将平板翻转，置 36℃±1℃培养 48h±2h（水产品 30℃±1℃培养 72h±3h)。如果样品中可能含有在琼脂培养基表面蔓延生长的菌落时，可在凝固后的琼脂表面覆盖一薄层琼脂培养基（大约 4mL)，凝固后翻转平板再按要求培养。

3. 菌落计数

(1) 菌落计数方法：做平板菌落计数时，可用肉眼观察检查，必要时用放大镜或菌落计数器检查，以防遗漏。记录稀释度（或稀释倍数）和相应的菌落数量。菌落计数以菌落形成单位（colony-forming unit，CFU）表示。

(2) 平板菌落数的选择：选取菌落数在 30～300CFU 之间（含两端数值)、无蔓延菌落生长的平板计数菌落总数。低于 30CFU 的平板记录具体菌落数，大于 300CFU 的可记录为多不可计。每个稀释度的菌落数应采用两个平板的平均数。其中一个平板有较大片状菌落生长时，则不宜采用，而应以无片状菌落生长的平板作为该稀释度的菌落数，若片状菌落不到平板的一半，而其余一半中菌落分布又很均匀，即可计算半个平板后乘 2，代表一个平板菌落数。当平板上出现菌落间无明显界线的链状生长时，则将每条单链作为一个菌落计数。

4. 菌落总数的计算方法

(1) 如果只有一个稀释度平板上的平均菌落数在适宜计数范围（30～300CFU）内，则将此平均菌落数乘以相应的稀释倍数报告结果。

(2) 若有两个连续稀释度的平板菌落数在适宜计数范围内时，按下列公式计算：

$$N=\frac{\sum C}{(n_1+0.1n_2)d}$$

式中　N——样品中菌落数；

$\sum C$——适宜计数范围内的平板菌落数之和；

n_1——第一适宜稀释度（低稀释倍数）平板个数；

n_2——第二适宜稀释度（高稀释倍数）平板个数；

d——稀释因子（第一适宜稀释度)。

(3) 若所有稀释度的平板上菌落数均大于 300CFU，则对稀释度最高的平板进行计数，其他平板可记录为多不可计，结果按平均菌落数乘以最高稀释倍数计算。

(4) 若所有稀释度的平板菌落数均小于 30CFU，则应按稀释度最低的平均菌落数乘以稀释倍数计算。

(5) 若所有稀释度（包括液体样品原液）均无菌落生长，则以小于 1 乘以最低稀释倍数计算。

(6) 若所有稀释度的平板菌落数均不在 30～300CFU 之间，其中一部分小于 30CFU 或大于 300CFU 时，则以最接近 30CFU 或 300CFU 的平均菌落数乘以稀释倍数计算。

5. 菌落总数的报告

（1）菌落数小于 100CFU 时，按“四舍五入”原则修约，以整数报告；菌落数大于或等于 100CFU 时，第 3 位数字采用“四舍五入”原则修约后，取前 2 位数字，后面用 0 代替位数，为了缩短数字后面的零数，也可用 10 的指数来表示，按“四舍五入”原则修约后，采用两位有效数字。

（2）若所有平板上为蔓延菌落而无法计数，则报告菌落蔓延。

（3）若空白对照上有菌落生长，则此次检测结果无效。

（4）称重取样以 CFU/g 为单位报告，体积取样以 CFU/mL 为单位报告。

六、实验结果

对检样进行菌落总数测定的原始记录填入下表中。

样品名称：　　　　　　　　　　　　　　　　　　　　　　　　检验日期：

皿次	原液	10^{-1}	10^{-2}	10^{-3}	空白
1					
2					
平均					
计数稀释度			菌量/[CFU/g(mL)]		

说明计数稀释度的选定依据，并根据产品标准判定该检样菌落总数的安全情况。

七、思考题

1. 简述对检样进行菌落总数测定的基本程序和注意事项。
2. 食品中检测到的菌落总数是不是食品中所有的细菌？为什么？
3. 在进行菌落总数测定时，为什么需要中温（36℃±1℃）、倒置培养？

附录：培养基和试剂的制备

1. 平板计数琼脂（plate count agar，PCA）培养基

（1）成分

胰蛋白胨	酵母浸膏	葡萄糖	琼　脂	蒸馏水
5.0g	2.5g	1.0g	15.0g	1000mL

（2）制法

将上述成分加于蒸馏水中，煮沸溶解，调节 pH 至 7.0±0.2，分装锥形瓶或试管，高压蒸汽灭菌（121℃、15min）。

注：商品平板计数琼脂可按其说明书进行制备。

2. 无菌生理盐水

（1）成分

氯化钠	蒸馏水
8.5g	1000mL

（2）制法

称取 8.5g 氯化钠溶于 1000mL 蒸馏水中，分装锥形瓶或试管，高压蒸汽灭菌（121℃、15min）。

3. 磷酸盐缓冲液

（1）成分

磷酸二氢钾	蒸馏水
34.0g	500mL

（2）制法

储存液：称取34.0g磷酸二氢钾溶于500mL蒸馏水中，用大约175mL的1mol/L NaOH溶液调节pH至7.2，用蒸馏水稀释到1000mL后储存于冰箱。

稀释液：取储存液1.25mL，用蒸馏水稀释到1000mL，分装三角瓶或试管，高压蒸汽灭菌（121℃、15min）。

实验三十一 食品中大肠菌群计数（GB 4789.3—2016）

一、实验目的

1. 了解大肠菌群计数在食品安全检验中的意义。
2. 学习并掌握食品中大肠菌群的计数方法。

二、实验器材

恒温培养箱：36℃±1℃；冰箱：2～5℃；恒温水浴锅：46℃±1℃；天平：感量为0.1g；吸管：10mL（具0.1mL刻度）、1mL（具0.01mL刻度）或微量移液器及吸头；锥形瓶：容量250mL、500mL；试管：16mm×160mm；培养皿：直径为90mm；pH计或pH比色管或精密pH试纸；放大镜或/和菌落计数器；均质器；振荡器；电炉；酒精灯；接种针等。

微生物实验室常规灭菌及培养设备。

三、培养基、试剂和样品

1. 培养基和试剂

月桂基硫酸盐胰蛋白胨（LST）肉汤；煌绿乳糖胆盐（BGLB）肉汤；结晶紫中性红胆盐琼脂（VRBA）；磷酸盐缓冲液或0.85%生理盐水；无菌1mol/L NaOH；无菌1mol/L HCl（制备方法参阅附录A）；75%乙醇溶液。

2. 样品

酱牛肉、饼干、茶饮料、豆腐等。

四、概述

大肠菌群（colifoms）并非细菌学分类命名，而是卫生细菌领域的用语，它不代表某一种或某一属细菌，主要由肠杆菌科的四个属即大肠埃希氏菌属、柠檬酸杆菌属、克雷伯氏菌属和肠杆菌属中的一些细菌构成，这些细菌的生化及血清学试验并非完全一致。但在一定培养条件下能发酵乳糖、产酸产气的需氧和兼性厌氧的革兰氏阴性无芽孢杆菌则是大肠菌群的共同特点，国家标准也把此作为大肠菌群的概念。

研究表明，大肠菌群多存在于温血动物粪便、人类经常活动的场所以及有粪便污染的地方，人、畜粪便对外界环境的污染是大肠菌群在自然界广泛存在的主要原因。大肠菌群作为粪便污染指标菌，主要是以该菌群的检出情况来表示食品中有否被粪便（直接或间接）污染。大肠菌群数的高低，表明了粪便污染的程度，也反映了对人体健康危害性的大小。粪便是人类肠道排泄物，其中有健康人粪便，也有肠道患者或带菌者的粪便，所以粪便内除一般正常细菌外，同时也会有一些肠道致病菌存在（如沙门氏菌、志贺氏菌等），因而食品中有粪便污染，则可以推测该食品中存在着肠道致病菌污染的可能性，潜伏着食物中毒和流行病的威胁，必须看作对人体健康具有潜在的危险性。

国家标准中食品大肠菌群计数有两种方法：MPN 计数法（第一法）和平板计数法（第二法）。

MPN 计数法是统计学和微生物学结合的一种定量检测法。样品经过处理与稀释后用月桂基硫酸盐胰蛋白胨肉汤（LST）进行初发酵，是为了证实样品或其稀释液中是否存在符合大肠菌群的定义，即“在 37℃分解乳糖产酸产气”，而在培养基中加入的月桂基硫酸盐能抑制革兰氏阳性细菌（但有些芽孢菌、肠球菌能生长），有利于大肠菌群的生长和挑选。初发酵后观察 LST 肉汤管是否产气。初发酵产气管，不能肯定就是大肠菌群，经过复发酵试验后，有时可能成为阴性。有数据表明，食品中大肠菌群检验步骤的符合率，初发酵与证实试验相差较大。因此，在实际检测工作中，证实试验是必需的。而复发酵时培养基中的煌绿和胆盐能抑制产芽孢细菌。此法食品中大肠菌群数系以每 1g（mL）检样中大肠菌群最可能数（MPN）表示。从规定的反应呈阳性管数的出现率，用概率论来推算样品中大肠菌群的最大可能数。MPN 检索表只给了三个稀释度，如改用不同的稀释度，则表内数字应相应降低或增加 10 倍。该法适用于目前食品安全标准中大肠菌群限量用 MPN/g（mL）表示的情况。

平板计数法：根据检样的污染程度，做不同倍数稀释，选择其中的 2～3 个适宜的稀释度，与结晶紫中性红胆盐琼脂（VRBA）培养基混合，待琼脂凝固后，再加入少量 VRBA 培养基覆盖平板表层（以防止细菌蔓延生长），在一定培养条件下，计数平板上出现的大肠菌群典型和可疑菌落，再对其中 10 个可疑菌落用 BGLB 肉汤管进行证实实验后报告。称重取样以 CFU/g 为单位报告，体积取样以 CFU/mL 为单位报告。VRBA 培养基中，蛋白胨和酵母膏提供碳、氮源和微量元素；乳糖是可发酵的糖类；氯化钠可维持均衡的渗透压；胆盐或 3 号胆盐和结晶紫能抑制革兰氏阳性菌，特别抑制革兰氏阳性杆菌和粪链球菌，通过抑制杂菌生长，而有利于大肠菌群的生长；中性红为 pH 指示剂，培养后如平板上出现能发酵乳糖产生紫红色菌落时，说明样品稀释液中存在符合大肠菌群的定义的菌，即“在 37℃分解乳糖产酸产气”，因为还有少数其他菌也有这样的特性，所以这样的菌落只能称为可疑，还需要用 BGLB 肉汤管试验进一步证实。该法适用于目前食品安全标准中大肠菌群限量用 CFU/g（mL）表示的情况。

五、MPN 计数法（第一法）检验程序与操作步骤

（一）检验程序

大肠菌群 MPN 计数法检验程序如图 12-2。

（二）操作步骤

1. 检样的稀释

（1）固体和半固体样品：称取 25g 检样，放入盛有 225mL 无菌生理盐水或磷酸盐缓冲液的均质杯内，8000～10000r/min 均质 1～2min，或放入盛有 225mL 稀释液的无菌均质袋中，用拍击式均质器拍打 1～2min，制成 1∶10（即 10^{-1}）的样品匀液。

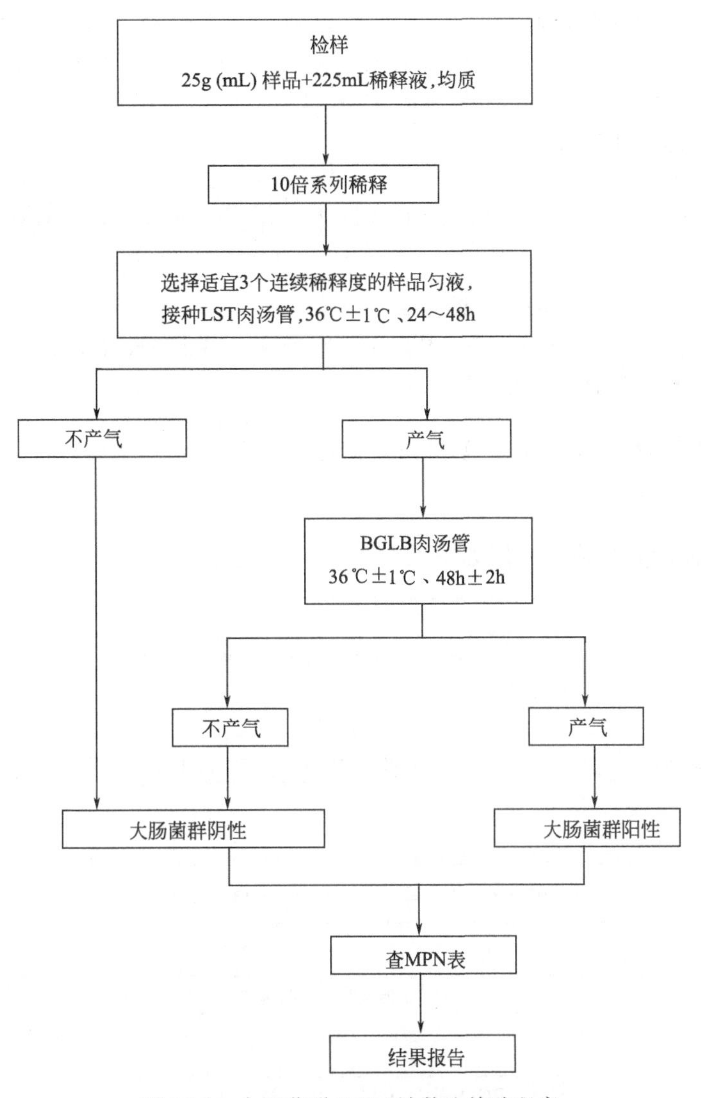

图 12-2 大肠菌群 MPN 计数法检验程序

(2) 液体样品：以无菌吸管吸取 25mL 样品置盛有 225mL 无菌生理盐水或磷酸盐缓冲液的锥形瓶内（瓶内预置适当数量的无菌玻璃珠）中，充分混匀，制成 1∶10（即 10^{-1}）的样品匀液。

(3) 样品匀液的 pH 值应控制在 6.5～7.5 之间，必要时用 1mol/L NaOH 或 1mol/L HCl 调节。

(4) 用 1mL 无菌吸管或微量移液器吸取 1∶10 样品匀液 1mL，沿管壁缓缓注入盛有 9mL 无菌稀释液的试管中（注意吸管或吸头尖端不要触及稀释液面），振摇试管或换用 1 支 1mL 无菌吸管反复吹打，使其混合均匀，做成 1∶100（即 10^{-2}）的稀释液。

(5) 根据食品卫生（安全）标准要求或对检样污染状况的估计，按上述操作顺序，依次制成 10 倍递增系列稀释样品匀液，每递增稀释一次，即换用 1 支 1mL 无菌吸管或吸头。从制备样品匀液至样品接种完毕，全过程不得超过 15min。

2. 初发酵试验

每个样品，选择 3 个适宜的连续稀释度的样品匀液（液体样品可以选择原液），每个稀释度接种3管月桂基硫酸盐胰蛋白胨（LST）肉汤，每管接种1mL（如接种量超过1mL，则用双料LST肉汤），36℃±1℃，培养24h±2h，观察倒管内是否有气泡产生，24h±2h产气者进行复发酵试验，如未产气则继续培养至48h±2h，产气者进行复发酵试验，未产气者，则可计为大肠菌群阴性。

3. 复发酵试验

用接种环从产气的LST肉汤管分别取培养物1环，移种于煌绿乳糖胆盐肉汤（BGLB）管中，36℃±1℃培养48h±2h，观察产气情况。产气者，计为大肠菌群阳性。

4. 大肠菌群最可能数（MPN）的报告

根据复发酵试验确证为大肠菌群LST的阳性管数，查MPN检索表（附录B），报告每1g（mL）样品中大肠菌群的MPN值。

六、平板计数法（第二法）检验程序与操作步骤

（一）检验程序

大肠菌群平板计数法检验程序如图12-3。

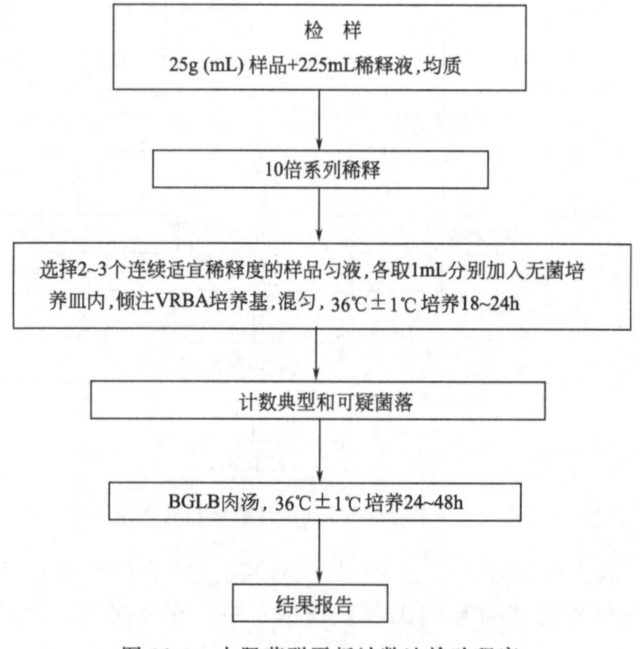

图12-3　大肠菌群平板计数法检验程序

（二）操作步骤

1. 检样的稀释

按第一法进行。

2. 平板计数

(1) 根据对样品污染状况的估计，选择2～3个适宜的连续稀释度，每个稀释度接种2个无菌培养皿，每皿1mL。同时取1mL稀释液加入两个无菌培养皿内作空白对照。

(2) 及时将15～20mL冷却至46℃的结晶紫中性红胆盐琼脂（VRBA）培养基（可放置于46℃±1℃恒温水浴锅中保温）倾注培养皿内，并小心转动培养皿使其混合

均匀。

（3）待琼脂凝固后，再加3～4mL VRBA覆盖平板表层。翻转平板，置于36℃±1℃培养18～24h。

3. 平板菌落数的选择

选取菌落数在15～150CFU之间的平板，分别计数平板上出现的典型和可疑大肠菌群菌落（如菌落直径较典型菌落小）。典型菌落为紫红色，菌落周围有红色的胆盐沉淀环，菌落直径为0.5mm或更大。

4. 证实试验

从VRBA平板上挑取10个不同类型的典型和可疑菌落，分别移种于煌绿乳糖胆盐肉汤（BGLB）管中，36℃±1℃培养24～48h，观察产气情况。如BGLB肉汤管产气，即可报告为大肠菌群阳性。

5. 大肠菌群平板计数的报告

经最后证实为大肠菌群阳性的试管比例乘以3中计数的平板菌落数，再乘以稀释倍数，即为每1g（mL）样品中大肠菌群数。

七、实验结果

1. 对检样用MPN计数法进行大肠菌群测定的原始记录和结果填入下表中。并根据产品标准判定该检样大肠菌群的安全情况。

加样品量									
试管编号	1	2	3	4	5	6	7	8	9
初发酵试验									
复发酵试验									
各管大肠菌群判定									
检索表/[MPN/g(mL)]									

注：初发酵试验和复发酵试验结果表示，产气用“+”，不产气用“−”表示。

2. 对检样用平板计数法进行大肠菌群测定的原始记录和报告填入下表中。

皿次	原液	10^{-1}	10^{-2}	10^{-3}	空白
1					
2					
平均					
计数稀释度			计数菌量		
证实试验结果					
结果报告/[CFU/g(mL)]					

八、思考题

1. 说明食品中大肠菌群测定的安全学意义。

2. 为什么食品中大肠菌群的检验要经过复发酵试验才能证实？

附录A：培养基和试剂的制备

1. 月桂基硫酸盐胰蛋白胨（LST）肉汤

（1）成分

胰蛋白胨或胰酪胨	氯化钠	乳糖	磷酸氢二钾	磷酸二氢钾	月桂基硫酸钠	蒸馏水
20.0g	5.0g	5.0g	2.75g	2.75g	0.1g	1000mL

（2）制法

将上述成分溶解于蒸馏水中，调节pH6.8±0.2。分装到有玻璃小倒管的试管中，每管10mL，高压蒸汽灭菌（121℃、15min）。

注：双料月桂基硫酸盐胰蛋白胨（LST）肉汤除蒸馏水外，其他成分加倍。

2. 煌绿乳糖胆盐（BGLB）肉汤

（1）成分

蛋白胨	乳糖	牛胆粉（oxgall或oxbile）溶液	0.1%煌绿水溶液	蒸馏水
10.0g	10.0g	200mL	13.3mL	800mL

（2）制法

将蛋白胨、乳糖溶于约500mL蒸馏水中，加入牛胆粉溶液200mL（将20.0g脱水牛胆粉溶于200mL蒸馏水中，调节pH至7.0～7.5），用蒸馏水稀释到975mL，调节pH至7.2±0.1，再加入0.1%煌绿水溶液13.3mL，用蒸馏水补足到1000mL，用棉花过滤后，分装到有玻璃小倒管的试管中，每管10mL，高压蒸汽灭菌（121℃、15min）。

3. 结晶紫中性红胆盐琼脂（VRBA）

（1）成分

蛋白胨	酵母膏	乳糖	氯化钠	胆盐或3号胆盐	中性红	结晶紫	琼脂	蒸馏水
7.0g	3.0g	10.0g	5.0g	1.5g	0.03g	0.002g	15.0～18.0g	1000mL

（2）制法

将上述成分溶于蒸馏水中，静置几分钟，充分搅拌，调节pH至7.4±0.1，煮沸2min，将培养基冷却至45～50℃倾注平板。使用前临时制备，不得超过3h。

4. 1mol/L NaOH溶液

（1）成分

NaOH	蒸馏水
40.0g	1000mL

（2）制法

称取40g NaOH溶于1000mL蒸馏水中。

5. 1mol/L HCl溶液

（1）成分

HCl	蒸馏水
90mL	1000mL

（2）制法

移取90mL浓盐酸，用蒸馏水稀释至1000mL。

注：无菌生理盐水或磷酸盐缓冲液配制参阅实验三十。

附录 B：大肠菌群最可能数（MPN）检索表［单位：MPN/g（mL）］

阳性管数			MPN	95%可信限		阳性管数			MPN	95%可信限	
0.10	0.01	0.001		下限	上限	0.10	0.01	0.001		下限	上限
0	0	0	<3.0	—	9.5	2	2	0	21	4.5	42
0	0	1	3.0	0.15	9.6	2	2	1	28	8.7	94
0	1	0	3.0	0.15	11	2	2	2	35	8.7	94
0	1	1	6.1	1.2	18	2	3	0	29	8.7	94
0	2	0	6.2	1.2	18	2	3	1	36	8.7	94
0	3	0	9.4	3.6	38	3	0	0	23	4.6	94
1	0	0	3.6	0.17	18	3	0	1	38	8.7	110
1	0	1	7.2	1.3	18	3	0	2	64	17	180
1	0	2	11	3.6	38	3	1	0	43	9	180
1	1	0	7.4	1.3	20	3	1	1	75	17	200
1	1	1	11	3.6	38	3	1	2	120	37	420
1	2	0	11	3.6	42	3	1	3	160	40	420
1	2	1	15	4.5	42	3	2	0	93	18	420
1	3	0	16	4.5	42	3	2	1	150	37	420
2	0	0	9.2	1.4	38	3	2	2	210	40	430
2	0	1	14	3.6	42	3	2	3	290	90	1000
2	0	2	20	4.5	42	3	3	0	240	42	1000
2	1	0	15	3.7	42	3	3	1	460	90	2000
2	1	1	20	4.5	42	3	3	2	1100	180	4100
2	1	2	27	8.7	94	3	3	3	>1100	420	—

注 1. 本表采用 3 个稀释度［0.1g（mL）、0.01g（mL）和 0.001g（mL）］，每个稀释度接种 3 管。

2. 表内所列检样量如改用 1g（mL）、0.1g（mL）和 0.01g（mL）时，表内数字应相应除以 10；如改用 0.01g（mL）、0.001g（mL）和 0.0001g（mL）时，则表内数字应相应乘以 10 倍。其余类推。

实验三十二　食品中沙门氏菌检验（GB 4789.4—2016）

一、实验目的

1. 了解食品中沙门氏菌检验的安全学意义。

2. 掌握食品中沙门氏菌的检验原理和方法。

二、实验器材

恒温培养箱：36℃±1℃，42℃±1℃；冰箱：2～5℃；天平：感量0.1g；吸管：10mL（具0.1mL刻度）、1mL（具0.01mL刻度）或微量移液器及吸头；锥形瓶：容量250mL、500mL；试管：3mm×50mm、10mm×75mm；培养皿：直径90mm；毛细管；pH计或pH比色管或精密pH试纸；均质器；振荡器；电炉；酒精灯；瓷量杯；全自动微生物生化鉴定系统等。

微生物实验室常规灭菌及培养设备。

三、培养基、试剂和样品

1. 培养基和试剂

缓冲蛋白胨水（BPW）；四硫磺酸钠煌绿（TTB）增菌液；亚硒酸盐胱氨酸（SC）增菌液；亚硫酸铋琼脂（BS）琼脂；HE琼脂或木糖赖氨酸脱氧胆盐（XLD）琼脂或沙门氏菌属显色培养基；三糖铁（TSI）琼脂；蛋白胨水、靛基质试剂；尿素琼脂（pH7.2）；氰化钾（KCN）培养基；赖氨酸脱羧酶试验培养基；糖发酵管；邻硝基酚β-D-半乳糖苷（ONPG）培养基；营养琼脂；丙二酸钠培养基（制备方法参阅附录）；沙门氏菌O、H和Vi诊断血清；生化鉴定试剂盒等。

2. 样品

酱牛肉、饼干、茶饮料、豆腐等。

四、概述

沙门氏菌属是一大群寄生于人类和动物肠道，其生化反应和抗原构造相似的革兰氏阴性杆菌。种类繁多，少数只对人致病，其他对动物致病，偶尔可传染给人。主要引起人类伤寒，副伤寒以及食物中毒或败血症。在世界各地的食物中毒中，沙门氏菌食物中毒常占首位或第二位。

按国家标准方法，沙门氏菌的检验有五个基本步骤：预增菌；增菌；选择性平板分离；生化试验鉴定到属；血清学分型鉴定。目前检验食品中的沙门氏菌是按统计学取样方案为基础，以25g（mL）食品为标准分析单位。

1. 预增菌

用无选择性的培养基使处于濒死状态的沙门氏菌恢复活力。沙门氏菌在食品加工、储藏等过程中，常常受到损伤而处于濒死状态，因此对食品检验沙门氏菌时应进行预增菌，即用不加任何抑菌剂的培养基缓冲蛋白胨水（BPW）进行增菌。一般增菌时间为8～18h，不宜过长，因为BPW培养基中没有抑菌剂，时间太长了，杂菌也会相应增多。

2. 增菌

预增菌后需要选择性增菌，使沙门氏菌得以增殖，而大多数其他细菌受到抑制。沙门氏菌选择性增菌常用的增菌液有：亚硒酸盐胱氨酸（SC）增菌液、四硫磺酸钠煌绿（TTB）增菌液。这些选择性培养基中都加入有抑菌剂，SC培养基中的亚硒酸盐与某些硫化物形成硒硫化合物可起到抑菌作用，胱氨酸可促进沙门氏菌生长；TTB中的主要抑菌剂为四硫磺酸钠和煌绿。SC更适合伤寒沙门氏菌和甲型副伤寒沙门氏菌的增菌，最适增菌温度为36℃；而TTB更适合其他沙门氏菌的增菌，最适增菌温度为42℃，时间皆为18～24h。所以增菌时，必须用一个 SC，同时再用一个 TTB，培养温度也有差别，这样可提高检出率，以防漏检。因为沙门氏菌有 2000 多个血清型，一种增菌液不可能适合所有的沙门氏菌增菌，因此，沙门氏菌增菌要同时用两种以上的培养基增菌。

3. 选择性平板分离

分离沙门氏菌的培养基为选择性鉴别培养基。经过选择性增菌后大部分杂菌已被抑制，但仍有少部分杂菌未被抑制。因此在设计分离沙门氏菌的培养基时，应根据沙门氏菌及与其相伴随的杂菌的生化特性，在培养基中加入指示系统，使沙门氏菌的菌落特征与杂菌的菌落特征能最大限度地区分开，这样才能将沙门氏菌分离出来。沙门氏菌主要来源于粪便，而粪便中埃希氏菌属占绝对优势，所以选择性增菌后，与沙门氏菌相伴随的主要是埃希氏菌属。因此，在培养基中加入的指示系统主要是使沙门氏菌和埃希氏菌属的菌落特征最大限度地区分开。由沙门氏菌和埃希氏菌属的生化特性可知，沙门氏菌乳糖试验阴性，而埃希氏菌属乳糖试验阳性，因而在培养基中加入乳糖和酸碱指示剂作为乳糖指示系统。沙门氏菌亚属Ⅰ、Ⅱ、Ⅳ、Ⅴ、Ⅵ绝大部分不分解乳糖，不产酸，培养基中的指示剂不会发生颜色变化，菌落颜色也不会发生变化；而埃希氏菌属分解乳糖产酸，使培养基中酸碱指示剂发生颜色反应，所以菌落亦发生颜色变化，呈现出不同的颜色。因此可以通过菌落颜色变化将埃希氏菌和沙门氏菌最大限度地区别开。但是沙门氏菌亚属Ⅲ，即亚利桑那菌，大部分能分解乳糖，这样光靠乳糖指示系统不能将亚属Ⅲ和埃希氏菌属区别开来，因此，要将亚属Ⅲ和埃希氏菌属区别开，必须再增加一个指示系统，即硫化氢指示系统。因为亚属Ⅲ绝大部分硫化氢试验阳性，而埃希氏菌属硫化氢试验阴性。硫化氢指示系统中有含硫氨基酸及二价铁盐，亚属Ⅲ分解含硫氨基酸产生硫化氢，硫化氢与铁盐反应生成硫化铁（FeS）黑色化合物，因此菌落为黑色或中心黑色。乳糖指示系统主要是为了分离沙门氏菌亚属Ⅰ、Ⅱ、Ⅳ、Ⅴ、Ⅵ，硫化氢指示系统主要是为了分离亚属Ⅲ。

常用的分离沙门氏菌的选择性培养基有亚硫酸铋（BS）琼脂、木糖赖氨酸脱氧胆盐（XLD）琼脂、HE 琼脂、沙门氏菌属显色培养基。BS 中没有乳糖指示系统，培养基中只有葡萄糖，沙门氏菌利用葡萄糖将亚硫酸铋还原为硫化铋，产硫化氢的菌株形成黑色菌落，其色素掺入培养基内并扩散到菌落周围，对光观察有金属光泽，不产硫化氢的菌株形成绿色的菌落。XLD、HE、显色培养基中既有乳糖指示系统，又有硫化氢指示系统。例如，HE 的乳糖指示系统中的酸碱指示剂为溴麝香草酚蓝，分解乳糖的菌株产酸使溴麝香草酚蓝变为黄色，菌落亦为黄色。不分解乳糖的菌株分解牛肉膏蛋白胨产碱，使溴麝香草酚蓝变为蓝绿色或蓝色，菌落亦呈蓝绿色或蓝色。

BS 较其他培养基选择性强，即抑菌作用强，以至于沙门氏菌生长亦被减缓，所以要适当延长培养时间，培养 40h±48h。而 XLD、HE、显色培养基相对于 BS 来说选择性弱，再者 BS 更适合于分离伤寒沙门氏菌。一种培养基不可能适合所有的沙门氏菌分离，因此，分离沙门氏菌要同时用两种以上的培养基，必须用一个 BS，同时再用一个 XLD 或 HE 或显色培养基，这样互补，可提高检出率，以防漏检。

4. 生化试验鉴定到属

在沙门氏菌选择性琼脂平板上符合沙门氏菌特征的菌落，只能说可能是沙门氏菌，也可能是其他杂菌。因为肠杆菌科中的某些菌属和沙门氏菌在选择性平板上的菌落特征相似，而且埃希氏菌属中的极少部分菌株也不发酵乳糖，所以只能称其为可疑沙门氏菌，是不是沙门氏菌，还需要做生化试验进一步鉴定。首先做初步的生化试验，然后再做进一步的生化试验。

初步生化试验做三糖铁（TSI）琼脂试验和赖氨酸脱羧酶试验。三糖铁琼脂试验主要是测定细菌对葡萄糖、乳糖、蔗糖的分解、产气和产硫化氢情况，可谓一举多得。培养基做好后，摆成高层斜面，培养基颜色为砖红色。接种时将典型或可疑菌株先在斜面划线、后底层穿刺接种，再接种于（接种针不要灭菌）赖氨酸脱羧酶试验培养基，初步生化试验为沙门氏菌可疑时，需要进一步的生化试验。

进一步的生化试验，即在接种三糖铁琼脂和赖氨酸脱羧酶试验培养基的同时，可直接接种蛋白胨水（供做靛基质试验）、尿素琼脂（pH7.2）、氰化钾（KCN）培养基，也可在初步判断结果后从营养琼脂平板上挑取可疑菌落接种，按生化试验反应判定结果。

5. 血清学分型鉴定

可疑菌株被鉴定为沙门氏菌属后，进行血清学分型鉴定，以确定菌型。血清学分型试验采用玻片凝集试验。血清有单因子血清、复因子血清及多价血清。含有一种抗体的血清称单因子血清，含有两种抗体的血清称为复因子血清，含有两种以上抗体的血清称为多价血清。市售沙门氏菌血清有11种因子血清、30种因子血清、57种因子血清和163种因子血清。11种因子血清只能鉴定A～F群中个别常见的菌型，30种因子血清只能鉴定A～F群中最常见的菌型。57种因子血清能够鉴定A～F群中常见的菌型，163种因子血清基本上可鉴定出所有的沙门氏菌。如11种因子血清中有9种血清，O_4、O_7、O_9、Ha、Hb、Hc、Hd、Hi、Vi各一瓶；A～F多价O血清两瓶，共11种因子血清。A～F多价O血清是把A、B、C、D、E、F这6个群中各群共同抗原的抗体混合起来做成一种多价血清，若能和这种多价血清凝集的沙门氏菌，一定是这6个群中的沙门氏菌。

6. 血清型（菌型）鉴定原则

先用多价血清鉴定，再用单因子血清鉴定；先用常见菌型的血清鉴定，后用不常见菌型的血清鉴定。

95%以上的沙门氏菌属于A～F 6个群，引起人类疾病的沙门氏菌主要在A～F 6个群中。常见的菌型只有20多个，因此应先用A～F群的血清鉴定，后用A～F群以外的血清鉴定，以确定O群；确定O群后，再用H因子血清确定菌型。H抗原的鉴定，也是先用常见菌型的H抗原的血清去鉴定，再用不常见菌型的H抗原的血清鉴定。

五、实验步骤

（一）检验程序

沙门氏菌检验程序如图12-4。

（二）操作步骤

1. 预增菌

无菌操作称取25g（mL）检样置盛有225mL BPW的无菌均质杯或合适容器内，以8000～10000r/min均质1～2min，或放入盛有225mL BPW的无菌均质袋中，用拍击式均质器拍打1～2min，若检样为液态，不需要均质，振荡混匀，如需要调整pH值，用1mol/L无菌NaOH或1mol/L HCl调节pH至6.8±0.2。以无菌操作将样品转至500mL锥形瓶中或其他合适容器内（如均质杯本身具有无孔盖，可不转移样品），如使用均质袋，可直接培养，于36℃±1℃培养8～18h。

如为冷冻产品，应在45℃以下不超过15min，或2～5℃不超过18h解冻。

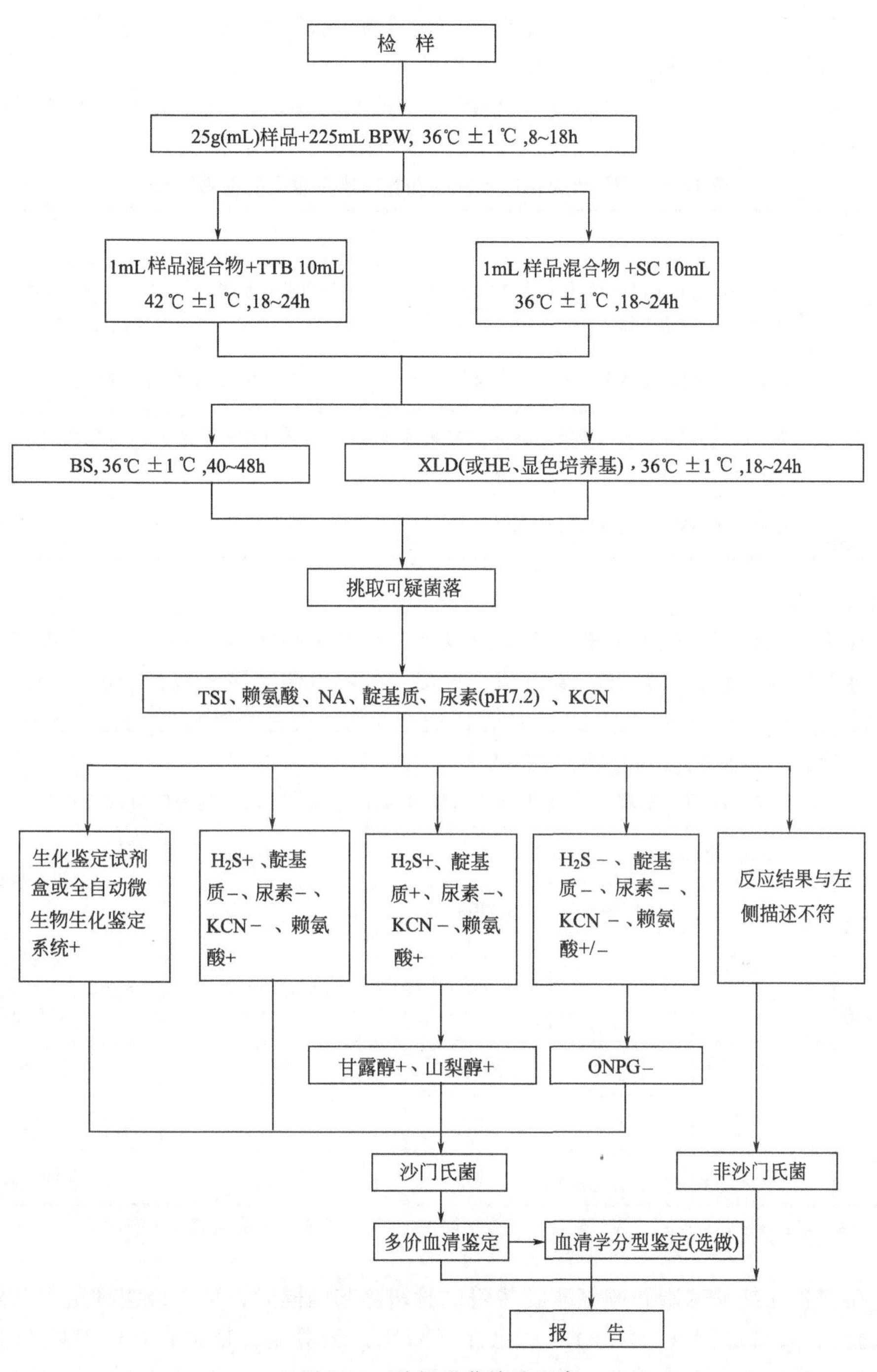

图 12-4 沙门氏菌检验程序

2. 增菌

轻轻摇动培养过的样品混合物，移取 1mL，转种于 10mL 四硫磺酸钠煌绿（TTB）增菌液内，于 42℃±1℃ 培养 18～24h。同时，另取 1mL，转种于 10mL 亚硒酸盐胱氨酸（SC）增菌液内，于 36℃±1℃培养 18～24h。

3. 选择性平板分离

将增菌培养液混匀，分别用直径 3mm 接种环取 1 环，划线接种于一个亚硫酸铋琼脂

(BS) 平板和一个 XLD 琼脂平板（或 HE 琼脂平板或沙门氏菌属显色培养基平板）。于 36℃±1℃分别培养 40～48h（BS 琼脂平板）或 18～24h（XLD 琼脂平板、HE 琼脂平板、沙门氏菌属显色培养基平板），观察各个平板上生长的菌落。沙门氏菌属在各个平板上的菌落特征见表 12-1。

表 12-1　沙门氏菌属在不同选择性琼脂平板上的菌落特征

选择性琼脂平板	沙门氏菌
BS 琼脂	菌落为黑色有金属光泽、棕褐色或灰色，菌落周围的培养基可呈黑色或棕色；有些菌株形成灰绿色的菌落，周围培养基不变
HE 琼脂	蓝绿色或蓝色，多数菌落中心黑色或几乎全黑色；有些菌株为黄色，中心黑色或几乎全黑色
XLD 琼脂	菌落呈粉红色，带或不带黑色中心，有些菌株可呈现大的带光泽的黑色中心，或呈现全部黑色的菌落；有些菌株为黄色菌落，带或不带黑色中心
沙门氏菌属显色培养基琼脂	按照显色培养基的说明进行判定

4. 生化试验

（1）自选择性琼脂平板上分别挑取 2 个以上典型或可疑菌落，接种三糖铁琼脂，先在斜面划线，再于底层穿刺，接种针不要灭菌，直接接种赖氨酸脱羧酶试验培养基和营养琼脂平板，于 36℃±1℃培养 18～24h，必要时可延长至 48h。在三糖铁琼脂和赖氨酸脱羧酶试验培养基内，沙门氏菌属的反应结果见表 12-2。

表 12-2　沙门氏菌属在三糖铁琼脂和赖氨酸脱羧酶试验培养基内的反应结果

三糖铁琼脂				赖氨酸脱羧酶试验培养基	初步判断
斜面	底层	产气	硫化氢		
K	A	+(−)	+(−)	+	可疑沙门氏菌
K	A	+(−)	+(−)	−	可疑沙门氏菌
A	A	+(−)	+(−)	+	可疑沙门氏菌
A	A	+/−	+/−	−	非沙门氏菌
K	K	+/−	+/−	+/−	非沙门氏菌

注：K 表示产碱；A 表示产酸；＋表示阳性；－表示阴性；＋（－）表示多数阳性，少数阴性；＋/－表示阳性或阴性。

（2）在接种三糖铁琼脂和赖氨酸脱羧酶试验培养基的同时，可直接接种蛋白胨水（供做靛基质试验）、尿素琼脂（pH7.2）、氰化钾（KCN）培养基，也可在初步判断结果后从营养琼脂平板上挑取可疑菌落接种。于 36℃±1℃培养 18～24h，必要时可延长至 48h，按表 12-3 判定结果。将已挑菌落的平板储存于 2～5℃或室温至少保留 24h，以备必要时复查。

表 12-3　沙门氏菌属生化反应初步鉴别表一

反应序号	硫化氢	靛基质	pH7.2 尿素	氰化钾	赖氨酸脱羧酶
A1	+	−	−	−	+
A2	+	+	−	−	+
A3	−	−	−	−	+/−

注：＋表示阳性；－表示阴性；＋/－表示阳性或阴性。

反应序号A1：典型反应判定为沙门氏菌属。如pH7.2尿素、KCN和赖氨酸脱羧酶试验3项中有1项异常，按表12-4可判定为沙门氏菌。如有2项异常为非沙门氏菌。

表12-4 沙门氏菌属生化反应初步鉴别表二

pH7.2尿素	氰化钾	赖氨酸脱羧酶	判定结果
－	－	－	甲型副伤寒沙门氏菌（要求血清学鉴定结果）
－	＋	＋	沙门氏菌Ⅳ或Ⅴ（要求符合本群生化特性）
＋	－	＋	沙门氏菌个别变体（要求血清学鉴定结果）

注：＋表示阳性；－表示阴性。

反应序号A2：补做甘露醇和山梨醇试验，沙门氏菌靛基质阳性变体两项试验结果均为阳性，但需要结合血清学鉴定结果进行判定。

反应序号A3：补做ONPG。ONPG阴性为沙门氏菌，同时赖氨酸脱羧酶试验阳性，甲型副伤寒沙门氏菌为赖氨酸脱羧酶试验阴性。

必要时按表12-5进行沙门氏菌生化群的鉴别。

表12-5 沙门氏菌属各生化群的鉴别

项目	Ⅰ	Ⅱ	Ⅲ	Ⅳ	Ⅴ	Ⅵ
卫矛醇	＋	＋	－	－	＋	－
山梨醇	＋	＋	＋	＋	＋	－
水杨苷	－	－	－	＋	－	－
ONPG	－	－	＋	－	＋	－
丙二酸盐	－	＋	＋	－	－	－
KCN	－	－	－	＋	＋	－

注：＋表示阳性；－表示阴性。

（3）如选择生化鉴定试剂盒或全自动微生物生化鉴定系统，可根据（1）的初步判断结果，从营养琼脂平板上挑取可疑菌落，用生理盐水制备成浊度适当的菌悬液，使用生化鉴定试剂盒或全自动微生物生化鉴定系统进行鉴定。

5. 血清学分型鉴定

在上述进一步生化实验后如需要做血清学检验证实时，一般用沙门氏菌属A～F多价“O”诊断血清进行鉴定。步骤为在洁净的玻片上划出2个约1cm×2cm的区域，用接种环挑取1环待测菌，各放1/2环于玻片上的每个区域上部，在其中一个下部加一滴沙门氏菌多价抗血清，在另一区域下部加入1滴生理盐水，作为对照。再用无菌的接种针或环分别将两个区域内的菌落研成乳状液，将玻片倾斜摇动60s，并对着黑色背景进行观察（最好用放大镜观察）。任何程度的凝聚现象都为阳性反应。

6. 结果与报告

综合以上生化试验和血清学鉴定的结果，报告25g（mL）样品中检出或未检出沙门氏菌。

六、实验结果

对检样进行沙门氏菌检验时的原始记录填入下表中，并报告检验结果。

<table>
<tr><td colspan="4">预增菌与增菌</td></tr>
<tr><td colspan="4">25g 样品处理后加入 225mL BPW，培养温度______℃、时间______h，取 1mL 接种于 10mL TTB 内，培养温度______℃、时间______h，另取 1mL 接种于 10mL SC 内，培养温度______℃、时间______h</td></tr>
<tr><td colspan="4">选择性平板分离</td></tr>
<tr><td colspan="2">接自 TTB 增菌液</td><td colspan="2">接自 SC 增菌液</td></tr>
<tr><td>BS 上菌落特征</td><td>HE 上菌落特征</td><td>BS 上菌落特征</td><td>HE 上菌落特征</td></tr>
<tr><td>现象：
判定：</td><td>现象：
判定：</td><td>现象：
判定：</td><td>现象：
判定：</td></tr>
<tr><td colspan="4">生化试验与血清学试验</td></tr>
<tr><td>现象：
判定：</td><td>现象：
判定：</td><td>现象：
判定：</td><td>现象：
判定：</td></tr>
<tr><td>综合生化试验与血清学试验，报告</td><td colspan="3"></td></tr>
</table>

七、思考题

1. 如何提高沙门氏菌的检出率？
2. 在进行沙门氏菌检验时为什么要进行预增菌和增菌？

附录：培养基和试剂的制备

1. 缓冲蛋白胨水（BPW）

（1）成分

蛋白胨	氯化钠	磷酸氢二钠（含 12 个结晶水）	磷酸二氢钾	蒸馏水
10.0g	5.0g	9.0g	1.5g	1000mL

（2）制法

将各成分加入蒸馏水中，搅拌均匀，静置约 10min，煮沸溶解，调节 pH 至 7.2±0.2，500mL 锥形瓶装，高压蒸汽灭菌（121℃、15min）。

2. 四硫磺酸钠煌绿（TTB）增菌液

（1）基础液

蛋白胨	牛肉膏	氯化钠	碳酸钙	蒸馏水
10.0g	5.0g	3.0g	45.0g	1000mL

除碳酸钙外，将各成分加入蒸馏水中，煮沸溶解，再加入碳酸钙，调节 pH 至 7.0±0.2，高压蒸汽灭菌（121℃、20min）。

（2）硫代硫酸钠溶液

硫代硫酸钠（含 5 个结晶水）	蒸馏水
50.0g	加至 100mL

高压蒸汽灭菌（121℃、20min）。

（3）碘溶液

碘片	碘化钾	蒸馏水
20.0g	25.0g	加至 100mL

将碘化钾充分溶解于少量的蒸馏水中，再投入碘片，振摇三角瓶至碘片全部溶解为止，然后加蒸馏水至规定的总量，储存于棕色瓶内，塞紧瓶盖备用。

（4）0.5%煌绿水溶液

煌绿	蒸馏水
0.5g	100mL

溶解后，存放暗处，不少于 1d，使其自然灭菌。

（5）牛胆盐溶液

牛胆盐	蒸馏水
10.0g	100mL

加热煮沸至完全溶解，高压蒸汽灭菌（121℃、20min）。

（6）制法

基础液	硫代硫酸钠溶液	碘溶液	煌绿水溶液	牛胆盐溶液
900mL	100mL	20.0mL	2.0mL	50.0mL

临用前，按上述顺序，以无菌操作依次加入基础液中，每加入一种成分，均应摇匀后再加入另一种成分。

3. 亚硒酸盐胱氨酸（SC）增菌液

（1）成分

蛋白胨	乳糖	磷酸氢二钠	亚硒酸氢钠	L-胱氨酸	蒸馏水
5.0g	4.0g	10.0g	4.0g	0.01g	1000mL

（2）制法

将除亚硒酸氢钠和 L-胱氨酸以外的各成分加入蒸馏水中，加热煮沸溶解，冷却至 55℃以下，以无菌操作加入亚硒酸氢钠和 1g/L L-胱氨酸溶液 10mL（称取 0.1g L-胱氨酸，加 1mol/L 氢氧化钠溶液 15mL，使溶解，再加无菌蒸馏水至 100mL 即成，如为 DL-胱氨酸，用量应加倍），摇匀，调节 pH 7.0±0.2。

4. 亚硫酸铋（BS）琼脂

（1）成分

蛋白胨	牛肉膏	葡萄糖	硫酸亚铁	磷酸氢二钠	煌绿
10.0g	5.0g	5.0g	0.3g	4.0g	0.025g 或 5.0g/L 水溶液 5.0mL
柠檬酸铋铵	亚硫酸钠	琼脂	蒸馏水		
2.0g	6.0g	18.0～20.0g	1000mL		

（2）制法

将前三种成分加入 300mL 蒸馏水（制作基础液）；硫酸亚铁和磷酸氢二钠分别加入 20mL 和 30mL 蒸馏水中，柠檬酸铋铵和亚硫酸钠分别加入另一 20mL 和 30mL 蒸馏水中；将琼脂加入 600mL 蒸馏水中，搅拌、煮沸溶解，冷至 80℃；先将硫酸亚铁和磷酸氢二钠混匀，倒入基础液中，混匀。将柠檬酸铋铵和亚硫酸钠混匀，倒入基础液中，再混匀。调节 pH 至 7.5±0.2，随即倾入琼脂液中，混合均匀，冷却至 50～

55℃，加入煌绿溶液，充分混匀后立即倾注平皿。

注：本培养基不需要高压蒸汽灭菌。在制备过程中不宜过分加热，避免降低其选择性。储存于室温暗处，超过48h会降低其选择性，本培养基宜于当天制备，第二天使用。

5. HE琼脂

(1) 成分

蛋白胨	牛肉膏	乳糖	蔗糖	水杨素	胆盐	氯化钠	琼脂	蒸馏水
12.0g	3.0g	12.0g	12.0g	2.0g	20.0g	5.0g	18.0～20.0g	1000mL

0.4%溴麝香草酚蓝溶液	Andrade指示剂	甲液	乙液
16.0mL	20.0mL	20.0mL	20.0mL

(2) 制法

将前面七种成分溶解于400mL蒸馏水内作为基础液；将琼脂加入600mL蒸馏水内，然后分别搅拌均匀，煮沸溶解。加入甲液和乙液于基础液内，调节pH至7.5±0.2。再加入Andrade指示剂，并与琼脂液合并，待冷至50～55℃，倾注平板。

注：① 此培养基不需要高压蒸汽灭菌。在制备过程中不宜过分加热，避免降低其选择性。

② 甲液的配制

硫代硫酸钠	柠檬酸铁铵	蒸馏水
34.0g	4.0g	100mL

③ 乙液的配制

去氧胆酸钠	蒸馏水
10.0g	100mL

④ Andrade指示剂

酸性复红	1mol/L氢氧化钠溶液	蒸馏水
0.5g	16.0mL	100mL

将复红溶解于蒸馏水中，加入氢氧化钠溶液。数小时后如复红褪色不全，再加氢氧化钠溶液1～2mL。

6. 三糖铁（TSI）琼脂

(1) 成分

蛋白胨	牛肉膏	乳糖	蔗糖	葡萄糖	氯化钠	硫酸亚铁铵（含6个结晶水）
20.0g	5.0g	10.0g	10.0g	1.0g	5.0g	0.2g

硫代硫酸钠	琼脂	酚红	蒸馏水
0.2g	12.0g	0.025g或5.0g/L水溶液5.0mL	1000mL

(2) 制法

将除琼脂和酚红以外的其他成分加入400mL蒸馏水中，煮沸溶解，调节pH7.4±0.2。另将琼脂加入600mL蒸馏水中，煮沸溶解。

将上述两溶液混合均匀后，再加入指示剂，混匀，分装试管，每管大约2～4mL，高压蒸汽灭菌（121℃、10min或115℃、15min），灭菌后置成高层斜面，成橘红色。

7. 蛋白胨水、靛基质试剂

(1) 成分

蛋白胨（或胰蛋白胨）	氯化钠	蒸馏水
20.0g	5.0g	1000mL

将上述成分加入蒸馏水中，煮沸溶解，调节pH至7.4±0.2，分装小试管，高压蒸汽灭菌（121℃、15min）。

(2) 靛基质试剂

柯凡克试剂：将5g对二甲氨基苯甲醛溶解于75mL戊醇中。然后缓慢加入浓盐酸25mL。

欧-波试剂：将1g对二甲氨基苯甲醛溶解于95mL 95%乙醇内。然后缓慢加入浓盐酸20mL。

(3) 试验方法

挑取小量培养物接种，在36℃±1℃培养1～2d，必要时可培养4～5d。加入柯凡克试剂约0.5mL，轻摇试管，阳性者于试剂层呈深红色；或加入欧-波试剂约0.5mL，沿管壁流下，覆盖于培养液表面，阳性者于液面接触处呈玫瑰红色。

注：蛋白胨中应含有丰富的色氨酸。每批蛋白胨买来后，应先用已知菌种鉴定后方可使用。

8. 尿素琼脂

(1) 成分

蛋白胨	氯化钠	葡萄糖	磷酸二氢钾	0.4%酚红溶液	琼脂	蒸馏水	20%尿素溶液
1.0g	5.0g	1.0g	2.0g	3.0mL	20.0g	1000mL	100mL

(2) 制法

除尿素、琼脂和酚红外，其他成分加入400mL蒸馏水中，煮沸溶解，调节pH至7.2±0.2，另将琼脂加入600mL蒸馏水中，煮沸溶解。

将上述量溶液混合均匀后，再加入指示剂后分装，高压蒸汽灭菌（121℃、15min）。冷至50～55℃，加入经过滤除菌的尿素溶液。尿素的最终浓度为2%。分装于灭菌试管内，放成斜面备用。

(3) 试验方法

挑取琼脂培养物接种，在36℃±1℃培养24h，观察结果。尿素酶阳性者由于产碱而使培养基变为红色。

9. 氰化钾（KCN）培养基

(1) 成分

蛋白胨	氯化钠	磷酸二氢钾	磷酸氢二钠	蒸馏水	0.5%氰化钾溶液
10.0g	5.0g	0.225g	5.64g	1000mL	20.0mL

(2) 制法

将除氰化钾以外的成分加入蒸馏水中，煮沸溶解，分装后高压蒸汽灭菌（121℃、15min）。放在冰箱内使其充分冷却。每100mL培养基加入0.5%氰化钾溶液2.0mL（最后浓度为1∶10000），分装于无菌试管内，每管约4mL，立刻用灭菌橡皮塞塞紧，放在4℃冰箱内，至少可保存两个月。同时，将不加氰化钾的培养基作为对照培养基，分装试管备用。

(3) 试验方法

将琼脂培养物接种于蛋白胨水内成为稀释菌液，挑取1环接种于氰化钾（KCN）培养基。并另挑取1环接种于对照培养基。在36℃±1℃培养1～2d，观察结果。如有细菌生长即为阳性（不抑制），经2d细菌不生长为阴性（抑制）。

注：氰化钾是剧毒药物，使用时应小心，切勿沾染，以免中毒。夏天分装培养基应在冰箱内进行。试验失败的主要原因是封口不严，氰化钾逐渐分解，产生氢氰酸气体逸出，以致药物浓度降低，细菌生长，因而造成假阳性反应。试验时对每一环节都要特别注意。

10. 赖氨酸脱羧酶试验培养基

(1) 成分

蛋白胨	酵母浸膏	葡萄糖	蒸馏水	1.6%溴甲酚紫-乙醇溶液	L-赖氨酸或DL-赖氨酸
5.0g	3.0g	1.0g	1000mL	1.0mL	0.5g/100mL或1g/100mL

(2) 制法

除赖氨酸以外的成分加热溶解后，分装每瓶100mL，加入赖氨酸。L-赖氨酸按0.5%加入，DL-赖氨酸按1%加入。调节pH至6.8±0.2。对照培养基不加赖氨酸。分装于无菌的小试管内，每管0.5mL，上面滴加一层液体石蜡，高压蒸汽灭菌（115℃、10min）。

(3) 试验方法

从琼脂斜面上挑取培养物接种，于36℃±1℃培养18～24h，观察结果。氨基酸脱羧酶阳性者由于产碱，培养基应呈紫色。阴性者无碱性产物，但因葡萄糖产酸而使培养基变为黄色。对照管应为黄色。

11. 糖发酵管

(1) 成分

牛肉膏	蛋白胨	氯化钠	磷酸氢二钠（含12个结晶水）	0.2%溴麝香草酚蓝溶液	蒸馏水
5.0g	10.0g	3.0g	2.0g	12.0mL	1000mL

(2) 制法

葡萄糖发酵管按上述成分配好后，调节 pH 至 7.4±0.2。按 0.5%加入葡萄糖，分装于有一个倒置小管的小试管内，高压蒸汽灭菌（121℃、15min）。

其他各种糖发酵管可按上述成分配好后，分装每瓶 100mL，高压蒸汽灭菌（121℃、15min）。另将各种糖类分别配好 10%溶液，同时高压蒸汽灭菌。将 5mL 糖溶液加入于 100mL 培养基内，以无菌操作分装小试管。

注：蔗糖不纯，加热后会自行水解者，应采用过滤法除菌。

(3) 试验方法

从琼脂斜面上挑取小量培养物接种，于 36℃±1℃培养，一般观察 2～3d。迟缓反应需观察 14～30d。

12. ONPG 培养基

(1) 成分

邻硝基酚 β-D-半乳糖苷（ONPG）	60.0mg
0.01mol/L 磷酸钠缓冲液（pH7.5）	10.0mL
1%蛋白胨水（pH7.5）	30.0mL

(2) 制法

将 ONPG 溶于缓冲液内，加入蛋白胨水，以过滤法除菌，分装于无菌的小试管，每管 0.5mL，用橡皮塞塞紧。

(3) 试验方法

自琼脂斜面上挑取培养物 1 满环接种，于 36℃±1℃培养 1～3h 和 24h 观察结果。如果 β-半乳糖苷酶产生，则于 1～3h 变黄色，如无此酶则 24h 不变色。

13. 丙二酸钠培养基

(1) 成分

酵母浸膏	硫酸铵	磷酸氢二钾	磷酸二氢钾	氯化钠	丙二酸钠
1.0g	2.0g	0.6g	0.4g	2.0g	3.0g

0.2%溴麝香草酚蓝溶液	蒸馏水
12.0mL	1000mL

(2) 制法

除指示剂外的成分溶解于水，调节 pH6.8±0.2，后再加入指示剂，分装试管，高压蒸汽灭菌（121℃、15min）。

(3) 试验方法

用新鲜的琼脂培养物接种，于 36℃±1℃培养 48h，观察结果。阳性者由绿色变为蓝色。

实验三十三　食品中志贺氏菌检验（GB 4789.5—2016）

一、实验目的

1. 了解食品中志贺氏菌检验的卫生学意义。
2. 掌握食品中志贺氏菌的检验原理和方法。

二、实验器材

恒温培养箱：36℃±1℃；冰箱：2～5℃；天平：感量为0.1g；吸管：10mL（具0.1mL刻度）、1mL（0.01mL刻度）或微量移液器及吸头；锥形瓶：容量250mL、500mL；试管：3mm×50mm、10mm×75mm；培养皿：直径为90mm；pH计或pH比色管或精密pH试纸；膜过滤系统；厌氧培养装置：41.5℃±1℃；显微镜：10×～100×；均质器；全自动微生物生化鉴定系统；振荡器；电炉；酒精灯等。

微生物实验室常规灭菌及培养设备。

三、培养基、试剂和样品

1. 培养基和试剂

志贺氏菌增菌肉汤-新生霉素；木糖赖氨酸脱氧胆酸盐（XLD）琼脂；麦康凯（MAC）琼脂（或志贺氏菌显色培养基）；三糖铁琼脂（TSI）；营养琼脂斜面；蛋白胨水、靛基质试剂；尿素琼脂（pH7.2）；鸟氨酸脱羧酶试验培养基；黏液酸盐培养基；赖氨酸脱羧酶试验培养基；糖发酵管；邻硝基酚β-D-半乳糖苷（ONPG）培养基；半固体琼脂（制备方法参阅附录）；志贺氏菌O诊断血清。

2. 样品

盐水鸭、蛋糕、鸡蛋、固体饮料等。

四、概述

志贺氏菌属属于肠杆菌科，又叫痢疾杆菌。临床上能引起痢疾症状的病原生物很多，有志贺氏菌、沙门氏菌、变形杆菌、大肠杆菌等，还有阿米巴原虫、鞭毛虫以及病毒等均可引起人类痢疾，其中以志贺氏菌引起的细菌性痢疾最为常见。志贺氏菌属包括痢疾志贺氏菌、福氏志贺氏菌、鲍氏志贺氏菌和宋内氏志贺氏菌4个群。它们通过食品和饮水传播，引起人的疾病，人对志贺氏菌的易感性高，且是志贺氏菌的唯一寄主，在幼儿可引起急性中毒性菌痢，死亡率甚高。2006年9月3日，四川省成都市崇州市实验小学发生群体性食物中毒事件，患病学生达400余人，出现高烧、腹泻腹痛、呕吐等症状，成都市疾病控制中心确诊为宋内氏志贺氏菌致病。所以在食物和饮用水的卫生检验时，常以是否含有志贺氏菌作为指标。

志贺氏菌属细菌的形态与一般肠道杆菌无明显区别，为革兰氏阴性杆菌，不形成芽孢，无荚膜，无鞭毛。需氧或兼性厌氧。营养要求不高，能在普通培养基上生长，最适温度为37℃，最适pH为6.4～7.8。37℃培养18～24h后菌落呈圆形、微凸、光滑湿润、无色、半透明、边缘整齐，直径约2mm。本菌属都能分解葡萄糖，产酸不产气。大多不发酵乳糖，仅宋内氏志贺氏菌迟缓发酵乳糖。靛基质产生不定，甲基红阳性，VP试验阴性，不分解尿素，不产生H_2S。根据生化反应可进行初步分类。

国家标准规定的方法有增菌、分离及生化试验和血清学分型等步骤。

1. 增菌

新版食品中志贺氏菌检验方法标准增菌使用志贺氏菌增菌肉汤-新生霉素进行增菌，加入新生霉素可排除革兰氏阳性菌和部分革兰氏阴性肠杆菌（如变形杆菌等）的干扰；厌氧环境和较高温度41.5℃培养，可排除需氧菌和大部分不耐热的厌氧菌与兼性厌氧菌干扰，减少杂菌背景的同时，也降低了杂菌在增菌过程中对于数量很少的志贺氏菌的竞争抑制作用，可有效地提高志贺氏菌的扩增量，有助于进一步的分离与鉴定。

2. 选择性鉴别培养基分离志贺氏菌

志贺氏菌常用的选择性琼脂平板为 XLD、麦康凯或志贺氏菌显色培养基，这些平板中都含有乳糖。由于志贺氏菌不发酵乳糖或迟缓发酵乳糖（24h 内不发酵乳糖，24h 后才发酵乳糖），硫化氢阴性，所以在这些平板上呈现出无色半透明不发酵乳糖的菌落。XLD 相对于志贺氏菌来说选择性较强，麦康凯或志贺氏菌显色培养基相对于志贺氏菌来说选择性较弱，同时用两种平板分离志贺氏菌，可互补提高检出率，防止漏检。

3. 初步生化试验、血清学分型和进一步生化试验

首先用三糖铁培养基做初步生化试验，用半固体培养基做动力试验。志贺氏菌在三糖铁培养基上的反应为：斜面产碱（红色），底层产酸（黄色），不产气（福氏志贺氏菌 6 型可微量产气），硫化氢试验为阴性。在半固体管中的反应应为：无动力（不能运动）。如果出现这样的结果，可疑为志贺氏菌，挑取可疑菌株做血清学试验，鉴定菌型。血清学试验的原则与沙门氏菌相同，先用多价血清鉴定，再用单因子血清鉴定。在做血清学鉴定的同时，做进一步的生化试验，以确定菌属。

五、实验步骤

（一）志贺氏菌检验程序

如图 12-5 所示。

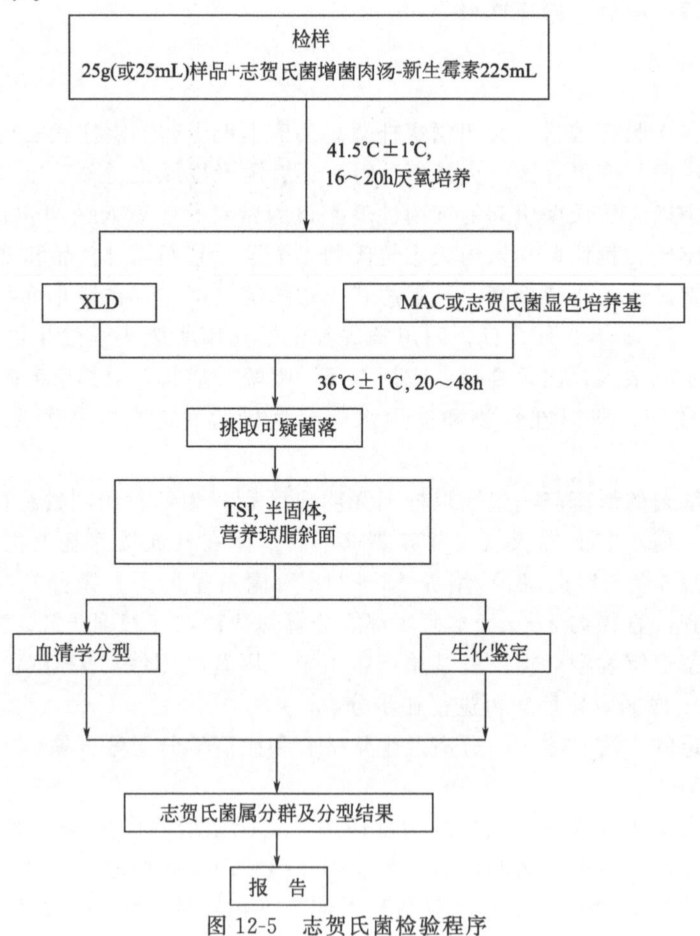

图 12-5 志贺氏菌检验程序

（二）操作步骤

1. 增菌

无菌操作称取检样 25g（mL），加入装有 225mL 志贺氏菌增菌肉汤-新生霉素的均质杯中，固体食品用旋转刀片式均质器以 8000～10000r/min 打碎 1min，或加入装有 225mL 志贺氏菌增菌肉汤-新生霉素的均质袋中，用拍击式均质器连续均质 1～2min，液体样品振荡混匀即可，于 41.5℃±1℃厌氧培养 16～20h。

2. 分离和初步生化试验

（1）取增菌液 1 环，划线接种于 XLD 琼脂平板 1 个；另取 1 环划线接种于 MAC 琼脂平板 1 个或志贺氏菌显色培养基平板 1 个，于 36℃±1℃培养 20～24h，观察各个平板上生长的菌落形态。宋内氏志贺氏菌的单个菌落直径大于其他志贺氏菌。若出现的菌落不典型或菌落较小不易观察，则继续培养至 48h 再进行观察。志贺氏菌在不同选择性琼脂平板上的菌落特征见表 12-6。

表 12-6 志贺氏菌在不同选择性琼脂平板上的菌落特征

选择性琼脂平板	志贺氏菌的菌落特征
MAC 琼脂	无色至浅粉红色，半透明、光滑、湿润、圆形、边缘整齐或不齐
XLD 琼脂	粉红色至无色，半透明、光滑、湿润、圆形、边缘整齐或不齐
志贺氏菌显色培养基	按照显色培养基的说明进行判定

（2）分别挑取平板上的典型或可疑菌落，接种三糖铁琼脂和半固体和营养琼脂各 1 管。一般应挑 2 个以上菌落，以防遗漏，经 36℃±1℃培养 20～24h，分别观察结果。

（3）在三糖铁琼脂内的反应结果为底层产酸、斜面产碱、不产生硫化氢、不产气，在半固体管内的反应结果为无动力，可做进一步的生化试验和血清学分型。

3. 进一步的生化试验和血清学分型

（1）进一步的生化试验

用 2 种已培养的营养琼脂斜面上生长的菌苔做进一步的生化试验，即 β-半乳糖苷酶、尿素、赖氨酸脱羧酶、鸟氨酸脱羧酶以及水杨苷和七叶苷的分解试验。除宋内氏志贺氏菌、鲍氏志贺氏菌 13 型的鸟氨酸阳性，宋内氏菌和痢疾志贺氏菌 1 型、鲍氏志贺氏菌 13 型的 β-半乳糖苷酶为阳性以外，其余生化试验志贺氏菌属的培养物均为阴性结果。另外由于福氏志贺氏菌 6 型的生化特性和痢疾志贺氏菌或鲍氏志贺氏菌相似，必要时还需加做靛基质、甘露醇、棉子糖、甘油试验，也可做革兰氏染色检查和氧化酶试验，应为氧化酶阴性的革兰氏阴性杆菌。生化反应不符合的菌株，即使能与某种志贺氏菌分型血清发生凝集，仍不得判定为志贺氏菌属。志贺氏菌属四个群的生化特征见表 12-7。

表 12-7　志贺氏菌属四个群的生化特征

生化反应	A群:痢疾志贺氏菌	B群:福氏志贺氏菌	C群:鲍氏志贺氏菌	D群:宋内氏志贺氏菌
β-半乳糖苷酶	—[a]	—	—[a]	+
尿素	—	—	—	—
赖氨酸脱羧酶	—	—	—	—
鸟氨酸脱羧酶	—	—	—[b]	+
水杨苷	—	—	—	—
七叶苷	—	—	—	—
靛基质	—/+	(+)	—/+	—
甘露醇	—	+[c]	+	+
棉子糖	—	+	—	+
甘油	(+)	—	(+)	d

注:+表示阳性;—表示阴性;—/+表示多数阴性;(+)表示迟缓阳性;d表示有不同生化型。

[a]痢疾志贺氏菌1型和鲍氏志贺氏菌13型为阳性。

[b]鲍氏志贺氏菌13型为鸟氨酸阳性。

[c]福氏志贺氏菌4型和6型常见甘露醇阴性变种。

(2) 血清学分型

挑取三糖铁琼脂上的培养物，做玻片凝集试验。先用4种志贺氏菌多价血清检查，如果由于K抗原的存在而不出现凝集，应将菌液煮沸后再检查；如果呈现凝集，则为阳性结果。

4. 结果报告

综合以上生化和血清学的试验结果，报告25g（mL）样品中检出或未检出志贺氏菌。

六、实验结果

对检样进行志贺氏菌检验时的原始记录填入下表中。并报告检验结果。

<table>
<tr><td colspan="2">增　菌</td></tr>
<tr><td colspan="2">25g(mL)样品处理后加入225mL志贺氏菌增菌肉汤,培养温度__________℃、时间__________h,厌氧</td></tr>
<tr><td colspan="2">平板分离</td></tr>
<tr><td>XLD琼脂(培养温度________℃、时间________h)
菌落特征:

判定:</td><td>MAC琼脂或志贺氏菌显色培养基(培养温度______℃、时间______h)
菌落特征:

判定:</td></tr>
</table>

续表

<table>
<tr><td colspan="4">初步生化试验</td></tr>
<tr><td colspan="4">将平板分离的可疑菌落接种三糖铁琼脂和半固体各 1 管。挑取可疑菌落________个，培养温度________℃、时间________h</td></tr>
<tr><td>初步生化试验项目</td><td>可疑菌落 1</td><td>可疑菌落 2</td><td>可疑菌落 3</td></tr>
<tr><td>三糖铁琼脂斜面
斜面
底层
产气
硫化氢
葡萄糖半固体管(动力)</td><td></td><td></td><td></td></tr>
<tr><td colspan="4">进一步生化试验和血清学分型</td></tr>
<tr><td>β-半乳糖苷酶
赖氨酸脱羧酶
鸟氨酸脱羧酶
pH7.2 尿素
水杨苷
七叶苷
血清学试验</td><td>判定：</td><td>判定：</td><td>判定：</td></tr>
<tr><td>综合平板分离、生化试验与血清学试验，报告</td><td></td><td></td><td></td></tr>
</table>

七、思考题

1. 简述进行食品中志贺氏菌检验的意义。
2. 志贺氏菌在 HE、EMB 平板上菌落特征如何？为什么？
3. 志贺氏菌在三糖铁琼脂斜面上的反应如何？为什么？

附录：培养基和试剂的制备

1. 志贺氏菌增菌肉汤-新生霉素

(1) 志贺氏菌增菌肉汤

① 成分

胰蛋白胨	20.0g
葡萄糖	1.0g
磷酸氢二钾	2.0g
磷酸二氢钾	2.0g
氯化钠	5.0g
吐温-80（Tween-80）	1.5mL
蒸馏水	1000.0mL

② 制法

将以上成分混合加热溶解，冷却至 25℃左右校正 pH 至 7.0±0.2，分装适当的容器，121℃灭菌 15min。取出后冷却至 50～55℃。

注：如不立即使用，在 2～8℃条件下可储存一个月。

(2) 新生霉素溶液

① 成分

新生霉素	25.0mg
蒸馏水	1000.0mL

② 制法

将新生霉素溶解于蒸馏水中，用0.22μm过滤膜除菌，如不立即使用，在2～8℃条件下可储存一个月。

(3) 临用时每225mL志贺氏菌增菌肉汤加入5mL新生霉素溶液混匀。

2. 麦康凯（MAC）琼脂

(1) 成分

蛋白胨	20.0g
乳糖	10.0g
3号胆盐	1.5g
氯化钠	5.0g
中性红	0.03g
结晶紫	0.001g
琼脂	15.0g
蒸馏水	1000.0mL

(2) 制法

将以上成分混合加热溶解，冷却至25℃左右校正pH至7.2±0.2，分装，121℃高压灭菌15min。冷却至45～50℃，倾注平板。

注：如不立即使用，在2～8℃条件下可储存二周。

3. 木糖赖氨酸脱氧胆盐（XLD）琼脂

(1) 成分

酵母膏	3.0g
L-赖氨酸	5.0g
木糖	3.75g
乳糖	7.5g
蔗糖	7.5g
脱氧胆酸钠	1.0g
氯化钠	5.0g
硫代硫酸钠	6.8g
柠檬酸铁铵	0.8g
酚红	0.08g
琼脂	15.0g
蒸馏水	1000.0mL

(2) 制法

除酚红和琼脂外，将其他成分加入400mL蒸馏水中，煮沸溶解，校正pH至7.4±0.2。另将琼脂加入600mL蒸馏水中，煮沸溶解。

将上述两溶液混合均匀后，再加入指示剂，待冷至50～55℃倾注平皿。

注：本培养基不需要高压灭菌，在制备过程中不宜过分加热，避免降低其选择性，贮于室温暗处。本培养基宜于当天制备，第二天使用。使用前必须去除平板表面上的水珠，在37～55℃温度下，琼脂面向下、平板盖亦向下烘干。另外如配制好的培养基不立即使用，在2～8℃条件下可储存二周。

4. 半固体管琼脂

(1) 成分

蛋白胨	牛肉膏	氯化钠	琼脂	蒸馏水
1.0g	0.3g	0.5g	0.3～0.7g	100mL

(2) 制法

将蛋白胨、牛肉膏和氯化钠加入水中，校正 pH 至 7.4±0.2 后加入琼脂，加热溶解，分装小试管，高压蒸汽灭菌（121℃、15min），直至凝固备用。

5. 葡萄糖铵培养基

（1）成分

氯化钠	硫酸镁	磷酸二氢铵	磷酸氢二钾	葡萄糖	琼脂	蒸馏水	0.2%溴麝香草酚蓝溶液
5.0g	0.2g	1.0g	1.0g	2.0g	2.0g	1000mL	40.0mL

（2）制法

先将盐类和糖溶解于水内，校正 pH 至 6.8，再加琼脂，加热溶化，然后加入指示剂，混合均匀后分装试管，高压蒸汽灭菌（121℃、15min）后，放成斜面。

（3）试验方法

用接种针轻轻触及培养物的表面，在盐水管内做成极稀的悬液，肉眼观察不见混浊，以每一接种环内含菌数在 20～100 之间为宜。将接种环灭菌后挑取菌液接种，同时再以同法接种普通斜面一支作为对照。于 36℃±1℃培养 24h。阳性者葡萄糖铵斜面上有正常大小的菌落生长；阴性者不生长，但在对照培养基上生长良好。如在葡萄糖铵斜面生长极微小的菌落可视为阴性结果。

注：容器使用前应用清洁液浸泡。再用清水、蒸馏水冲洗干净，并用新棉花做成棉塞，干热灭菌后使用。如果操作时不注意，有杂质污染时，易造成假阳性的结果。

6. 西蒙氏柠檬酸盐培养基

（1）成分

氯化钠	硫酸镁	磷酸二氢铵	磷酸氢二钾	柠檬酸钠	琼脂	蒸馏水	0.2%溴麝香草酚蓝溶液
5.0g	0.2g	1.0g	1.0g	5.0g	20.0g	1000mL	40.0mL

（2）制法

先将盐类溶解于水内，校正 pH 至 6.8，再加琼脂，加热溶化。然后加入指示剂，混合均匀后分装试管，高压蒸汽灭菌（121℃、15min）。放成斜面备用。

（3）试验方法

挑取少量琼脂培养物接种，于 36℃±1℃培养 4d，每天观察结果。阳性者斜面上有菌落生长，培养基从绿色转为蓝色。

7. β-半乳糖苷酶培养基

（1）成分

邻硝基苯 β-D-半乳糖苷（ONPG）	60.0mg
0.01mol/L 磷酸钠缓冲液（pH7.5±0.2）	10.0mL
1%蛋白胨水（pH7.5±0.2）	30.0mL

（2）制法

将 ONPG 溶于缓冲液内，加入蛋白胨水，以过滤法除菌，分装于 10mm×75mm 试管内，每管 0.5mL，用橡皮塞塞紧。

（3）试验方法

自琼脂斜面挑取培养物一满环接种，于 36℃±1℃培养 1～3h 和 24h 观察结果。如果 β-D-半乳糖苷酶产生，则于 1～3h 变黄色，如无此酶则 24h 不变色。

8. 糖发酵管

（1）成分

牛肉膏	5.0g
蛋白胨	10.0g
氯化钠	3.0g
磷酸氢二钠（$Na_2HPO_4 \cdot 12H_2O$）	2.0g
0.2%溴麝香草酚蓝溶液	12.0mL
蒸馏水	1000.0mL

(2) 制法

葡萄糖发酵管按上述成分配好后，按 0.5%加入葡萄糖，25℃左右校正 pH 至 7.4±0.2，分装于有一个倒置小管的小试管内，121℃高压灭菌 15min。

其他各种糖发酵管可按上述成分配好后，分装每瓶 100mL，121℃高压灭菌 15min。另将各种糖类分别配好 10%溶液，同时高压灭菌，将 5mL 糖溶液加入 100mL 培养基内，以无菌操作分装小试管。

注：蔗糖不纯，加热后会自行水解者，应采用过滤法除菌。

(3) 试验方法

从琼脂斜面上挑取小量培养物接种，于 36℃±1℃培养，一般观察 2～3d。迟缓反应需观察 14～30d。

9. 黏液酸盐培养基

(1) 测试肉汤

① 成分

酪蛋白胨	10.0g
溴麝香草酚蓝溶液	0.024g
蒸馏水	1000.0mL
黏液酸	10.0g

② 制法

慢慢加入 5mol/L 氢氧化钠以溶解黏液酸，混匀。

其余成分加热溶解，加入上述黏液酸，冷却至 25℃左右校正 pH 至 7.4±0.2，分装试管，每管约 5mL 于 121℃高压灭菌 10min。

(2) 质控肉汤

① 成分

酪蛋白胨	10.0g
溴麝香草酚蓝溶液	0.024g
蒸馏水	1000.0mL

② 制法

所有成分加热溶解，冷却至 25℃左右校正 pH 至 7.4±0.2，分装试管，每管约 5mL，于 121℃高压灭菌 10min。

(3) 试验方法

将待测新鲜培养物接种测试肉汤和质控肉汤，于 36℃±1℃培养 48h 观察结果，肉汤颜色蓝色不变则为阴性结果，黄色或稻草黄色为阳性结果。

实验三十四 食品中金黄色葡萄球菌检验（GB 4789.10—2016）

一、实验目的

1. 了解食品中金黄色葡萄球菌检验的安全学意义。
2. 掌握食品中金黄色葡萄球菌定性和定量检验的原理和方法。

二、实验器材

恒温培养箱：36℃±1℃；冰箱：2～5℃；恒温水浴箱：36～56℃；天平：感量为 0.1g；吸管：10mL（具 0.1mL 刻度）、1mL（是 0.01mL 刻度）或微量移液器及吸头；锥形瓶：容量 100mL、500mL；试管：16mm×160mm，13mm×130mm；培养皿：直径为 90mm；注射器：0.5mL；pH 计或 pH 比色管或精密 pH 试纸；均质器；振荡器；涂布棒；电炉；酒精灯等。

微生物实验室常规灭菌及培养设备。

三、培养基、试剂和样品

1. 培养基和试剂

7.5%氯化钠肉汤；血琼脂平板；Baird-Parker 琼脂平板；脑心浸出液肉汤（BHI）（制备方法参阅附录）；无菌生理盐水（或磷酸盐缓冲液）；冻干血浆或兔血浆；营养琼脂小斜面；革兰氏染色液。

2. 样品

酱牛肉、芝麻糊、面包、酱油等。

四、概述

金黄色葡萄球菌属于微球菌科葡萄球菌属，也是引起人类疾病的主要葡萄球菌。该菌除了可引起皮肤组织炎症外，还产生肠毒泰。如食品中生长有金黄色葡萄球菌，人误食了含有肠毒素的食品，就会发生食物中毒，因此食品中存在金黄色葡萄球菌是食品安全的一种潜在危害，所以检查食品中的金黄色葡萄球菌及数量具有实际意义。

国家标准金黄色葡萄球菌检验的原理如下：金黄色葡萄球菌耐盐性强，在100～150g/L的氯化钠培养基中能生长，适宜生长的盐含量为5%～7.5%，可以利用这个特性对金黄色葡萄球菌增菌，抑制杂菌。金黄色葡萄球菌可产生溶血素，在血平板上生长，菌落周围有透明的溶血环，可产生卵磷脂酶，分解卵磷脂，产生甘油酯和可溶性磷酸胆碱，所以在Baird-Parker（含卵黄和亚碲酸钾）平板上生长，菌落为黑色，周围有一混浊带，在其外层有一透明圈，利用此特性可分离金黄色葡萄球菌。金黄色葡萄球菌还可产生凝固酶，凝固酶可使血浆中的血浆蛋白酶原变成血浆蛋白酶，使血浆凝固，这是鉴定致病性金黄色葡萄球菌的重要指标，是不是致病的金黄色葡萄球菌主要看它是否产生凝固酶。

金黄色葡萄球菌数量的测定采用稀释平板法中的涂菌法，采用 Baird-Parker 培养基，1mL 样品稀释液分成 0.3mL、0.3mL 和 0.4mL，分别接入三个平板中，然后用 L 形玻璃棒涂匀，倒置培养。注意不能像混菌法那样一个平板接种 1mL，因为琼脂吸收不了 1mL 样品稀释液，倒置培养时，样品稀释液会流出来。在平板上，随机挑取五个可疑为金黄色葡萄球菌的菌落，做证实试验，计算出平板上金黄色葡萄球菌的比例数，最后计算出每 1g(mL)样品中的金黄色葡萄球菌数。

五、金黄色葡萄球菌定性检验（第一法）实验步骤

（一）金黄色葡萄球菌定性检验（第一法）程序

金黄色葡萄球菌定性检验（第一法）程序如图 12-6。

（二）操作步骤

1. 检样处理

称取 25g 检样至盛有 225mL 7.5%氯化钠肉汤的无菌均质杯中，以 8000～10000r/min 均质 1～2min，或放入盛有 225mL 7.5%氯化钠肉汤无菌均质袋中，用拍击式均质器拍打 1～2min，若检样为液态，吸取 25mL 样品至盛有 225mL 7.5%氯化钠肉汤无菌锥形瓶（瓶内可预置适当数量的无菌玻璃珠）中，振荡混匀。

2. 增菌和分离培养

(1) 将上述样品匀液于 36℃±1℃培养 18～24h。金黄色葡萄球菌在 7.5%氯化钠肉汤中呈混浊生长。

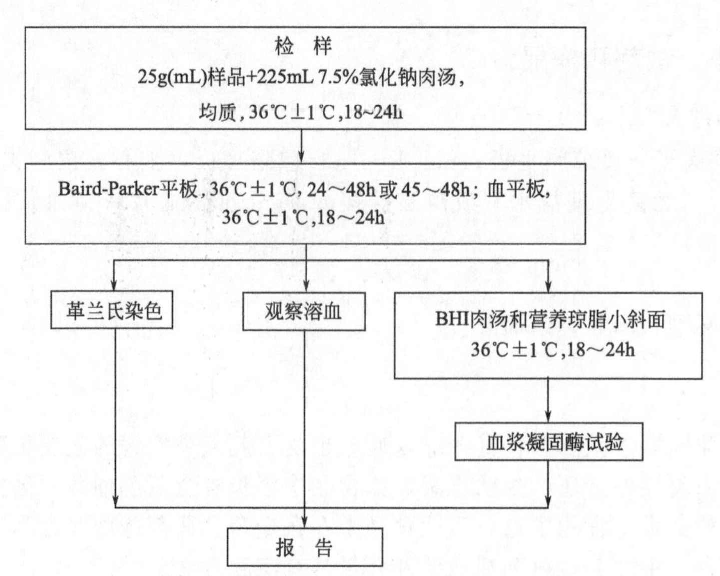

图 12-6 金黄色葡萄球菌定性检验（第一法）程序

（2）将上述培养物，分别划线接种到 Baird-Parker 平板和血平板，血平板 36℃±1℃培养 18～24h。Baird-Parker 平板 36℃±1℃培养 24～48h。

3. 初步鉴定

金黄色葡萄球菌在 Baird-Parker 平板上，呈圆形，表面光滑，凸起，湿润。菌落直径为 2～3mm，颜色呈灰黑色到黑色，边缘为淡色，周围为一混浊带，在其外层有一透明圈。用接种针接触菌落有似奶油至树胶样的硬度。偶然会遇到非脂肪溶解的类似菌落，但无混浊带及透明圈。长期保存的冷冻或干燥食品中所分离的菌落比典型菌落所产生的黑色较淡些，外观可能粗糙并干燥。在血平板上，形成菌落较大，圆形，光滑凸起，湿润，金黄色（有时为白色），菌落周围可见完全透明的溶血圈。挑取上述菌落进行革兰氏染色镜检及血浆凝固酶试验。

4. 确证鉴定

（1）染色镜检：金黄色葡萄球菌为革兰氏阳性球菌，排列呈葡萄球状，无芽孢，无荚膜，直径约为 0.5～1μm。

（2）血浆凝固酶试验：挑起 Baird-Parker 平板或血平板上至少 5 个可疑菌落（小于 5 个全选），分别接种到 5mL BHI 和营养琼脂小斜面，36℃±1℃培养 18～24h。

取新鲜配制兔血浆 0.5mL，放入小试管中，再加入 BHI 培养物 0.2～0.3mL，振荡摇匀，置 36℃±1℃温箱或水浴箱内，每半小时观察一次，观察 6h，如呈现凝固（即将试管倾斜或倒置时，呈现凝块）或凝固体积大于原体积的一半，被判定为阳性结果。同时以血浆凝固酶试验阳性和阴性的葡萄球菌株的肉汤培养物作为对照。也可用商品化的试剂（如冻干血浆），按说明书操作即可。

结果如可疑，挑起营养琼脂小斜面的菌落到 5mL BHI，36℃±1℃培养 18～24h，重复试验。

5. 结果与报告

结果判定：符合上述 Baird-Parker 平板和血平板菌落特征、革兰氏染色特征及血浆凝固酶试验阳性者，可判定为金黄色葡萄球菌。

结果报告：25g（mL）样品中检出或未检出金黄色葡萄球菌。

六、金黄色葡萄球菌定量检验（第二法）实验步骤

（一）金黄色葡萄球菌平板计数（第二法）程序

金黄色葡萄球菌平板计数（第二法）程序如图 12-7。

（二）操作步骤

1. 检样的稀释

（1）固体和半固体样品：称取 25g 检样置盛有 225mL 无菌生理盐水或磷酸盐缓冲液的无菌均质杯内，8000～10000r/min 均质 1～2min，或放入盛有 225mL 稀释液的无菌均质袋中，用拍击式均质器拍打 1～2min，制成 1∶10（即 10^{-1}）的样品匀液。

（2）液体样品：以无菌吸管吸取 25mL 样品置盛有 225mL 无菌生理盐水或磷酸盐缓冲液的锥形瓶内（瓶内预置适当数量的玻璃珠）中，充分混匀，制成 1∶10（即 10^{-1}）的样品匀液。

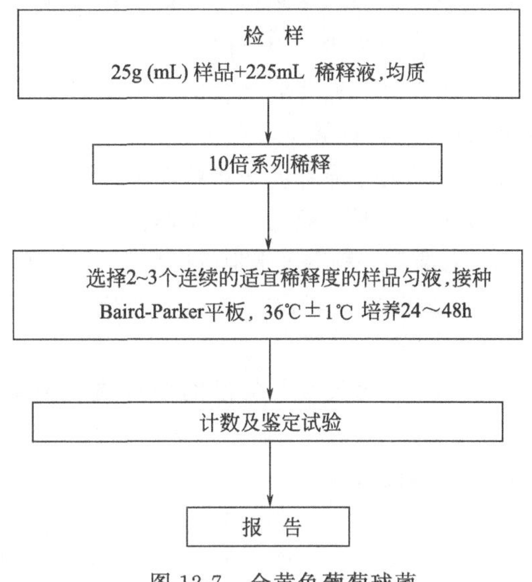

图 12-7　金黄色葡萄球菌平板计数（第二法）程序

（3）用 1mL 无菌吸管或微量移液器吸取 1∶10 稀释液 1mL，沿管壁缓慢注于盛有 9mL 稀释液的无菌试管中（注意吸管或吸头尖端不要触及稀释液面），振摇试管或换用 1 支 1mL 无菌吸管反复吹打使其混合均匀，做成 1∶100（即 10^{-2}）的样品匀液。

另取 1mL 无菌吸管，按上述操作顺序，做 10 倍递增稀释液，如此每递增稀释一次，即换用 1 支 1mL 无菌吸管。

2. 接种与培养

（1）根据对样品污染状况的估计，选择 2～3 个适宜稀释度的样品匀液（液体样品可包括原液），在进行 10 倍递增稀释时，每个稀释度分别吸取 1mL 样品匀液以 0.3mL、0.3mL、0.4mL 接种量分别加入三碟 Baird-Parker 平板，然后用无菌 L 型玻璃棒涂布整个平板，注意不要触及平板边缘。使用前，如 Baird-Parker 平板表面有水珠，可放在 25～50℃的培养箱里干燥，直到平板表面的水珠消失。

（2）在通常情况下，涂布后，将平板静置 10min，如样品不容易吸收，可将平板放在 36℃±1℃培养箱中培养 1h，等样品匀液吸收后翻转培养皿，倒置于培养箱，36℃±1℃培养 24～48h。

3. 典型菌落计数和确认

（1）金黄色葡萄球菌在 Baird-Parker 平板上，菌落直径为 2～3mm，颜色呈灰黑色到黑色，边缘为淡色，周围为一混浊带，在其外层有一透明圈。用接种针接触菌落有似奶油至树胶样的硬度。偶然会遇到非脂肪溶解的类似菌落，但无混浊带及透明圈。长期保存的冷冻或干燥食品中所分离的菌落比典型菌落所产生的黑色较淡些，外观可能粗糙并干燥。

（2）选择有典型的金黄色葡萄球菌菌落的平板，并且同一稀释度 3 个平板所有菌落数合计在 20～200CFU 之间的平板，计数典型菌落数。

（3）从典型菌落中至少选 5 个可疑菌落（小于 5 个全选）进行鉴定试验。分别做染色镜

检、血浆凝固酶试验，同时划线接种到血平板 36℃±1℃培养 18～24h 后观察菌落形态，金黄色葡萄球菌菌落较大，圆形、光滑凸起、湿润、金黄色（有时为白色），菌落周围可见完全透明溶血圈。

4. 结果计算

（1）如果只有一个稀释度平板上的菌落数在适宜计数范围内（20～200CFU）并且有典型菌落，按后面公式（1）计算。

（2）如果最低稀释度平板的典型菌落数小于 20CFU，计数该稀释度平板上的典型菌落，按后面公式（1）计算。

（3）如果某一稀释度平板的典型菌落数大于 200CFU，但下一稀释度平板上没有典型菌落，计数该稀释度平板上的典型菌落，按公式（1）计算。

（4）如果某一稀释度平板的典型菌落数大于 200CFU，同时下一稀释度平板上虽有典型菌落，但其平板上的典型菌落数不在 20～200CFU 之间，应计数该稀释度平板上的典型菌落，按公式（1）计算。

（5）如果 2 个连续稀释度的平板典型菌落数在适宜计数范围内（20～200CFU），按公式（2）计算。

（6）计算公式

$$T=\frac{AB}{Cd} \tag{1}$$

式中 T——样品中金黄色葡萄球菌菌落数；

A——某一稀释度典型菌落的总数；

B——某一稀释度鉴定为阳性的菌落数；

C——某一稀释度用于鉴定试验的菌落数；

d——稀释因子。

$$T=\frac{A_1B_1/C_1+A_2B_2/C_2}{1.1d} \tag{2}$$

式中 T——样品中金黄色葡萄球菌菌落数；

A_1——第一稀释度（低稀释倍度）典型菌落的总数；

A_2——第二稀释度（高稀释倍度）典型菌落的总数；

B_1——第一稀释度（低稀释倍度）鉴定为阳性的菌落数；

B_2——第二稀释度（高稀释倍度）鉴定为阳性的菌落数；

C_1——第一稀释度（低稀释倍度）用于鉴定试验的菌落数；

C_2——第二稀释度（高稀释倍度）用于鉴定试验的菌落数；

1.1——计算系数；

d——稀释因子（第一稀释度）。

5. 结果与报告

根据 Baird-Parker 平板上金黄色葡萄球菌的典型菌落数，按公式（1）或公式（2）计算，报告每 1g(mL) 样品中金黄色葡萄球菌数，以 CFU/g(mL) 表示；如 T 值为 0，则以小于 1 乘以最低稀释倍数报告。

七、实验结果

1. 将对检样进行金黄色葡萄球菌定性检验（第一法）的原始记录填入下表中，并报告检验结果。

<table>
<tr><td colspan="6">增　菌</td></tr>
<tr><td colspan="6">25g 样品处理后加入 225mL ______增菌液，均质，培养温度______℃、时间________ h。现象________</td></tr>
<tr><td colspan="6">平板分离</td></tr>
<tr><td colspan="3">Baird-Parker 平板(培养温度________℃、时间________ h)
菌落特征：

判定：</td><td colspan="3">血平板(培养温度________℃、时间________ h)
菌落特征：

判定：</td></tr>
<tr><td colspan="6">革兰氏染色和血浆凝固酶试验</td></tr>
<tr><td colspan="6">挑取可疑菌落________个，培养温度________℃、时间________ h</td></tr>
<tr><td>试验项目</td><td>可疑菌落 1</td><td>可疑菌落 2</td><td>可疑菌落 3</td><td>可疑菌落 4</td><td>可疑菌落 5</td></tr>
<tr><td>革兰氏染色
形态
染色反应
血浆凝固酶试验</td><td>判定：</td><td>判定：</td><td>判定：</td><td>判定：</td><td>判定：</td></tr>
<tr><td>综合平板特征、染色与血浆凝固酶试验，报告</td><td></td><td></td><td></td><td></td><td></td></tr>
</table>

2. 将对检样进行金黄色葡萄球菌 Baird-Parker 平板计数（第二法）的原始记录填入下表中，并报告检验结果。

<table>
<tr><td colspan="6">检样稀释与接种</td></tr>
<tr><td colspan="6">25g 样品处理后加入 225mL ________稀释液，均质，10 倍稀释，选择适宜稀释度为________________；每个稀释度分别吸取 0.3mL、0.3mL、0.4mL 涂布 Baird-Parker 平板，培养温度________℃、时间________ h</td></tr>
<tr><td colspan="6">金黄色葡萄球菌典型菌落计数</td></tr>
<tr><td>稀释度</td><td>10^{-1}</td><td colspan="2">10^{-2}</td><td>10^{-3}</td><td>10^{-4}</td></tr>
<tr><td>0.3mL</td><td></td><td colspan="2"></td><td></td><td></td></tr>
<tr><td>0.3mL</td><td></td><td colspan="2"></td><td></td><td></td></tr>
<tr><td>0.4mL</td><td></td><td colspan="2"></td><td></td><td></td></tr>
<tr><td>合计</td><td></td><td colspan="2"></td><td></td><td></td></tr>
<tr><td>计数稀释度</td><td></td><td colspan="2">典型菌落数/CFU</td><td colspan="2"></td></tr>
<tr><td colspan="6">金黄色葡萄球菌________个典型菌落的确认</td></tr>
<tr><td>试验项目</td><td>典型菌落 1</td><td>典型菌落 2</td><td>典型菌落 3</td><td>典型菌落 4</td><td>典型菌落 5</td></tr>
<tr><td>革兰氏染色
血浆凝固酶试验</td><td>判定：</td><td>判定：</td><td>判定：</td><td>判定：</td><td>判定：</td></tr>
<tr><td>根据典型菌落数和确证试验结果报告</td><td colspan="5"></td></tr>
</table>

八、思考题

1. 食品中金黄色葡萄球菌检验时为什么用7.5%氯化钠肉汤增菌？
2. 简述血浆凝固酶试验的过程和结果表示。

附录：培养基和试剂的制备

1. 7.5%氯化钠肉汤

(1) 成分

蛋白胨	牛肉膏	氯化钠	蒸馏水
10.0g	5.0g	75.0g	1000mL

(2) 制法

将上述成分加热溶解，调节pH至7.4±0.2，分装，每瓶225mL，高压蒸汽灭菌（121℃、15min）。

2. 血琼脂平板

(1) 成分

豆粉琼脂（pH7.5～0.2）	脱纤维羊血（或兔血）
100mL	5～10mL

(2) 制法

加热溶化琼脂，冷至50℃，以无菌操作加入脱纤维羊血，摇匀，倾注平板。

3. Baird-Parker琼脂平板

(1) 成分

胰蛋白胨	牛肉膏	酵母膏	丙酮酸钠	甘氨酸	氯化锂（$LiCl \cdot 6H_2O$）	琼脂	蒸馏水
10.0g	5.0g	1.0g	10.0g	12.0g	5.0g	20.0g	950mL

(2) 增菌剂的配法

30%卵黄盐水50mL与经过0.22μm孔径滤膜进行过滤除菌的1%亚碲酸钾溶液10mL混合，保存于冰箱内。

(3) 制法

将各成分加到蒸馏水中，加热煮沸至完全溶解。调节pH至7.0±0.2。分装每瓶95mL，高压蒸汽灭菌（121℃、15min）。临用时加热溶化琼脂，冷至50℃，每95mL加入预热至50℃的卵黄亚碲酸钾增菌剂5mL，摇匀后倾注平板。培养基应是致密不透明的。使用前在冰箱储存不得超过48h。

4. 脑心浸出液肉汤（BHI）

(1) 成分

胰蛋白胨	氯化钠	磷酸氢二钠（含$12H_2O$）	葡萄糖	牛心浸出液
10.0g	5.0g	2.5g	2.0g	500mL

(2) 制法

加热溶解，调节pH至7.4±0.2。分装16mm×160mm试管，每管5mL，高压蒸汽灭菌（121℃、15min）。

5. 兔血浆

取柠檬酸钠3.8g，加蒸馏水100mL，溶解后过滤，装瓶，高压蒸汽灭菌（121℃、15min）。

兔血浆制备：取3.8%柠檬酸钠溶液一份，加兔全血四份，混匀后静置（或以3000r/min离心30min），使血液细胞下降，即可得血浆。

6. 营养琼脂小斜面

(1) 成分

蛋白胨	牛肉膏	氯化钠	琼脂	蒸馏水
10.0g	3.0g	5.0g	15.0～20.0g	1000mL

(2) 制法

将除琼脂以外的各成分溶解于蒸馏水内，加入15%氢氧化钠溶液约2mL，调节pH至7.3±0.2。加入琼脂，加热煮沸，使琼脂溶化。分装13mm×130mm试管，每管5mL，高压蒸汽灭菌（121℃、15min）。

实验三十五　食品中副溶血性弧菌检验（GB 4789.7—2013）

一、实验目的

1. 了解副溶血性弧菌的生物学特性及其在食品中检验的安全学意义。
2. 掌握副溶血性弧菌的检验原理和检验方法。

二、实验器材

恒温培养箱：36℃±1℃；冰箱：2～5℃，7～10℃；均质器或乳钵；天平：感量0.1g；试管：18mm×180mm，15mm×100mm；吸管：1mL（具0.01mL刻度），10mL（具0.1mL刻度）或微量移液器及吸头；锥形瓶：容量500mL，250mL，1000mL；培养皿：直径90mm；全自动微生物生化鉴定系统。

三、培养基、试剂和样品

1. 培养基和试剂

3%氯化钠碱性蛋白胨水（APW）；硫代硫酸盐-柠檬酸盐-胆盐-蔗糖（TCBS）琼脂；3%氯化钠胰蛋白胨大豆（TSA）琼脂；3%氯化钠三糖铁（TSI）琼脂；嗜盐性试验培养基；3%氯化钠甘露醇试验培养基；3%氯化钠赖氨酸脱羧酶试验培养基；3%氯化钠MR-VP培养基；氧化酶试剂；革兰氏染色液；ONPG试剂；3%氯化钠溶液；Voges-Proskauer（VP）试剂；弧菌显色培养基；生化鉴定试剂盒。

2. 样品

海带、鱼圆、带鱼水产调味品和咸肉等。

四、概述

副溶血性弧菌（*Vibrio parahemolyticus*）是弧菌科弧菌属，为不产芽孢的革兰氏染色阴性多形态杆菌，表现为杆状、棒状、弧状、球状和丝状等形态，大小约为0.7～1.0μm，丝状菌体长度可达15μm。该菌是一种嗜盐性兼性厌氧菌，最适宜的培养条件：温度为30～37℃，含盐2.0%～3.0%（若盐含量低于0.5%则不生长），pH值为7.4～8.0。

副溶血性弧菌是分布在海洋及盐湖中极为广泛的一种致病菌之一，于1950年从日本一次暴发性食物中毒中分离发现，可引起食物中毒。该菌主要来自海产品，如墨鱼、海鱼、海虾、海蟹和海蜇；以及含盐分较高的腌制食品，如咸菜、腌肉、熟肉类、禽肉和禽蛋类等。约有半数食物中毒者为食用了腌制品，中毒原因主要是烹调时未烧熟煮透或熟制品被污染。临床上以腹痛、呕吐、腹泻及水样便为主要症状。近年来国内报道的副溶血性弧菌食物中毒，临床表现不一，可呈典型、胃肠炎型、菌痢型、中毒性休克型或少见的慢性肠炎型。

五、实验步骤

（一）检验程序

副溶血性弧菌定性检验的程序如图 12-8。

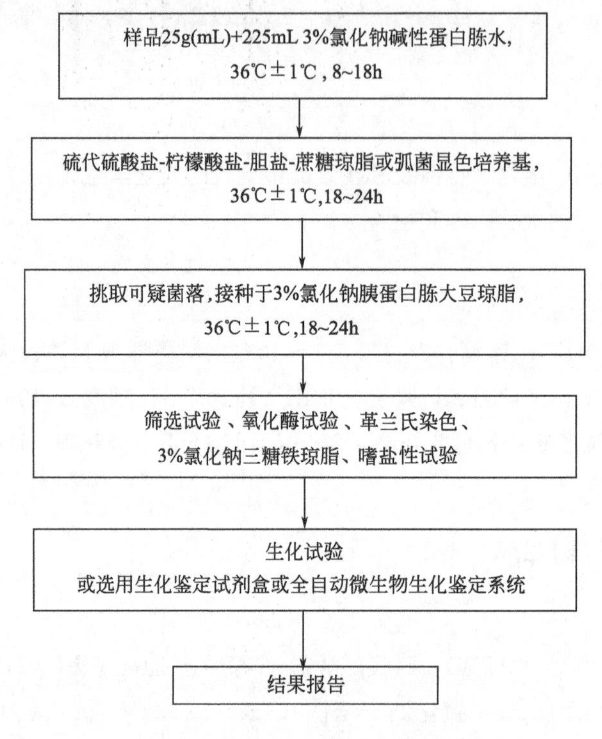

图 12-8　副溶血性弧菌定性检验的程序

（二）操作步骤

1. 样品制备

(1) 冷冻样品应在45℃以下不超过15min或在2～5℃不超过18h解冻，若不能及时检验，应放于－15℃左右保存；非冷冻而易腐的样品应尽可能及时检验，若不能及时检验，应置7～10℃冰箱保存，在24h内检验。

(2) 鱼类和头足类动物取表面组织、肠或鳃。贝类取全部内容物，包括贝肉和体液；甲壳类取整个动物，或者动物的中心部分，包括肠和鳃，如为带壳贝类或甲壳类则应先在自来水中洗刷外壳并甩干表面水分，然后以无菌操作打开外壳，按上述要求取相应部分。

2. 增菌

以无菌操作取检样25g（mL），加入3% 225mL氯化钠碱性蛋白胨水中，用旋转刀片式均质器以8000r/min均质1min，或拍击式均质器拍击2min，制备成1∶10的均匀稀释液。如无均质器，则将样品放入无菌乳钵中磨碎，然后放在500mL的灭菌容器内，加225mL 3%氯化钠碱性蛋白胨水，并充分振荡。将上述1∶10稀释液于36℃±1℃培养8～18h。

3. 平板分离

(1) 如增菌液中显示菌的生长，用接种环在距离液面以下1cm内蘸取一环增菌液，于

TCBS平板或弧菌显色培养基平板上划线分离，一支试管划线一块平板于36℃±1℃培养18～24h。

（2）典型的副溶血性弧菌在TCBS上呈圆形、半透明、表面光滑的绿色菌落，用接种环轻触，有类似口香糖的质感，直径2～3mm。从培养箱取出TCBS平板后，应尽快（不超过1h）挑取菌落或标记要挑取的菌落。典型的副溶血性弧菌在弧菌显色培养基上的特征按照产品说明进行判定。

4. 纯培养

挑取三个或以上可疑菌落，划线3%氯化钠胰蛋白胨大豆琼脂平板，36℃±1℃培养18～24h。

5. 初步鉴定

（1）氧化酶试验：挑选纯培养的单个菌落进行氧化酶试验，副溶血性弧菌为氧化酶阳性。

（2）涂片镜检：将可疑菌落涂片，进行革兰氏染色，镜检观察形态。副溶血性弧菌为革兰氏阴性，呈棒状、弧状、卵圆状等多形态，无芽孢，有鞭毛。

（3）3%氯化钠三糖铁琼脂试验：挑取纯培养的单个可疑菌落，接种3%氯化钠三糖铁琼脂斜面并穿刺底层，36℃±1℃培养24h观察结果。副溶血性弧菌在3%氯化钠三糖铁琼脂中的反应为底层变黄不变黑，无气泡，斜面颜色不变或红色加深，有动力。

（4）嗜盐性试验：挑取纯培养的单个可疑菌落，分别接种于0%、6%、8%和10%不同氯化钠浓度的胰胨水，36℃±1℃培养24h，观察液体混浊情况。副溶血性弧菌在无氯化钠和10%氯化钠的胰胨水中不生长或微弱生长，在6%和8%氯化钠的胰胨水中生长旺盛。

6. 确定鉴定

（1）生化试验：取纯培养物分别接种含3%氯化钠的甘露醇、赖氨酸脱羧酶、MR-VP培养基，36℃±1℃培养24～18h后观察结果。3%氯化钠三糖铁琼脂隔夜培养物进行ONPG试验。

（2）可选择生化鉴定试剂盒或全自动微生物生化鉴定系统。

7. 报告

当检出的可疑菌落生化性状符合表12-8要求时，报告25g(mL)样品中检出副溶血性弧菌。

表12-8 副溶血性弧菌的生化性状

试验项目	结果
革兰氏染色镜检	阴性,无芽孢
氧化酶	+
动力	+
蔗糖	−
葡萄糖	+
甘露醇	+
分解葡萄糖产气	−
乳糖	−
硫化氢	−
赖氨酸脱羧酶	+
MR-VP	−
ONPG	−

注：+表示阳性；−表示阴性。

六、实验结果

对检样进行副溶血性弧菌定性检验时的原始记录填入下表中。并报告检验结果。

<table>
<tr><td colspan="4">增 菌</td></tr>
<tr><td colspan="4">25g(mL)样品处理后加入 225mL APW 增菌液，培养温度________℃、时间________ h。培养后(是、否)生长</td></tr>
<tr><td colspan="2">平板分离</td><td colspan="2">平板纯化</td></tr>
<tr><td colspan="2">TCBS 琼脂平板或显色培养基(培养温度________℃、时间________ h)菌落特征：

判定：</td><td colspan="2">TSA 琼脂平板(培养温度________℃、时间________ h)菌落特征：

判定：</td></tr>
<tr><td colspan="4">初步鉴定</td></tr>
<tr><td>试验项目</td><td>可疑菌落 1</td><td>可疑菌落 2</td><td>可疑菌落 3</td></tr>
<tr><td>氧化酶试验
革兰氏染色
3%氯化钠三糖铁琼脂斜面
斜面
底层
产气
硫化氢
嗜盐性试验</td><td>判定：</td><td>判定：</td><td>判定：</td></tr>
<tr><td colspan="4">确定鉴定</td></tr>
<tr><td>甘露醇试验
赖氨酸脱羧酶试验
MR-VP 试验
ONPG 试验</td><td></td><td></td><td></td></tr>
<tr><td>综合平板分离、生化试验，报告</td><td colspan="3"></td></tr>
</table>

七、思考题

1. 简述食品中进行副溶血性弧菌检验的安全学意义。
2. 简述副溶血性弧菌的生物学特性。

附录：培养基和试剂的制备

1. 3%氯化钠碱性蛋白胨水（APW）

（1）成分

蛋白胨	氯化钠	蒸馏水
10.0g	30.0g	1000mL

（2）制法

将上述成分混合，调节 pH 至 8.5±0.2，高压蒸汽灭菌（121℃、10min）。

2. 硫代硫酸盐-柠檬酸盐-胆盐-蔗糖（TCBS）琼脂

（1）成分

多价蛋白胨	酵母浸膏	柠檬酸钠（含2个结晶水）	硫代硫酸钠（含5个结晶水）	氯化钠	牛胆汁粉
10.0g	5.0g	10.0g	10.0g	10.0g	5.0g

柠檬酸铁	胆酸钠	蔗糖	溴麝香草酚蓝	麝香草酚蓝	琼脂	蒸馏水
1.0g	3.0g；	20.0g	0.04g	0.04g	15.0g	1000mL

（2）制法

各成分溶于蒸馏水中，校正pH值至8.6±0.2，加热煮沸至完全溶解，冷至50℃倾注平板备用。

3. 3%氯化钠胰蛋白胨大豆（TSA）琼脂

（1）成分

胰蛋白胨	大豆蛋白胨	氯化钠	琼脂	蒸馏水
15.0g	5.0g	30.0g	15.0g	1000mL

（2）制法

将上述成分混合，加热并轻轻搅拌至溶解，调节pH至7.3±0.2，高压蒸汽灭菌（121℃、15min）。

4. 3%氯化钠三糖铁（TSI）琼脂

（1）成分

蛋白胨	脲胨	牛肉膏	酵母浸膏	氯化钠	乳糖	蔗糖	葡萄糖	硫酸亚铁
15.0g	5.0g	3.0g	3.0g	30.0g	10.0g	10.0g	1.0g	0.2g

苯酚红	硫代硫酸钠	琼脂	水
0.024g	0.3g	12.0g	1000mL

（2）制法

各成分溶于蒸馏水中，调节pH至7.4±0.2。分装到适当容量的试管中。高压蒸汽灭菌（121℃、15min），制成斜面，斜面长4～5cm，底部深度为2～3cm。

5. 嗜盐性试验培养基

（1）成分

胰蛋白胨	氯化钠	蒸馏水
10.0g	按不同量加入	1000mL

（2）制法

配制胰蛋白胨水，校正pH至7.2±0.2，共配制5瓶，每瓶100mL。每瓶分别加入不同量的氯化钠：如①不加；②3g；③6g；④8g；⑤10g。分装试管，高压蒸汽灭菌（121℃、15min）。

6. 3%氯化钠甘露醇试验培养基

（1）成分

牛肉膏	蛋白胨	氯化钠	磷酸氢二钠(含12结晶水)	溴麝香草酚蓝溶液	甘露醇	蒸馏水
5.0g	10.0g	3.0g	2.0g	0.024g	5.0g	1000mL

（2）制法

将上述成分配好后，校正pH至7.4±0.2，高压蒸汽灭菌（121℃、15min）。

（3）实验方法

从琼脂斜面上挑去培养物接种，于36℃±1℃培养不少于24h观察结果。甘露醇阳性者培养物呈黄色，阴性者为绿色或蓝色。

7. 3%氯化钠赖氨酸脱羧酶试验培养基

（1）成分

蛋白胨	酵母浸膏	葡萄糖	溴甲酚紫	L-赖氨酸	氯化钠	蒸馏水
5.0g	3.0g	1.0g	0.02g	5.0g	30.0g	1000mL

（2）制法

除L-赖氨酸以外的成分加热溶解后，校正pH至6.8±0.2。再按0.5%的比例加入L-赖氨酸，对照培养基不加L-赖氨酸。分装于小试管内，每管0.5mL，高压蒸汽灭菌（115℃、10min）。

（3）实验方法

从琼脂斜面上挑取培养物接种，36℃±1℃培养不少于24h，观察结果。赖氨酸脱羧酶阳性者由于碱中和葡萄糖产酸，故培养基仍应呈紫色。阳性者无碱性产物，但因葡萄糖产酸而使培养基变为黄色。对照管应为黄色。

8. 3%氯化钠MR-VP培养基

（1）成分

多胨	葡萄糖	磷酸氢二钾	氯化钠	蒸馏水
7.0g	5.0g	5.0g	30.0g	1000mL

（2）制法

将各成分溶于蒸馏水中，调节pH至6.9±0.2，分装试管，高压蒸汽灭菌（121℃、10min）。

实验三十六　食品中单核细胞增生李斯特氏菌检验（GB 4789.30—2016）

一、实验目的

1. 了解单核细胞增生李斯特氏菌的生物学特性。
2. 掌握单核细胞增生李斯特氏菌的检验原理和检验方法。

二、实验器材

冰箱：2～5℃；恒温培养箱：30℃±1℃、36℃±1℃；均质器；显微镜：10×～100×；电子天平：感量0.1g；锥形瓶：容量100mL、500mL；吸管：1mL（具0.01mL刻度）、10mL（具0.1mL刻度），或微量移液器及吸头；平皿：直径90mm；试管：16mm×160mm；离心管：30mm×100mm；无菌注射器：1mL。

单核细胞增生李斯特氏菌（*Listeria monocytogenes*）ATCC 19111或CMCC 54004，或其他等效标准菌株；英诺克李斯特氏菌（*Listeria innocua*）ATCC 33090，或其他等效标准菌株；伊氏李斯特氏菌（*Listeria ivanovii*）ATCC 19119，或其他等效标准菌株；斯氏李斯特氏菌（*Listeria seeligeri*）ATCC 35967，或其他等效标准菌株；金黄色葡萄球菌（*Staphylococcus aureus*）ATCC 25923或其他产β-溶血环金葡菌，或其他等效标准菌株；马红球菌（*Rhodococcus equi*）ATCC 6939或NCTC 1621，或其他等效标准菌株；小白鼠：ICR体重18～22g；全自动微生物生化鉴定系统。

三、培养基、试剂和样品

1. 培养基和试剂

李氏增菌肉汤LB（LB_1，LB_2）；李斯特氏菌显色培养基；PALCAM琼脂；含0.6%酵母浸膏的胰酪胨大豆琼脂（TSA-YE）；糖发酵管；革兰氏染色液；SIM动力培养基；过氧化氢试剂；缓冲葡萄糖蛋白胨水［甲基红（MR）和VP试验用］；5%～8%羊血琼脂；缓冲蛋白胨水；生化鉴定试剂盒或全自动微生物生化鉴定系统。

2. 样品

熟肉、生肉等。

四、概述

单核细胞增生李斯特氏菌（*Listeria monocytogenes*）为革兰氏阳性短杆菌，大小约为(0.4～0.5μm)×(1.0～2.0μm)，直或稍弯，两端钝圆，常呈 V 字形排列，偶有球状、双球状，兼性厌氧、无芽孢，一般不形成荚膜，但在营养丰富的环境中可形成荚膜，在陈旧培养中的菌体可呈丝状及革兰氏阴性，在 22～25℃的环境下形成 4 根鞭毛，在 25℃的肉汤中运动活泼；在 32℃的环境下仅形成 1 根鞭毛，动力缓慢。

该菌是一种能引起人畜共患病的病原菌。它能引起人畜的李氏菌的病，感染此菌后主要表现为败血症、脑膜炎和单核细胞增多。它广泛存在于自然界中，食品中存在单核细胞增生李斯特氏菌对人类的安全具有危险，该菌在 4℃的环境中仍可生长繁殖，是冷藏食品威胁人类健康的主要病原菌之一，因此，在食品卫生微生物检验中，必须加以重视。

食品中单核细胞增生李斯特氏菌检验原理主要是根据平板分离后的菌落特征、菌体特征、生化试验和溶血情况。

五、实验步骤

（一）检验程序

单核细胞增生李斯特氏菌检验程序如图 12-9。

（二）操作步骤

1. 增菌

以无菌操作取样品 25g（mL）加入含有 225mL LB_1 增菌液的均质袋中，在拍击式均质器上连续均质 1～2min；或放入盛有 225mL LB_1 增菌液的均质杯中，8000～10000r/min 均质 1～2min。于 30℃±1℃培养 24h±2h，移取 0.1mL，转种于 10mL LB_2 增菌液内，于 30℃±1℃培养 24h±2h。

2. 分离

取 LB_2 二次增菌液划线接种于李斯特氏菌显色琼脂平板和 PALCAM 琼脂平板上，于 36℃±1℃培养 24～48h，观察各个平板上生长的菌落。典型菌落在 PALCAM 琼脂平板上为小的圆形灰绿色菌落，周围有棕黑色水解圈，有些菌落有黑色凹陷。在李斯特氏菌显色培养基上的典型菌落特征按照产品说明进行判断。

3. 初筛

自选择性琼脂平板上分别挑取 3～5 个典型或可疑菌落，分别接种在木糖、鼠李糖发酵管，于 36℃±1℃培养 24h±2h；同时在 TSA-YE 平板上划线，于 36℃±1℃培养 18～24h。选择木糖阴性、鼠李糖阳性的纯培养物继续进行鉴定。

4. 鉴定

(1) 染色镜检：李斯特氏菌为革兰氏阳性短杆菌，大小为(0.4～0.5μm)×(0.5～2.0μm)；用生理盐水制成菌悬液，在油镜或相差显微镜下观察，该菌出现轻微旋转或翻滚样的运动。

(2) 动力试验：挑取纯培养的单个可疑菌落穿刺半固体或 SIM 动力培养基，于 25～

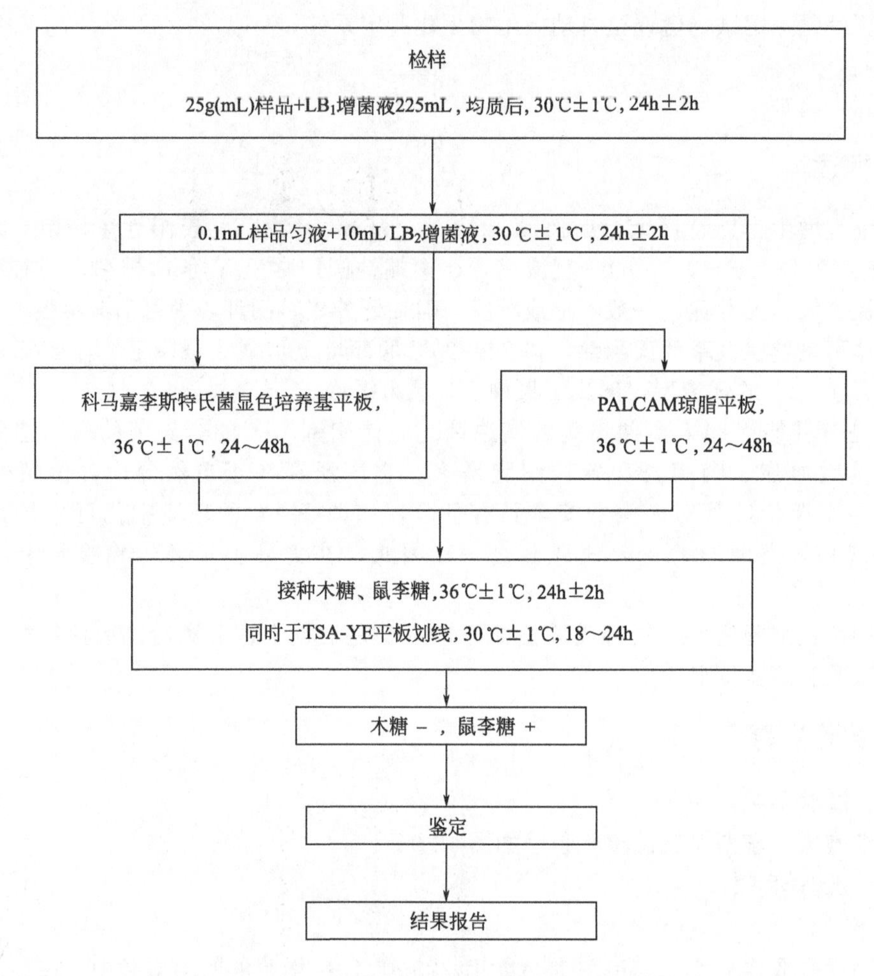

图 12-9　单核细胞增生李斯特氏菌检验程序

30℃培养 48h，李斯特氏菌有动力，呈伞状生长或月牙状生长。

（3）生化鉴定：挑取纯培养的单个可疑菌落，进行过氧化氢酶试验，过氧化氢酶阳性反应的菌落继续进行糖发酵试验和 MR-VP 试验。单核细胞增生李斯特氏菌的主要生化特征见表 12-9。

表 12-9　单核细胞增生李斯特氏菌生化特征与其他李斯特氏菌的区别

菌种	溶血反应	葡萄糖	麦芽糖	MR-VP	甘露醇	鼠李糖	木糖	七叶苷
单核细胞增生李斯特氏菌	＋	＋	＋	＋/＋	－	＋	－	＋
格氏李斯特氏菌	－	＋	＋	＋/＋	＋	－	－	＋
斯氏李斯特氏菌	＋	＋	＋	＋/＋	－	－	＋	＋
威氏李斯特氏菌	－	＋	＋	＋/＋	－	V	＋	＋
伊氏李斯特氏菌	＋	＋	＋	＋/＋	－	－	＋	＋
英诺克李斯特氏菌	－	＋	＋	＋/＋	－	V	－	＋

注：＋表示阳性；－表示阴性；V 表示反应不定。

（4）溶血试验：将羊血琼脂平板底面划分为 20～25 个小格，挑取纯培养的单个可疑菌落刺种到血平板上，每格刺种一个菌落，并刺种阳性对照菌（单核细胞增生李斯特氏菌、伊氏李斯特氏菌和斯氏李斯特氏菌）和阴性对照菌（英诺克李斯特氏菌），穿刺时尽量接近底部，但不要触到底面，同时避免琼脂破裂，36℃±1℃培养24～48h，于明亮处观察，单核细胞增生李斯特氏菌呈现狭窄、清晰、明亮的溶血圈，斯氏李斯特氏菌在刺种点周围产生狭的透明溶血圈，英诺克李斯特氏菌无溶血圈，伊氏李斯特氏菌产生宽的、轮廓清晰的β-溶血区域，若结果不明显，可置4℃冰箱24～48h再观察。

（5）协同溶血试验（cAMP）：在羊血琼脂平板上平行划线接种金黄色葡萄球菌和马红球菌，挑取纯培养的单个可疑菌落垂直划线接种于平行线之间，垂直线两端不要触及平行线，距离1～2mm，于30℃±1℃培养24～48h。单核细胞增生李斯特氏菌在靠近金黄色葡萄球菌的接种端溶血增强，斯氏李斯特氏菌溶血也增强，而伊氏李斯特氏菌在靠近马红球菌的接种端溶血增强。

可选择生化鉴定试剂盒或全自动微生物生化鉴定系统等对初筛中3～5个纯培养的可疑菌落进行鉴定。

5. 结果报告

综合以上生化试验和溶血试验的结果，报告25g（mL）样品中检出或未检出单核细胞增生李斯特氏菌。

六、实验结果

对检样进行单核细胞增生李斯特氏菌检验时的原始记录填入下表中。并报告检验结果。

<table>
<tr><td colspan="6">增　菌</td></tr>
<tr><td colspan="6">25g样品处理后加入225mL LB_1增菌液，培养温度________℃、时间________h。移取________mL，接入LB_2增菌液，培养温度________℃、时间________h</td></tr>
<tr><td colspan="6">平板分离</td></tr>
<tr><td colspan="3">李斯特氏菌显色培养基平板（培养温度________℃、时间______h）
菌落特征：

判定：</td><td colspan="3">PALCAM琼脂平板（培养温度______℃、时间______h）
菌落特征：

判定：</td></tr>
<tr><td colspan="6">初筛和鉴定</td></tr>
<tr><td colspan="6">将平板分离的________个典型或可疑菌落接种木糖和鼠李糖发酵管各1管，培养温度________℃、培养________h</td></tr>
<tr><td>生化试验项目</td><td>可疑菌落1</td><td>可疑菌落2</td><td>可疑菌落3</td><td>可疑菌落4</td><td>可疑菌落5</td></tr>
<tr><td>木糖
鼠李糖</td><td>判定：</td><td>判定：</td><td>判定：</td><td>判定：</td><td>判定：</td></tr>
</table>

续表

革兰氏染色 动力试验 生化鉴定 过氧化氢酶试验 葡萄糖发酵试验 麦芽糖发酵试验 甘露醇试验 MR-VP 试验 七叶苷试验 溶血试验 协同溶血试验					
综合生化试验与溶血试验，报告					

七、思考题

1. 简述食品中检验单核细胞增生李斯特氏菌的安全学意义。
2. 简述食品中的单核细胞增生李斯特氏菌的检验程序。

附录：培养基的制备

1. 含0.6%酵母浸膏的胰酪胨大豆琼脂（TSA-YE）

（1）成分

胰胨	多价胨	酵母膏	氯化钠	磷酸氢二钾	葡萄糖	琼脂	蒸馏水
17.0g	3.0g	6.0g	5.0g	2.5g	2.5g	15.0g	1000mL

（2）制法

将上述各成分加热搅拌溶解，调节 pH 至 7.2±0.2，分装，高压蒸汽灭菌（121℃、15min），备用。

2. 李氏增菌肉汤（LB_1，LB_2）

（1）成分

胰胨	多价胨	酵母膏	氯化钠	磷酸二氢钾	磷酸氢二钠	七叶苷	蒸馏水
5.0g	5.0g	5.0g	20.0g	1.4g	12.0g	1.0g	1000mL

（2）制法

将上述成分加热溶解，调节 pH 至 7.2～7.4，分装，高压蒸汽灭菌（121℃、15min），备用。

① 李氏Ⅰ液（LB_1）225mL 中加入：

1%萘啶酮酸（用 0.05mol/L 氢氧化钠溶液配制）	1%吖啶黄（用无菌蒸馏水配制）
0.5mL	0.3mL

② 李氏Ⅱ液（LB_2）200mL 中加入：

1%萘啶酮酸	1%吖啶黄
0.4mL	0.5mL

3. PALCAM 琼脂

（1）成分

酵母膏	葡萄糖	七叶苷	柠檬酸铁铵	甘露醇	酚红	氯化锂	酪蛋白胰酶消化物
8.0g	0.5g	0.8g	0.5g	10.0g	0.1g	15.0g	10.0g

心胰酶消化物　玉米淀粉　肉胃酶消化物　氯化钠　琼脂　　蒸馏水

3.0g　　1.0g　　5.0g　　5.0g　　15.0g　　1000mL

(2) 制法

将上述成分加热溶解，调节 pH 至 7.2～7.4，分装，高压蒸汽灭菌（121℃、15min），备用。

① PALCAM 选择性添加剂

多粘菌素 B	盐酸吖啶黄	头孢他啶	无菌蒸馏水
5.0mg	2.5mg	10.0mg	500mL

② 制法

将 PALCAM 基础培养基溶化后冷却到 50℃，加入 2mL PALCAM 选择性添加剂，混匀后倾倒在无菌的平皿中，备用。

4. SIM 动力培养基

(1) 成分

胰胨	多价胨	硫酸铁铵	硫代硫酸钠	琼脂	蒸馏水
20.0g	6.0g	0.2g	0.2g	3.5g	1000mL

(2) 制法

将上述各成分加热混匀，调节 pH 至 7.2，分装小试管，高压蒸汽灭菌（121℃、15min），备用。

(3) 试验方法

挑取纯培养的单个可疑菌落穿刺接种到 SIM 培养基中，于 30℃培养 24～48h，观察结果。

5. 过氧化氢酶试验

(1) 试剂

3%过氧化氢溶液：临用时配制。

(2) 试验方法

用细玻璃棒或一次性接种针挑取单个菌落，置于洁净试管内，滴加 3%过氧化氢溶液 2mL，观察结果。

(3) 结果

在半分钟内发生气泡者为阳性，不发生气泡者为阴性。

实验三十七　食品中乳酸菌检验（GB 4789.35—2016）

一、实验目的

1. 了解乳酸菌的生物学特性和检验原理。
2. 掌握食品中乳酸菌检验的方法。

二、实验器材

恒温培养箱：36℃±1℃；冰箱：2～5℃；均质器及无菌均质袋、均质杯或灭菌乳钵；天平：感量 0.1g；试管：18mm×180mm、15mm×100mm；吸管：1mL（具 0.01mL 刻度）、10mL（具 0.1mL 刻度）或微量移液器及吸头；锥形瓶：容量 500mL、250mL；放大镜或菌落计数器。

微生物实验室常规灭菌及培养设备。

三、培养基、试剂和样品

1. 培养基和试剂

MRS(Man Rogosa Sharpe) 培养基；莫匹罗星锂盐（Li-Mupirocin）改良 MRS 培养基；半

胱氨酸盐酸盐（cysteine hydrochloride）改良 MRS 培养基；MC（modified Chalmers）培养基；0.5%蔗糖发酵管；0.5%纤维二糖发酵管；0.5%麦芽糖发酵管；0.5%甘露醇发酵管；0.5%水杨苷发酵管；0.5%山梨醇发酵管；0.5%乳糖发酵管；七叶苷发酵管；革兰氏染色液；莫匹罗星锂盐（Li-Mupirocin）：化学纯；半胱氨酸盐酸盐（cysteine hydrochloride）：纯度>99%。

2. 样品

酸牛奶、活性乳酸菌饮料、活性乳酸菌配乳粉等。

四、概述

以鲜乳、乳粉及其辅料为原料，经乳酸菌发酵加工制成的具有独特风味的活性乳酸菌饮料，需要控制各种乳酸菌的数量和比例，许多国家将乳酸菌的活菌数量作为评价产品品质和检测质量的重要依据。

乳酸菌是指一类可发酵糖产生乳酸、需氧和兼性厌氧、多数无动力、过氧化酶阴性、革兰氏阳性的无芽孢杆菌和球菌。乳酸菌目前至少可分为 18 个属，共有 200 多种。除极少数外，其中绝大部分都是人体内必不可少的且具有重要生理功能的菌群，其广泛存在于人体的肠道中。肠内乳酸菌与健康长寿有着非常密切的直接关系，是一种存在于人类体内的益生菌，能够帮助消化，有助人体肠脏的健康，因此常被视为健康食品，添加在酸奶之内。

本标准检测的乳酸菌主要为乳杆菌属、双歧杆菌属和嗜热链球菌属。乳酸菌菌落总数是指检样在一定条件培养后，所得 1mL(g) 检样中所含的乳酸菌菌落的总数。

五、实验步骤

（一）检验程序

乳酸菌检验程序如图 12-10。

（二）操作步骤

1. 样品制备

（1）样品的全部制备过程均应遵循无菌操作程序。

（2）冷冻样品可先使其在 2～5℃条件下解冻，时间不超过 18h，也可在温度不超过 45℃的条件下解冻，时间不超过 15min。

（3）固体和半固体食品：以无菌操作称取 25g 样品，置于装有 225mL 生理盐水的无菌均质杯内，于 8000～10000r/min 均质 1～2min，制成 1∶10 样品匀液；或置于装有 225mL 生理盐水的无菌均质袋中，用拍击式均质器拍打 1～2min 制成 1∶10 的样品匀液。

（4）液体样品：液体样品应先将其充分摇匀后以无菌吸管吸取样品 25mL 放入装有 225mL 无菌生理盐水的锥形瓶（瓶内预置适当数量的无菌玻璃珠）中，充分振摇，制成 1∶10的样品匀液。

2. 样品稀释

（1）用 1mL 无菌吸管或微量移液器吸取 1∶10 样品匀液 1mL，沿管壁缓慢注于装有 9mL 生理盐水的无菌试管中（注意吸管尖端不要触及稀释液），振摇试管或换用 1 支无菌吸管反复吹打使其混合均匀，制成 1∶100 的样品匀液。

（2）另取 1mL 无菌吸管或微量移液器吸头，按上述操作顺序，做 10 倍递增样品匀液，每递增稀释一次，即换用 1 次 1mL 灭菌吸管或吸头。

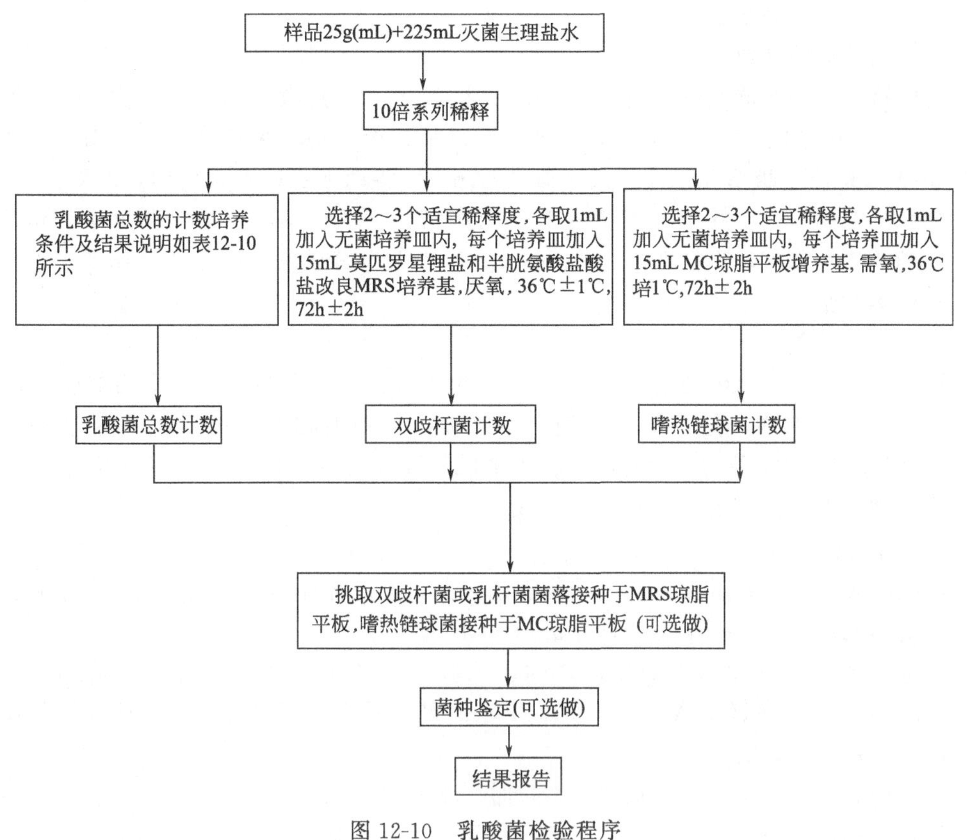

图 12-10　乳酸菌检验程序

3. 乳酸菌计数

(1) 乳酸菌总数计数

乳酸菌总数计数培养条件的选择及结果说明见表 12-10。

表 12-10　乳酸菌总数计数培养条件的选择及结果说明

样品中所包括乳酸菌菌属	培养条件的选择及结果说明
仅包括双歧杆菌属	按 GB 4789.34 的规定执行
仅包括乳杆菌属	按照本小节 3(4)操作。结果即为乳杆菌属总数
仅包括嗜热链球菌	按照本小节 3(3)操作。结果即为嗜热链球菌总数
同时包括双歧杆菌属和乳杆菌属	1)按照本小节 3(4)操作。结果即为乳酸菌总数； 2)如需单独计数双歧杆菌属数目，按照本小节 3(2)操作
同时包括双歧杆菌属和嗜热链球菌	1)按照本小节 3(2)和 3(3)操作，二者结果之和即为乳酸菌总数； 2)如需单独计数双歧杆菌属数目，按照本小节 3(2)操作
同时包括乳杆菌属和嗜热链球菌	1)按照本小节 3(3)和 3(4)操作，二者结果之和即为乳酸菌总数； 2)本小节 3(3)结果为嗜热链球菌总数； 3)本小节 3(4)结果为乳杆菌属总数
同时包括双歧杆菌属、乳杆菌属和嗜热链球菌	1)按照本小节 3(3)和本小节 3(4)操作，二者结果之和即为乳酸菌总数； 2)如需单独计数双歧杆菌属数目，按照本小节 3(2)操作

(2) 双歧杆菌计数

根据对待检样品双歧杆菌含量的估计，选择 2～3 个连续的适宜稀释度，每个稀释度吸取 1mL 样品匀液于无菌培养皿内，每个稀释度做两个平皿，稀释液移入平皿后，将冷却至 48℃的莫匹罗星锂盐和半胱氨酸盐酸盐改良 MRS 培养基倾注入平皿约 15mL，转动平皿使混合均匀，36℃±1℃，厌氧培养 72h±2h 后计数平板上的所有菌落数。从样品稀释到平板倾注要求在 15min 内完成。

(3) 嗜热链球菌计数

根据待检样品嗜热链球菌活菌数的估计，选择 2～3 个连续的适宜稀释度，每个稀释度吸取 1mL 样品匀液于无菌培养皿内，每个稀释度做两个平皿，稀释液移入平皿后，将冷却至 48℃的 MC 琼脂平板培养基倾注入平皿约 15mL，转动平皿使混合均匀，36℃±1℃，需氧培养 72h±2h 后计数。嗜热链球菌在 MC 琼脂平板上的菌落特征为：菌落中等偏小，边缘整齐光滑的红色菌落，直径 2mm±1mm，菌落背面为粉红色。从样品稀释到平板倾注要求在 15min 内完成。

(4) 乳杆菌计数

根据待检样品活菌总数的估计，选择 2～3 个连续的适宜稀释度，每个稀释度吸取 1mL 样品匀液于灭菌平皿内，每个稀释度做两个平皿。稀释液移入平皿后，将冷却至 48℃的 MRS 琼脂培养基倾注入平皿约 15mL，转动平皿使混合均匀。36℃±1℃厌氧培养 72h±2h。从样品稀释到平板倾注要求在 15min 内完成。

4. 菌落计数

可用肉眼观察，必要时用放大镜或菌落计数器，记录稀释倍数和相应的菌落数量。菌落计数以菌落形成单位（colony-forming units，CFU）表示。

(1) 选取菌落数在 30～300CFU 之间、无蔓延菌落生长的平板计数菌落总数。低于 30CFU 的平板记录具体菌落数，大于 300CFU 的可记录为多不可计。每个稀释度的菌落数应采用两个平板的平均数。

(2) 其中一个平板有较大片状菌落生长时，则不宜采用，而应以无片状菌落生长的平板作为该稀释度的菌落数；若片状菌落不到平板的一半，而其余一半中菌落分布又很均匀，即可计算半个平板后乘以 2，代表一个平板菌落数。

(3) 当平板上出现菌落间无明显界线的链状生长时，则将每条单链作为一个菌落计数。

5. 结果的表述

(1) 若只有一个稀释度平板上的菌落数在适宜计数范围内，计算两个平板菌落数的平均值，再将平均值乘以相应稀释倍数，作为每 1g（mL）中菌落总数结果。

(2) 若有两个连续稀释度的平板菌落数在适宜计数范围内时，按以下公式计算：

$$N=\frac{\sum C}{(n_1+0.1n_2)d}$$

式中　N——样品中菌落数；

C——适宜范围菌落数的平板菌落数之和；

n_1——第一适宜稀释度（低稀释倍数）平板个数；

n_2——第二适宜稀释度（高稀释倍数）平板个数；

d——稀释因子（第一适宜稀释度）。

(3) 若所有稀释度的平板上菌落数均大于 300CFU，则对稀释度最高的平板进行计数，其他平板可记录为多不可计，结果按平均菌落数乘以最高稀释倍数计算。

(4) 若所有稀释度的平板菌落数均小于 30CFU，则应按稀释度最低的平均菌落数乘以稀释倍数计算。

(5) 若所有稀释度（包括液体样品原液）平板均无菌落生长，则以小于 1 乘以最低稀释倍数计算。

(6) 若所有稀释度的平板菌落数均不在 30～300CFU 之间，其中一部分小于 30CFU 或大于 300CFU 时，则以最接近 30CFU 或 300CFU 的平均菌落数乘以稀释倍数计算。

6. 菌落数的报告

（1）菌落数小于 100CFU 时，按“四舍五入”原则修约，以整数报告。

（2）菌落数大于或等于 100CFU 时，第 3 位数字采用“四舍五入”原则修约后，取前 2 位数字，后面用 0 代替位数；也可用 10 的指数形式来表示，按“四舍五入”原则修约后，采用两位有效数字。

（3）称重取样以 CFU/g 为单位报告，体积取样以 CFU/mL 为单位报告。

7. 乳酸菌的鉴定（可选做）

（1）纯培养

挑取 3 个或以上单个菌落，嗜热链球菌接种于 MC 琼脂平板，乳杆菌属接种于 MRS 琼脂平板，置 36℃±1℃厌氧培养 48h。

（2）鉴定

① 双歧杆菌的鉴定按 GB/T 4789.34 的规定操作。

② 涂片镜检：乳杆菌属菌体形态多样，呈长杆状、弯曲杆状或短杆状。无芽孢，革兰氏染色阳性。嗜热链球菌菌体呈球形或球杆状，直径为 0.5～2.0μm，成对或成链排列，无芽孢，革兰氏染色阳性。

（3）乳酸菌菌种主要生化反应

如表 12-11 和表 12-12。

表 12-11　常见乳杆菌属内种的碳水化合物反应

菌种	七叶苷	纤维二糖	麦芽糖	甘露醇	水杨苷	山梨醇	蔗糖	棉籽糖
干酪乳杆菌干酪亚种	+	+	+	+	+	+	+	−
德氏乳杆菌保加利亚亚种	−	−	−	−	−	−	−	−
嗜酸乳杆菌	+	+	+	−	+	−	+	d
罗伊氏乳杆菌	ND	−	+	−	−	−	+	+
鼠李糖乳杆菌	+	+	+	+	+	+	+	−
植物乳杆菌	+	+	+	+	+	+	+	+

注：+表示 90%以上菌株阳性；−表示 90%以上菌株阴性；d 表示 11%～89%菌株阳性；ND 表示未测定。

表 12-12　嗜热链球菌的主要生化反应

菌种	菊糖	乳糖	甘露醇	水杨苷	山梨醇	马尿酸	七叶苷
嗜热链球菌	−	+	−	−	−	−	−

注：+表示 90%以上菌株阳性；−表示 90%以上菌株阴性。

8. 结果与报告

根据菌落计数结果出具报告，报告单位以 CFU/g（mL）表示。

六、实验结果

1. 对检样进行乳酸菌总数计数的原始记录填入下表中。

样品名称：　　　　　　　　　　　　　　　　　　　　　　　　检验日期：

皿次	10^{-1}	10^{-2}	10^{-3}	10^{-4}	10^{-5}
1					
2					
平均值					
计数稀释度			菌量/[CFU/g(mL)]		

说明计数稀释度的选定依据，并根据产品标准判定该检样乳酸菌总数是否符合标准。

2. 对检样进行双歧杆菌计数的原始记录填入下表中。

样品名称：　　　　　　　　　　　　　　　　　　　　　　　　检验日期：

皿次	10^{-1}	10^{-2}	10^{-3}	10^{-4}	10^{-5}
1					
2					
平均值					
计数稀释度			菌量/[CFU/g(mL)]		

说明计数稀释度的选定依据，并根据产品标准判定该检样双歧杆菌数是否符合标准。

3. 对检样进行嗜热链球菌计数的原始记录填入下表中。

样品名称：　　　　　　　　　　　　　　　　　　　　　　　　检验日期：

皿次	10^{-1}	10^{-2}	10^{-3}	10^{-4}	10^{-5}
1					
2					
平均值					
计数稀释度			菌量/[CFU/g(mL)]		

说明计数稀释度的选定依据，并根据产品标准判定该检样嗜热链球菌数是否符合标准。

七、思考题

1. 简述乳酸菌的生物学特性和含乳酸菌食品中乳酸菌检验的意义。
2. 简述乳酸菌检验的方法要点。

附录：培养基和试剂的制备

1. MRS 培养基

(1) 成分

蛋白胨	牛肉粉	酵母粉	葡萄糖	吐温-80	$K_2HPO_4 \cdot 7H_2O$	醋酸钠 · $3H_2O$	柠檬酸三铵
10.0g	5.0g	4.0g	20.0g	1.0mL	2.0g	5.0g	2.0g

$MgSO_4 \cdot 7H_2O$	$MnSO_4 \cdot 4H_2O$	琼脂粉
0.2g	0.05g	15.0g

(2) 制法

将上述成分加入1000mL蒸馏水中，加热溶解，调节pH至6.2±0.2，分装后高压蒸汽灭菌（121℃、15～20min）。

2. 莫匹罗星锂盐和半胱氨酸盐酸盐改良MRS培养基

（1）莫匹罗星锂盐储备液制备

称取50mg莫匹罗星锂盐加入50mL蒸馏水中，用0.22μm微孔滤膜过滤除菌。

（2）半胱氨酸盐酸盐储备液制备

称取250mg半胱氨酸盐酸盐加入50mL蒸馏水中，用0.22μm微孔滤膜过滤除菌。

（3）制法

将MRS培养基成分加入950mL蒸馏水中，加热溶解，调节pH，分装后高压蒸汽灭菌（121℃、15～20min）。临用时加热熔化琼脂，在水浴中冷至48℃，用带有0.22μm微孔滤膜的注射器将莫匹罗星锂盐储备液及半胱氨酸盐酸盐储备液加入熔化琼脂中，使培养基中莫匹罗星锂盐的浓度为50μg/mL、半胱氨酸盐酸盐浓度为500μg/mL。

3. MC培养基

（1）成分

大豆蛋白胨	牛肉粉	酵母粉	葡萄糖	乳糖	碳酸钙	琼脂	蒸馏水	1%中性红溶液
5.0g	3.0g	3.0g	20.0g	20.0g	10.0g	15.0g	1000mL	5.0mL

（2）制法

将前面7种成分加入蒸馏水中，加热溶解，调节pH至6.0±0.2，加入中性红溶液。分装后高压蒸汽灭菌（121℃、15～20min）。

4. 乳酸杆菌糖发酵管

（1）成分

牛肉膏	蛋白胨	酵母浸膏	吐温80	琼脂	1.6%溴甲酚紫酒精溶液	蒸馏水
5.0g	5.0g	5.0g	0.5mL	1.5g	1.4mL	1000mL

（2）制法

按0.5%加入所需糖类，并分装小试管，高压蒸汽灭菌（121℃、15～20min）。

5. 七叶苷培养基

（1）成分

蛋白胨	磷酸氢二钾	七叶苷	枸橼酸铁	1.6%溴甲酚紫酒精溶液	蒸馏水
5.0g	1.0g	3.0g	0.5g	1.4mL	100mL

（2）制法

将上述成分加入蒸馏水中，加热溶解，高压蒸汽灭菌（121℃、15～20min）。

实验三十八　食品中克罗诺杆菌属（阪崎肠杆菌）检验（GB 4789.40—2016）

一、实验目的

1. 了解克罗诺杆菌属（阪崎肠杆菌）的生物学特性及其卫生学检验的意义。
2. 掌握克罗诺杆菌属（阪崎肠杆菌）的检验原理和检验方法。

二、实验器材

恒温培养箱：25℃±1℃，36℃±1℃，44℃±0.5℃；冰箱：2～5℃；恒温水浴箱：

44℃±0.5℃；天平：感量0.1g；均质器；振荡器；吸管：1mL（具0.01mL刻度）、10mL（具0.1mL刻度）或微量移液器及吸头；锥形瓶：容量100mL 、200mL 、2000mL；培养皿：直径90mm；pH计或pH比色管或精密pH试纸；全自动微生物生化鉴定系统。

微生物实验室常规灭菌及培养设备。

三、培养基、试剂和样品

1. 培养基和试剂

缓冲蛋白胨水（buffer peptone water，BPW）；改良月桂基硫酸盐胰蛋白胨肉汤-万古霉素（mLST-Vm）；阪崎肠杆菌显色培养基（drugga forsythe-iversen，DFI）琼脂；胰蛋白胨大豆琼脂（trypticase soy agar，TSA）；生化鉴定试剂盒；氧化酶试剂；L-赖氨酸脱羧酶培养基；L-鸟氨酸脱羧酶培养基；L-精氨酸双水解酶培养基；糖类发酵培养基；西蒙氏柠檬酸盐培养基。

2. 样品

婴儿奶粉、奶粉、水产调味品等。

四、概述

克罗诺杆菌属（*Cronobacter* spp.）是由Iversen等人于2008年建议创立的隶属于肠杆菌科的一个新属，该属是寄生在人和动物肠道内的一种有周生鞭毛、能运动、兼性厌氧的革兰氏阴性无芽孢杆菌。克罗诺杆菌属是一种重要的食源性条件致病菌，可通过污染婴幼儿配方奶粉等食品导致新生儿脑膜炎、菌血症和坏死性小肠结肠炎。其名字“克罗诺”（Cronos）来源于希腊神话，克罗诺是希腊神话中十二个泰坦巨神之一，传说他的每个孩子一出生就被他一口吃掉，其行为表现和该菌的致病特性很吻合，因此“*Cronobacter* spp.”，被译成“克罗诺杆菌属”。

起初该菌因其产生黄色素，被认为是肠杆菌属中阴沟肠杆菌的生物变形种——黄色阴沟肠杆菌；1989年，Farmer通过DNA杂交、生化反应、黄色素产生及抗生素敏感性等实验，发现该菌与阴沟肠杆菌有所不同，为此更名为“阪崎肠杆菌”；2008年，Iversen等人通过荧光扩增片段长度多态性、自动核糖体分型、16S rRNA基因测序、DNA-DNA杂交和表型阵列等多种分子生物学技术研究，将该菌由种（阪崎肠杆菌）扩大为属（克罗诺杆菌属），这个新属包括6个种；2012年，Joseph等利用16S rRNA基因序列分析和多位点测序技术对克罗诺杆菌属进行分类研究，提出将克罗诺杆菌属分为7个种。

该属菌作为引起婴幼儿死亡的重要条件致病菌，对其相关产品的检测及监管尤为重要。

阪崎肠杆菌是人和动物肠道内寄生的一种革兰氏阴性无芽孢杆菌，属肠杆菌科的一种。呈直杆状，周生鞭毛，能运动，无芽孢，兼性厌氧，发酵葡萄糖产酸产气。VP试验呈阳性，柠檬酸同化反应和β-糖苷酶反应呈阳性，甲基红试验呈阴性，该菌在一定条件下可引起人和动物致病，为条件致病菌。

阪崎肠杆菌是近几年新发现的一种致病菌，阪崎肠杆菌对人群的健康危害受到人们的关注，由其引发的婴儿、早产儿脑膜炎、败血症及坏死性结肠炎有散发和暴发的病例。研究表明，婴儿配方奶粉是当前发现致婴儿、早产儿脑膜炎、败血症和坏死性结肠炎的主要感染渠道，在某些情况下，由阪崎肠杆菌引发疾病而导致的死亡率可达40%～80%。阪崎肠杆菌已引起世界多国相关部门的重视，成为世界瞩目的焦点。

五、食品中克罗诺杆菌属（阪崎肠杆菌）定性检验（第一法）步骤

（一）检验程序

克罗诺杆菌属（阪崎肠杆菌）定性检验（第一法）程序如图 12-11。

（二）操作步骤

1. 前增菌和增菌

取检样 100g（mL）加入已预热至 44℃装有 900mL 缓冲蛋白胨水的锥形瓶中，用手缓缓地摇动至充分溶解，36℃±1℃培养 18h±2h。移取 1mL 转种于 10mL mLST-Vm 肉汤，44℃±0.5℃培养 24h±2h。

2. 分离

（1）轻轻混匀 mLST-Vm 肉汤培养物，各取增菌培养物 1 环，分别划线接种于两个阪崎肠杆菌显色培养基（DFI）平板，36℃±1℃培养 24h±2h，或按培养基要求条件培养。

（2）挑取至少 5 个可疑菌落，不足 5 个时挑取全部可疑菌落（直径 1～3mm 的蓝绿色菌落），划线接种于 TSA 平板，25℃±1℃培养 48h±4h。

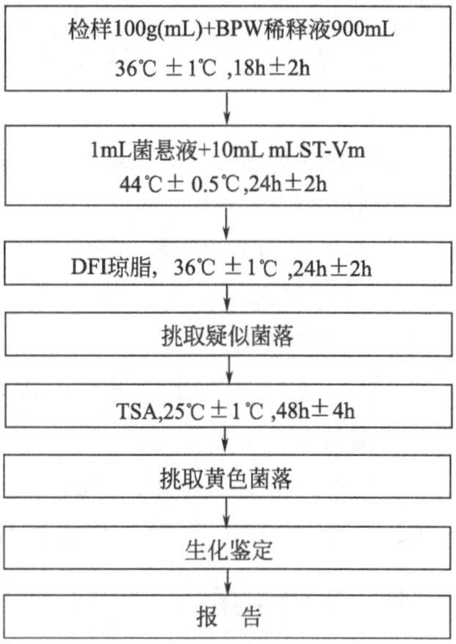

检样100g(mL)+BPW稀释液900mL
36℃±1℃，18h±2h
↓
1mL菌悬液+10mL mLST-Vm
44℃±0.5℃，24h±2h
↓
DFI琼脂，36℃±1℃，24h±2h
↓
挑取疑似菌落
↓
TSA，25℃±1℃，48h±4h
↓
挑取黄色菌落
↓
生化鉴定
↓
报　告

图 12-11　克罗诺杆菌属（阪崎肠杆菌）定性检验（第一法）程序

3. 鉴定

自 TSA 平板上直接挑取黄色可疑菌落，进行生化鉴定。克罗诺杆菌属（阪崎肠杆菌）的主要生化特征见表 12-13。

表 12-13　克罗诺杆菌属（阪崎肠杆菌）的主要生化特征

生化试验		特征
黄色素产生		＋
氧化酶		－
L-赖氨酸脱羧酶		－
L-鸟氨酸脱羧酶		（＋）
L-精氨酸双水解酶		＋
柠檬酸水解		（＋）
发酵	D-山梨醇	（－）
	D-鼠李糖	＋
	D-蔗糖	＋
	D-蜜二糖	＋
	苦杏仁苷	＋

注：＋>99%阳性；－>99%阴性；（＋）90%～99%阳性；（－）90%～99%阴性。

4. 报告

综合菌落形态和生化特征，报告每 100g(mL) 样品中检出或未检出克罗诺杆菌属（阪崎肠杆菌）。

六、食品中克罗诺杆菌属（阪崎肠杆菌）定量检验（第二法）步骤

1. 样品的稀释

（1）固体和半固体样品：无菌称取样品100g、10g、1g各三份，加入已预热至44℃分别盛有900mL、90mL、9mL BPW中，轻轻振摇使充分溶解，制成1∶10样品匀液，置36℃±1℃培养18h±2h。分别移取1mL转种于10mL mLST-Vm肉汤，44℃±0.5℃培养24h±2h。

（2）液体样品：以无菌吸管分别取样品100mL、10mL、1mL各三份，加入已预热至44℃分别盛有900mL、90mL、9mL BPW中，轻轻振摇使充分混匀，制成1∶10样品匀液，置36℃±1℃培养18h±2h。分别移取1mL转种于10mL mLST-Vm肉汤，44℃±0.5℃培养24h±2h。

2. 分离与鉴定

同第一法克罗诺杆菌属（阪崎肠杆菌）定性检验中分离与鉴定。

3. 报告

综合菌落形态、生化特征，根据证实为阪崎肠杆菌的阳性管数，查MPN检索表，报告每100g（或100mL）样品中克罗诺杆菌属（阪崎肠杆菌）的MPN值（附录B）。

七、实验结果

对检样进行克罗诺杆菌属（阪崎肠杆菌）定性检验的原始记录填入下表中，并综合菌落形态和生化特征，报告样品中克罗诺杆菌属（阪崎肠杆菌）的定性检验结果。

<table>
<tr><td rowspan="7">菌落形态</td><td colspan="2" rowspan="2">DFI
平板</td><td colspan="5">1：　　判定：</td></tr>
<tr><td colspan="5">2：　　判定：</td></tr>
<tr><td colspan="2" rowspan="5">TSA
平板</td><td colspan="5">1：　　判定：</td></tr>
<tr><td colspan="5">2：　　判定：</td></tr>
<tr><td colspan="5">3：　　判定：</td></tr>
<tr><td colspan="5">4：　　判定：</td></tr>
<tr><td colspan="5">5：　　判定：</td></tr>
<tr><td rowspan="12">生化试验</td><td colspan="2">序号</td><td>1</td><td>2</td><td>3</td><td>4</td><td>5</td></tr>
<tr><td colspan="2">黄色素产生</td><td></td><td></td><td></td><td></td><td></td></tr>
<tr><td colspan="2">氧化酶</td><td></td><td></td><td></td><td></td><td></td></tr>
<tr><td colspan="2">L-赖氨酸脱羧酶</td><td></td><td></td><td></td><td></td><td></td></tr>
<tr><td colspan="2">L-鸟氨酸脱羧酶</td><td></td><td></td><td></td><td></td><td></td></tr>
<tr><td colspan="2">L-精氨酸双水解酶</td><td></td><td></td><td></td><td></td><td></td></tr>
<tr><td colspan="2">柠檬酸水解</td><td></td><td></td><td></td><td></td><td></td></tr>
<tr><td rowspan="5">发酵</td><td>D-山梨醇</td><td></td><td></td><td></td><td></td><td></td></tr>
<tr><td>D-鼠李糖</td><td></td><td></td><td></td><td></td><td></td></tr>
<tr><td>D-蔗糖</td><td></td><td></td><td></td><td></td><td></td></tr>
<tr><td>D-蜜二糖</td><td></td><td></td><td></td><td></td><td></td></tr>
<tr><td>苦杏仁苷</td><td></td><td></td><td></td><td></td><td></td></tr>
</table>

八、思考题

1. 简述克罗诺杆菌属（阪崎肠杆菌）的生物学特性和食品中阪崎肠杆菌检验的意义。
2. 简述食品中克罗诺杆菌属（阪崎肠杆菌）检验过程中应注意哪些问题。

附录 A：培养基和试剂的制备

1. 缓冲蛋白胨水（BPW）

（1）成分

蛋白胨	氯化钠	磷酸氢二钠（含 12 个结晶水）	磷酸二氢钾	蒸馏水
10.0g	5.0g	9.0g	1.5g	1000mL

（2）制法

加热搅拌至溶解，调节 pH 至 7.2±0.2，高压蒸汽灭菌（121℃、15min）。

2. 改良月桂基硫酸盐胰蛋白胨肉汤-万古霉素（mLST-Vm）

（1）改良月桂基硫酸盐胰蛋白胨（mLST）肉汤

① 成分

氯化钠	胰蛋白胨	乳糖	磷酸二氢钾	磷酸氢二钾	十二烷基硫酸钠	蒸馏水
34.0g	20.0g	5.0g	2.75g	2.75g	0.1g	1000mL

② 制法

加热搅拌至溶解，调节 pH 至 6.8±0.2，分装，每管 10mL，高压蒸汽灭菌（121℃、15min）。

（2）万古霉素溶液

① 成分

万古霉素	蒸馏水
10.0mg	10.0mL

② 制法

10.0mg 万古霉素溶解于 10.0mL 蒸馏水，过滤除菌。万古霉素溶液可以在 0～5℃保存 15d。

（3）改良月桂基硫酸盐胰蛋白胨肉汤-万古霉素

每 10mL mLST 加入万古霉素溶液 0.1mL，混合液中万古霉素的终浓度为 10μg/mL。

注：mLST-Vm 必须在 24h 之内使用。

3. 胰蛋白胨大豆琼脂（TSA）

（1）成分

胰蛋白胨	植物蛋白胨	氯化钠	琼脂	蒸馏水
15.0g	5.0g	5.0g	15.0g	1000mL

（2）制法

加热搅拌至溶解，煮沸 1min，调节 pH 至 7.3±0.2，高压蒸汽灭菌（121℃、15min）。

4. 氧化酶试剂

（1）成分

N,*N*,*N*′,*N*′-四甲基对苯二胺盐酸盐	蒸馏水
1.0g	100mL

（2）制法

少量新鲜配制，于冰箱内避光保存，在 7d 之内使用。

（3）实验方法

用玻璃棒或一次性接种针挑取单个特征性菌落，涂布在氧化酶试剂湿润的滤纸平板上。如果滤纸在 10s 之内未变为紫红色、紫色或深蓝色，则为氧化酶实验阴性，否则即为氧化酶实验阳性。

注：实验中切勿使用镍/铬材料。

5. L-赖氨酸脱羧酶培养基

(1) 成分

L-赖氨酸盐酸盐(L-lysine monohydrochloride)	酵母浸膏	葡萄糖	溴甲酚紫	蒸馏水
5.0g	3.0g	1.0g	0.015g	1000mL

(2) 制法

将各成分加热溶解，必要时调节 pH 至 6.8±0.2。每管分装 5mL，高压蒸汽灭菌（121℃、15min)。

(3) 实验方法

挑取培养物接种于 L-赖氨酸脱羧酶培养基，刚好在液体培养基的液面下。30℃±1℃培养 24h±2h，观察结果。L-赖氨酸脱羧酶实验阳性者，培养基呈紫色，阴性者为黄色，空白对照管为紫色。

6. L-鸟氨酸脱羧酶培养基

(1) 成分

L-鸟氨酸盐酸盐(L-ornithine monohydrochloride)	酵母浸膏	葡萄糖	溴甲酚紫	蒸馏水
5.0g	3.0g	1.0g	0.015g	1000mL

(2) 制法

将各成分加热溶解，必要时调节 pH 至 6.8±0.2。每管分装 5mL。高压蒸汽灭菌（121℃、15min)。

(3) 实验方法

挑取培养物接种于 L-鸟氨酸脱羧酶培养基，刚好在液体培养基的液面下。30℃±1℃培养 24h±2h，观察结果。L-鸟氨酸脱羧酶实验阳性者，培养基呈紫色，阴性者为黄色。

7. L-精氨酸双水解酶培养基

(1) 成分

L-精氨酸盐酸盐(L-arginine monohydrochloride)	酵母浸膏	葡萄糖	溴甲酚紫	蒸馏水
5.0g	3.0g	1.0g	0.015g	1000mL

(2) 制法

将各成分加热溶解，必要时调节 pH 至 6.8±0.2。每管分装 5mL。高压蒸汽灭菌（121℃、15min)。

(3) 实验方法

挑取培养物接种于 L-精氨酸双水解酶培养基，刚好在液体培养基的液面下。30℃±1℃培养 24h±2h，观察结果。L-精氨酸双水解酶实验阳性者，培养基呈紫色，阴性者为黄色。

8. 糖类发酵培养基

(1) 基础培养基

① 成分

酪蛋白(酶消化)	氯化钠	酚红	蒸馏水
10.0g	5.0g	0.02g	1000mL

② 制法

将各成分加热溶解，必要时调节 pH 至 6.8±0.2。每管分装 5mL。高压蒸汽灭菌（121℃、15min)。

(2) 糖类溶液（D-山梨醇、L-鼠李糖、D-蔗糖、D-蜜二糖、苦杏仁苷）

① 成分

糖	蒸馏水
8.0g	100mL

② 制法

分别称取 D-山梨醇、D-鼠李糖、D-蔗糖、D-蜜二糖、苦杏仁苷等糖类成分各 8g，溶于 100mL 蒸馏水中，过滤除菌，制成 80mg/mL 的糖类溶液。

(3) 完全培养基

① 成分

基础培养基	糖类溶液
875mL	125mL

② 制法

无菌操作，将每种糖类溶液加入基础培养基，混匀；分装到无菌试管中，每管10mL。

（4）实验方法

挑取培养物接种于各种糖类发酵培养基，刚好在液体培养基的液面下。30℃±1℃培养24h±2h，观察结果。糖类发酵实验阳性者，培养基呈黄色，阴性者为红色。

9. 西蒙氏柠檬酸盐培养基

（1）成分

柠檬酸钠	氯化钠	磷酸氢二钾	磷酸二氢铵	硫酸镁	溴百里香酚蓝	琼脂	蒸馏水
2.0g	5.0g	1.0g	1.0g	0.2g	0.08g	8.0～18.0g	1000mL

（2）制法

将各成分加热溶解，必要时调节pH6.8±0.2。每管分装10mL，高压蒸汽灭菌（121℃、15min），制成斜面。

（3）实验方法

挑取培养物接种于整个培养基斜面，36℃±1℃培养24h±2h，观察结果。阳性者培养基变为蓝色。

附录B：克罗诺杆菌属（阪崎肠杆菌）最可能数（MPN）检索表［MPN/100g（mL）］

阳性管数			MPN	95%可信限		阳性管数			MPN	95%可信限	
100	10	1		下限	上限	100	10	1		下限	上限
0	0	0	<0.3	—	0.95	2	2	0	2.1	0.45	4.2
0	0	1	0.3	0.015	0.96	2	2	1	2.8	0.87	9.4
0	1	0	0.3	0.015	1.1	2	2	2	3.5	0.87	9.4
0	1	1	0.61	0.12	1.8	2	3	0	2.9	0.87	9.4
0	2	0	0.62	0.12	1.8	2	3	1	3.6	0.87	9.4
0	3	0	0.94	0.36	3.8	3	0	0	2.3	0.46	9.4
1	0	0	0.36	0.017	1.8	3	0	1	3.8	0.87	11
1	0	1	0.72	0.13	1.8	3	0	2	6.4	1.7	18
1	0	2	1.1	0.36	3.8	3	1	0	4.3	0.9	18
1	1	0	0.74	0.13	2	3	1	1	7.5	1.7	20
1	1	1	1.1	0.36	3.8	3	1	2	12	3.7	42
1	2	0	1.1	0.36	4.2	3	1	3	16	4	42
1	2	1	1.5	0.45	4.2	3	2	0	9.3	1.8	42
1	3	0	1.6	0.45	4.2	3	2	1	15	3.7	42
2	0	0	0.92	0.14	3.8	3	2	2	21	4	43
2	0	1	1.4	0.36	4.2	3	2	3	29	9	100
2	0	2	2	0.45	4.2	3	3	0	24	4.2	100
2	1	0	1.5	0.37	4.2	3	3	1	46	9	200
2	1	1	2	0.45	4.2	3	3	2	110	18	410
2	1	2	2.7	0.87	9.4	3	3	3	>110	42	—

注：1. 本表采用3个检样量［100g（mL）、10g（mL）和1g（mL）］，每个检样量接种3管。

2. 表内所列检样量如改用1000g（mL）、100g（mL）和10g（mL）时，表内数字应相应除以10；如改用10g（mL）、1g（mL）、0.1g（mL）时，则表内数字应相应乘以10，其余类推。

实验三十九　食品商业无菌的检验（GB 4789.26—2013）

一、实验目的

1. 了解食品商业无菌检验的基本要求。
2. 掌握食品商业无菌检验的操作程序。

二、实验器材

冰箱：0～4℃；恒温培养箱：30℃±1℃、36℃±1℃、55℃±1℃；恒温水浴锅：46℃±1℃；均质器及无菌均质袋、均质杯或乳钵；显微镜：10×～100×；天平：感量0.1g；电位pH计；吸管：1mL（具0.01mL刻度）、10mL（具0.1mL刻度）；培养皿：直径90mm；试管：16mm×160mm；开罐刀和罐头打孔器；白色搪瓷盘；灭菌镊子。

微生物实验室常规灭菌及培养设备。

三、培养基、试剂和样品

1. 培养基和试剂

革兰氏染色液；庖肉培养基；溴甲酚紫葡萄糖肉汤；酸性肉汤；麦芽浸膏汤；锰盐营养琼脂；血琼脂；卵黄琼脂；无菌生理盐水；结晶紫染色液；二甲苯。

2. 样品

肉罐头、食用菌罐头等。

四、概述

罐头食品是将食品原料经过预处理，装入容器，经杀菌、密封之后制成的。罐头食品经过适度的热杀菌以后，不含有致病的微生物，也不含有在通常温度下能在其中繁殖的非致病性微生物，这种状态称为商业无菌。

罐头腐败变质的原因有化学因素、物理因素和生物因素等。引起腐败的主要原因是罐头内污染了微生物而导致腐败变质。

五、实验步骤

（一）商业无菌检验程序

商业无菌检验程序如图12-12所示。

（二）操作步骤

1. 样品准备

去除表面标签，在包装容器表面用防水的油性记号笔做好标记，并记录容器、编号、产品性状、泄漏情况，是否有小孔或锈蚀、压痕、膨胀及其他异常情况。

2. 称量

1kg及以下的罐头精确到1g，1kg以上的罐头精确到2g，10kg以上的包装物精确到10g，并记录。

3. 保温

每个批次取1个样品置2～5℃冰箱保存作为对照，将其余样品在36℃±1℃下保温

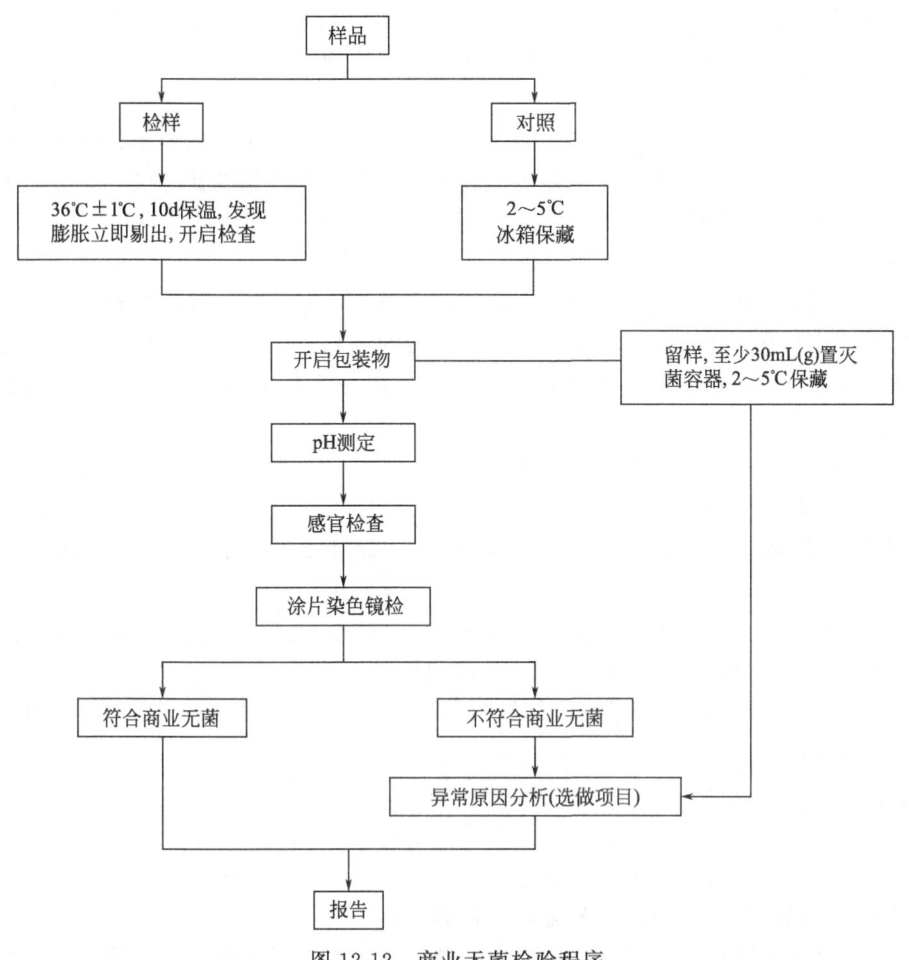

图 12-12　商业无菌检验程序

10d。保温过程中应每天检查，如有膨胀或泄漏现象，应立即剔出，开启检查。

保温结束时，再次称重并记录，比较保温前后样品质量有无变化。如有变轻，表明样品发生泄漏。将所有包装物置于室温直至开启检查。

4. 开启

如有膨胀的样品，则将样品先置于2～5℃冰箱内冷藏数小时后开启。

用冷水和洗涤剂清洗待检样品的光滑面，水冲洗后用无菌毛巾擦干。以含4%碘的乙醇溶液浸泡消毒光滑面15min后用无菌毛巾擦干，在密闭罩内点燃至表面残余的碘乙醇溶液全部燃烧完。膨胀样品以及采用易燃包装材料包装的样品不能灼烧，以含4%碘的乙醇溶液浸泡消毒光滑面30min后用无菌毛巾擦干。

在超净工作台或百级洁净实验室中开启。带汤汁的样品开启前应适当振摇。使用无菌开罐器在消毒后的罐头光滑面开启一个适当大小的口，开罐时不得伤及卷边结构，每一个罐头单独使用一个开罐器，不得交叉使用。如样品为软包装，可以使用灭菌剪刀开启，不得损坏接口处。立即在开口上方嗅闻气味，并记录。

注：严重膨胀样品可能会发生爆炸，喷出有毒物。可以采取在膨胀样品上盖一条灭菌毛巾或者用一个无菌漏斗倒扣在样品上等预防措施来防止这类危险的发生。

5. 留样

开启后，用灭菌吸管或其他适当工具以无菌操作取出内容物至少30mL(g)至灭菌容器内，保存 2～5℃冰箱中，在需要时可用于进一步试验，待该批样品得出检验结论后可弃去。开启后的样品可进行适当保存，以备日后容器检查时使用。

6. 感官检查

在光线充足、空气清洁无异味的检验室中，将样品内容物倾入白色搪瓷盘内，对产品的组织、形态、色泽和气味等进行观察和嗅闻，按压食品检查产品性状，鉴别食品有无腐败变质的迹象，同时观察包装容器内部和外部的情况，并记录。

7. pH 测定

（1）样品处理：液态制品混匀备用，有固相和液相的制品则取混匀的液相部分备用。

对于稠厚或半稠厚制品以及难以从中分出汁液的制品（如糖浆、果酱、果冻、油脂等），取一部分样品在均质器或研钵中研磨，如果研磨后的样品仍太稠厚，加入等量的无菌蒸馏水，混匀备用。

（2）将电极插入被测试样液中，并将 pH 计的温度校正器调节到被测液的温度。如果仪器没有温度校正系统，被测试样液的温度应调到 20℃±2℃的范围之内，采用适合于所用 pH 计的步骤进行测定。当读数稳定后，从仪器的标度上直接读出 pH，精确到 0.05pH 单位。

同一个制备试样至少进行两次测定。两次测定结果之差应不超过 0.1pH 单位。取两次测定的算术平均值作为结果，报告精确到 0.05pH 单位。

（3）分析结果：与同批中冷藏保存对照样品相比，比较是否有显著差异。pH 相差 0.5 及以上判为显著差异。

8. 涂片染色镜检

（1）涂片：取样品内容物进行涂片。带汤汁的样品可用接种环挑取汤汁涂于载玻片上，固态食品可直接涂片或用少量灭菌生理盐水稀释后涂片，待干后用火焰固定。油脂性食品涂片自然干燥并火焰固定后，用二甲苯流洗，自然干燥。

（2）染色镜检：涂片用结晶紫染色液进行单染色，干燥后镜检，至少观察 5 个视野，记录菌体的形态特征以及每个视野的菌数。与同批冷藏保存对照样品相比，判断是否有明显的微生物增殖现象。菌数有百倍或百倍以上的增长则判为明显增殖。

9. 结果判定

样品经保温试验未出现泄漏：保温后开启，经感官检验、pH 测定、涂片镜检，确证无微生物增殖现象，则可报告该样品为商业无菌。

样品经保温试验出现泄漏：保温后开启，经感官检验、pH 测定、涂片镜检，确证有微生物增殖现象，则可报告该样品为非商业无菌。

若需核查样品出现膨胀、pH 或感官异常、微生物增殖等原因，可取样品内容物的留样按照附录 A 进行接种培养并报告。若需判定样品包装容器是否出现泄漏，可取开启后的样品按照附录 B 进行密封性检查并报告。

六、实验结果

对检样检测过程进行合适的记录，并报告检验结果。

七、思考题

1. 简述食品进行商业无菌检验的意义。
2. 简述食品进行商业无菌检验的操作步骤。

附录 A：异常原因分析（选做项目分析）

1. 低酸性罐藏食品的接种培养（pH 大于 4.6）

（1）对低酸性罐藏食品，每份样品接种 4 管预先加热到 100℃并迅速冷却到室温的庖肉培养基内，同时接种 4 管溴甲酚紫葡萄糖肉汤。每管接种 1～2mL（g）样品（液体样品为 1～2mL，固体为 1～2g，两者皆有时，应各取一半）。培养条件如表 12-14。

表 12-14　低酸性罐藏食品（pH＞4.6）**接种的庖肉培养基和溴甲酚紫葡萄糖肉汤**

培养基	管数	培养条件/℃	时间/h
庖肉培养基	2	36±1	96～120
	2	55±1	24～72
溴甲酚紫葡萄糖肉汤	2	36±1	96～120
	2	55±1	24～72

（2）经过表 12-14 规定的培养条件培养后，记录每管有无微生物生长。如果没有微生物生长，则记录后弃去。

（3）如果有微生物生长，以接种环蘸取液体涂片，革兰氏染色镜检。如在溴甲酚紫葡萄糖肉汤管中观察到不同的微生物形态或单一的球菌、真菌形态，则记录并弃去。在庖肉培养基中未发现杆菌，培养物内含有球菌、酵母、霉菌或其混合物，则记录并弃去。将溴甲酚紫葡萄糖肉汤和庖肉培养基中出现生长的其他各阳性管分别划线接种 2 块肝小牛肉琼脂或营养琼脂平板，一块平板做需氧培养，另一平板做厌氧培养。接种培养程序如图 12-13 所示。

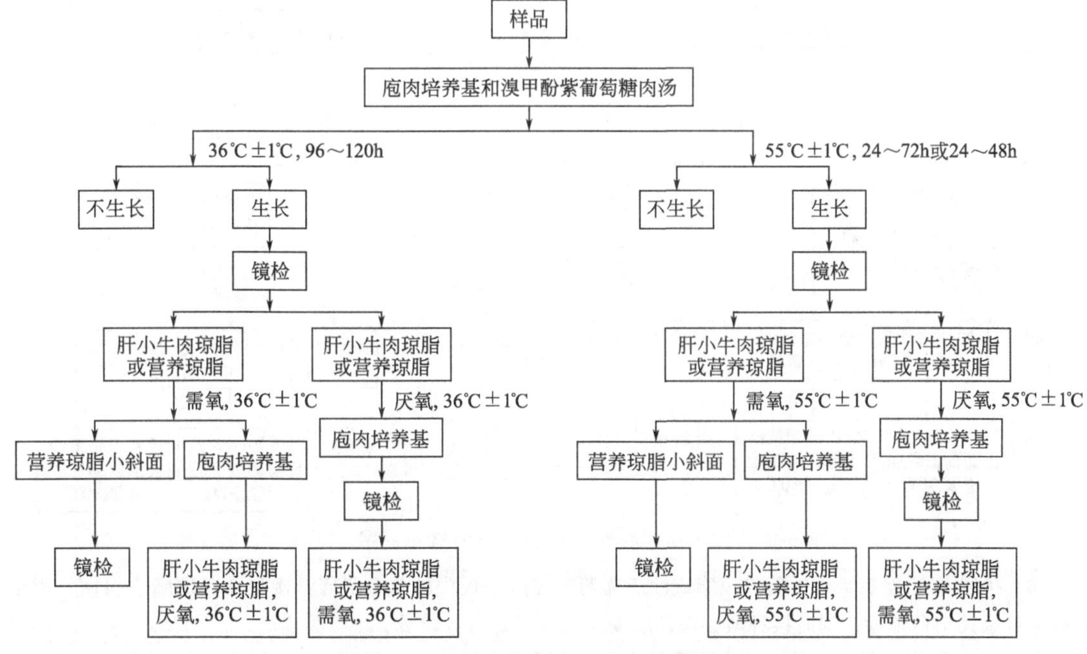

图 12-13　低酸性罐藏食品接种培养程序

（4）挑取需氧培养中单个菌落，接种于营养琼脂小斜面，用于后续的革兰氏染色镜检；挑取厌氧培养中的单个菌落涂片，革兰氏染色镜检。挑取需氧和厌氧培养中的单个菌落，接种于庖肉培养基，进行纯培养。

（5）挑取营养琼脂小斜面和厌氧培养的庖肉培养基中的培养物涂片镜检。

（6）挑取纯培养中的需氧培养物接种肝小牛肉琼脂或营养琼脂平板，进行厌氧培养；挑取纯培养中的厌氧培养物接种肝小牛肉琼脂或营养琼脂平板，进行需氧培养。以鉴别是否为兼性厌氧菌。

（7）如果需检测梭状芽孢杆菌的肉毒毒素，挑取典型菌落接种庖肉培养基做纯培养。36℃培养 5d，按照 GB/T 4789.12 进行肉毒毒素检验。

2. 酸性罐藏食品的接种培养（pH≤4.6）

（1）每份样品接种4管酸性肉汤和2管麦芽浸膏汤。每管接种1～2mL（g）样品（液体样品为1～2mL，固体为1～2g，两者皆有时，应各取一半）。培养条件如表12-15。

表12-15 酸性罐藏食品（pH≤4.6）接种的酸性肉汤和麦芽浸膏汤培养条件

培养基	管数	培养条件/℃	时间/h
酸性肉汤	2	55±1	48
	2	30±1	96
麦芽浸膏汤	2	30±1	96

（2）经过表12-15中规定的培养条件培养后，记录每管有无微生物生长。如果没有微生物生长，则记录后弃去。

（3）对有微生物生长的培养管，取培养后的内容物直接涂片，革兰氏染色镜检，记录观察到的微生物。

（4）如果在30℃培养条件下在酸性肉汤或麦芽浸膏汤中有微生物生长，将各阳性管分别接种2块营养琼脂或沙氏葡萄糖琼脂平板，一块做需氧培养，另一块做厌氧培养。

（5）如果在55℃培养条件下，酸性肉汤中有微生物生长，将各阳性管分别接种2块营养琼脂平板，一块做需氧培养，另一块做厌氧培养。对有微生物生长的平板进行染色涂片镜检，并报告镜检所见微生物型别。接种培养程序如图12-14。

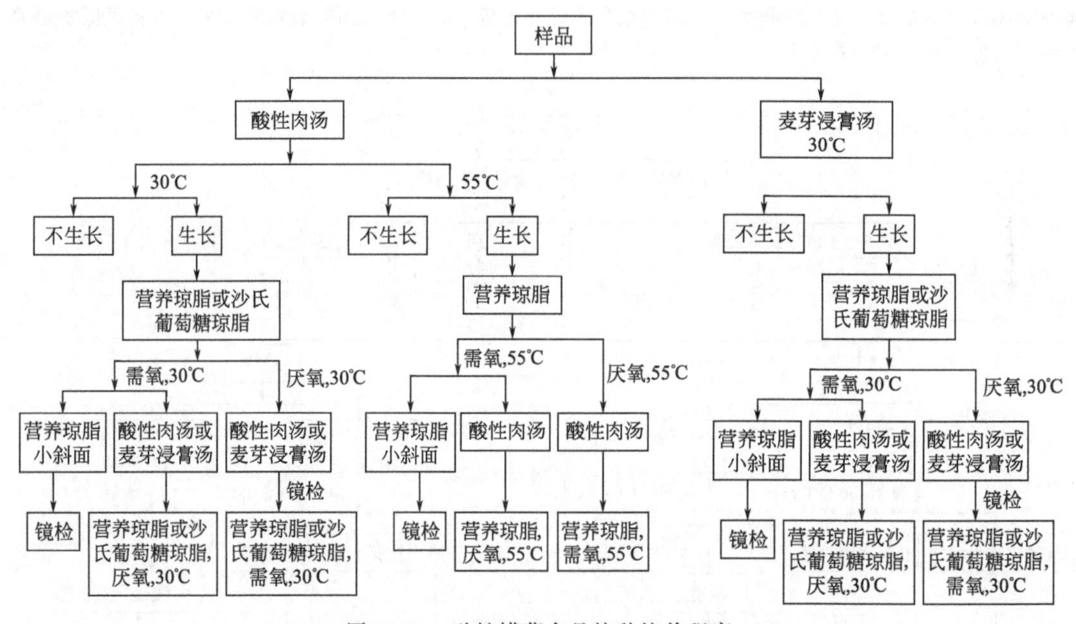

图12-14 酸性罐藏食品接种培养程序

（6）挑取30℃需氧培养的营养琼脂或沙氏葡萄糖琼脂平板中的单个菌落，接种营养琼脂小斜面，用于后续的革兰氏染色镜检。同时接种酸性肉汤或麦芽浸膏汤进行纯培养。

挑取30℃厌氧培养的营养琼脂或沙氏葡萄糖琼脂平板中的单个菌落，接种酸性肉汤或麦芽浸膏汤进行纯培养。

挑取55℃需氧培养的营养琼脂平板中的单个菌落，接种营养琼脂小斜面，用于后续的革兰氏染色镜检。同时接种酸性肉汤进行纯培养。

挑取55℃厌氧培养的营养琼脂平板中的单个菌落，接种酸性肉汤进行纯培养。

（7）挑取营养琼脂小斜面中的培养物涂片镜检。挑取30℃厌氧培养的酸性肉汤或麦芽浸膏汤培养物和55℃厌氧培养的酸性肉汤培养物涂片镜检。

（8）将30℃需氧培养的纯培养物接种于营养琼脂或沙氏葡萄糖琼脂平板中进行厌氧培养，将30℃厌氧培养的纯培养物接种于营养琼脂或沙氏葡萄糖琼脂平板中进行需氧培养，将55℃需氧培养的纯培养物接种于营养琼脂中进行厌氧培养，将55℃厌氧培养的纯培养物接种于营养琼脂中进行需氧培养，以鉴别是否为兼性厌氧菌。

(9) 结果分析。如果在膨胀的样品里没有发现微生物的生长，膨胀可能是由于内容物和包装发生反应产生氢气造成的。产生氢气的量随储存的时间长短和存储条件而变化。填装过满也可能导致轻微的膨胀，可以通过称重来确定是否由于填装过满所致。

在直接涂片中看到有大量细菌的混合菌相，但是经培养后不生长，表明是杀菌前发生的腐败。由于密闭包装前细菌生长的结果，导致产品的 pH、气味和组织形态呈现异常。

包装容器密封性良好时，在36℃培养条件下若只有芽孢杆菌生长，且它们的耐热性不高于肉毒梭菌（*Clostridium botulinum*），则表明生产过程中杀菌不足。

培养出现杆菌和球菌、真菌的混合菌落，表明包装容器发生泄漏。也有可能是杀菌不足所致，但在这种情况下同批产品的膨胀率将很高。

在36℃或55℃溴甲酚紫葡萄糖肉汤培养观察产酸产气情况，如有产酸，表明有嗜中温的微生物，如嗜温耐酸芽孢杆菌，或者嗜热微生物，如嗜热脂肪芽孢杆菌（*Bacilluss tearothermophilus*）生长。

在55℃的庖肉培养基上有细菌生长并产气，发出腐烂气味，表明样品腐败是由嗜热的厌氧梭菌所致。

在36℃庖肉培养基上生长并产生带腐烂气味的气体，镜检可见芽孢，表明腐败可能是由肉毒梭菌、生孢梭菌（*C. sporogenes*）或产气荚膜梭菌（*C. perfringens*）引起的。有需要可以进一步进行肉毒毒素检测。

酸性罐藏食品的变质通常是由无芽孢的乳杆菌和酵母所致。

一般 pH 低于4.6的情况下不会发生由芽孢杆菌引起的变质，但变质的番茄酱或番茄汁罐头并不出现膨胀，但有腐臭味，伴有或不伴有 pH 降低，一般是由需氧的芽孢杆菌所致。

许多罐藏食品中含有嗜热菌，在正常的储存条件下不生长，但当产品暴露于较高的温度（50～55℃）时，嗜热菌就会生长并引起腐败。嗜热耐酸的芽孢杆菌和嗜热脂肪芽孢杆菌分别在酸性和低酸性的食品中引起腐败但是并不出现包装容器膨胀。在55℃培养不会引起包装容器外观的改变，但会产生臭味，伴有或不伴有 pH 的降低。番茄、梨、无花果和菠萝等类罐头的腐败变质有时是由巴斯德梭菌（*C. pasteurianum*）引起。嗜热解糖梭状芽孢杆菌（*C. thermosaccharolyticum*）就是一种嗜热厌氧菌，能够引起膨胀和产品的腐烂气味。

嗜热厌氧菌也能产气，由于在细菌开始生长之后迅速增殖，可能混淆膨胀是由于氢气引起的还是嗜热厌氧菌产气引起的。化学物质分解将产生二氧化碳，尤其是集中发生在含糖和一些酸的食品如番茄酱、糖蜜、甜馅和高糖的水果罐头中。这种分解速度随着温度上升而加快。

灭菌的真空包装和正常的产品直接涂片，分离出任何微生物应该怀疑是实验室污染。为了证实是否是实验室污染，在无菌的条件下接种该分离出的活的微生物到另一个正常的对照样品，密封，在36℃培养14d。如果发生膨胀或产品变质，这些微生物就可能不是来自原始样品。如果样品仍然是平坦的，无菌操作打开样品包装并按上述步骤做再次培养；如果同一种微生物被再次发现并且产品是正常的，认为该产品商业无菌，因为这种微生物在正常的保存和运送过程中不生长。

如果食品本身发生混浊，肉汤培养可能得不出确定性结论，这种情况需进一步培养以确定是否有微生物生长。

附录B：镀锡薄钢板食品空罐密封性检验方法

1. 减压试漏

将样品包装罐洗净，36℃烘干。在烘干的空罐内注入清水至容积的80%～90%，将一带橡胶圈的有机玻璃板放置罐头开启端的卷边上，使其保持密封。启动真空泵，关闭放气阀，用手按住盖板，控制抽气，使真空表从0Pa升到 6.8×10^4 Pa（510mmHg）的时间在1min以上，并保持此真空度1min以上。倾斜并仔细观察罐体，尤其是卷边及焊缝处，有无气泡产生。凡同一部位连续产生气泡，应判断为泄漏，记录漏气的时间和真空度，并标注漏气部位。

2. 加压试漏

将样品包装罐洗净，36℃烘干。用橡皮塞将空罐的开孔塞紧，将空罐浸没在盛水玻璃缸中，开动空气压缩机，慢慢开启阀门，使罐内压力逐渐加大，直至压力升至 6.8×10^4Pa 并保持 2min。仔细观察罐体，尤其是卷边及焊缝处，有无气泡产生。凡同一部位连续产生气泡，应判断为泄漏，记录漏气开始的时间和压力，并标注漏气部位。

附录 C：培养基和试剂的制备

1. 无菌生理盐水

（1）成分

氯化钠	8.5g
蒸馏水	1000mL

（2）制法

称取 8.5g 氯化钠溶于 1000mL 蒸馏水中，121℃高压灭菌 15min。

2. 溴甲酚紫葡萄糖肉汤

（1）成分

蛋白胨	10.0g
牛肉浸膏	3.0g
葡萄糖	10.0g
氯化钠	5.0g
溴甲酚紫	0.04g（或 1.6%乙醇溶液 2.0mL）
蒸馏水	1000.0mL
蛋白胨	1.0g

（2）制法

将除溴甲酚紫外的各成分加热搅拌溶解，校正 pH 至 7.0±0.2，加入溴甲酚紫，分装于带有小倒管的试管中，每管 10mL，121℃高压灭菌。

3. 庖肉培养基

（1）成分

牛肉浸液	1000.0mL
蛋白胨	30.0g
酵母膏	5.0g
葡萄糖	3.0g
磷酸二氢钠	5.0g
可溶性淀粉	2.0g
碎肉渣适量	

（2）制法

称取新鲜除脂肪和筋膜的碎牛肉 500g，加蒸馏水 1000mL 和 1moL/L 氢氧化钠溶液 25.0mL，搅拌煮沸 15min，充分冷却，除去表层脂肪，澄清，过滤，加水补足至 1000mL，即为牛肉浸液。加入除碎肉渣外的各种成分，校正 pH 至 7.8±0.2。

碎肉渣经水洗后晾至半干，分装 15mm×150mm 试管约 2～3cm 高，每管加入还原铁粉 0.1～0.2g 或铁屑少许。将上述配制的液体培养基分装至每管内超过碎肉渣表面约 1cm。上面覆盖溶化的凡士林或液体石蜡 0.3～0.4cm。121℃灭菌 15min。

4. 营养琼脂

（1）成分

蛋白胨	10.0g

牛肉膏　　3.0g
氯化钠　　5.0g
琼脂　　15.0～20.0g
蒸馏水　　1000.0mL

（2）制法

将除琼脂以外的各成分溶解于蒸馏水内，加入15%氢氧化钠溶液约2mL，校正pH至7.2～7.4。加入琼脂，加热煮沸，使琼脂溶化。分装烧瓶或13mm×130mm试管，121℃高压灭菌15min。

5. 酸性肉汤

（1）成分

多价蛋白胨　　5.0g
酵母浸膏　　5.0g
葡萄糖　　5.0g
磷酸二氢钾　　5.0g
蒸馏水　　1000.0mL

（2）制法

将各成分加热搅拌溶解，校正pH至5.0±0.2，121℃高压灭菌15min。

6. 麦芽浸膏汤

（1）成分

麦芽浸膏　　15.0g
蒸馏水　　1000.0mL

（2）制法

将麦芽浸膏在蒸馏水中充分溶解，滤纸过滤，校正pH至4.7±0.2，分装，121℃灭菌15min。

7. 沙氏葡萄糖琼脂

（1）成分

蛋白胨　　10.0g
琼脂　　15.0g
葡萄糖　　40.0g
蒸馏水　　1000.0mL

（2）制法

将各成分在蒸馏水中溶解，加热煮沸，分装在烧瓶中，校正pH至5.6±0.2，121℃高压灭菌15min。

8. 肝小牛肉琼脂

（1）成分

肝浸膏　　50.0g
小牛肉浸膏　　500.0g
脲蛋白胨　　20.0g
新蛋白胨　　1.3g
胰蛋白胨　　1.3g
葡萄糖　　5.0g
可溶性淀粉　　10.0g
等离子酪蛋白　　2.0g
氯化钠　　5.0g
硝酸钠　　2.0g
明胶　　20.0g
琼脂　　15.0g
蒸馏水　　1000.0mL

(2) 制法

在蒸馏水中将各成分混合。校正 pH 至 7.3±0.2，121℃灭菌 15min。

9. 革兰氏染色液

(1) 结晶紫染色液

① 成分

结晶紫	1.0g
95%乙醇	20.0mL
1%草酸铵溶液	80.0mL

② 制法

将 1.0g 结晶紫完全溶解于 95%乙醇中，再与 1%草酸铵溶液混合。

(2) 革兰氏碘液

① 成分

碘	1.0g
碘化钾	2.0g
蒸馏水	300.0mL

② 制法

将 1.0g 碘与 2.0g 碘化钾先行混合，加入蒸馏水少许充分振摇，待完全溶解后，再加蒸馏水至 300mL。

(3) 沙黄复染液

① 成分

沙黄	0.25g
95%乙醇	10.0mL
蒸馏水	90.0mL

② 制法

将 0.25g 沙黄溶解于乙 95%醇中，然后用蒸馏水稀释。

第十三章　食品安全的真菌学检验

实验四十　食品中霉菌和酵母菌计数（GB 4789.15—2016）

一、实验目的

1. 掌握食品中霉菌和酵母菌总数测定的方法和要点。
2. 根据被检样品的霉菌和酵母菌的污染情况，评价其安全状况。

二、实验器材

恒温培养箱：28℃±1℃；冰箱：2～5℃；恒温水浴箱：46℃±1℃；天平：感量为0.1g；吸管：10mL（具0.1mL刻度）、1mL（具0.01mL刻度）或微量移液器及吸头；锥形瓶：容量250mL、500mL；广口瓶：500mL；试管：16mm×160mm；培养皿：直径为90mm；拍击式均质器及均质袋；旋涡混合器；显微镜：10×～100×；电炉；酒精灯等。

微生物实验室常规灭菌及培养设备。

三、培养基、试剂和样品

1. 培养基和试剂

马铃薯-葡萄糖琼脂培养基；孟加拉红培养基（参阅附录）；生理盐水。

2. 样品

云片糕、裱花蛋糕、大米、小麦粉等。

四、概述

霉菌和酵母菌广泛分布于外界环境中，它们在食品上可以作为正常菌相的一部分，或者作为空气传播性污染物，在消毒不适当的设备上也可被发现。各类食品特别是植物性的食品或原料由于遭到霉菌和酵母菌的侵染，常常发生霉坏变质，造成经济损失。有些霉菌的有毒代谢产物可引起各种急性和慢性中毒，特别是有些霉菌毒素具有强烈的致癌性。实验证明，一次大量食入或长期少量食入，皆能诱发癌症。目前已知的产毒霉菌如青霉、曲霉和镰刀菌在自然界分布较广，对食品侵染的机会也多。因此，对食品及其原料加强霉菌的检验，在食品安全学上具有重要意义。

霉菌和酵母菌总数是指食品检样经过处理，在一定条件下（如培养基、培养温度和培养时间、pH、需氧性质等）培养后，所得1g或1mL检样中所含的霉菌和酵母菌菌落数。霉菌和酵母菌总数主要作为判定食品被霉菌和酵母菌污染程度的标志，以便对被检样品进行安全学评价时提供依据。也可以应用这一方法观察霉菌和酵母菌在食品中繁殖的动态，以便对被检样品储藏安全性评价时提供依据。

霉菌和酵母菌计数采用标准平板培养计数法，根据检样的污染程度，做不同倍数稀释，选择其中的2～3个适宜的稀释度，与培养基混合、培养后，进行菌落计数。

五、实验步骤

(一) 检验程序

霉菌和酵母菌计数的检验程序如图13-1。

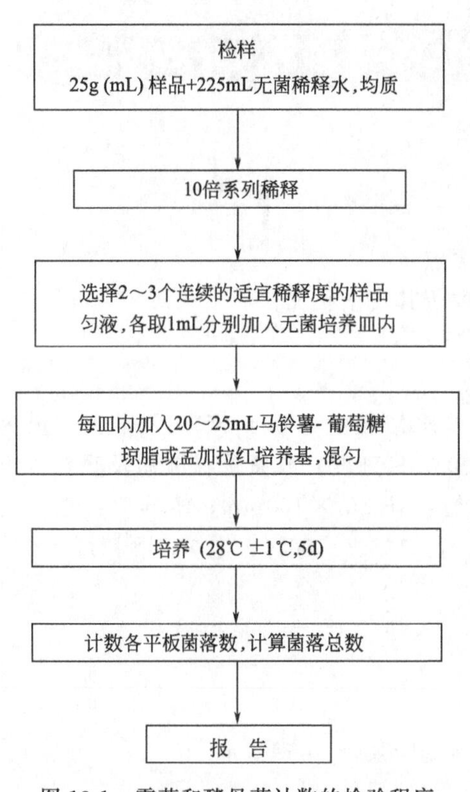

图13-1 霉菌和酵母菌计数的检验程序

(二) 操作步骤

1. 检样的稀释

(1) 固体和半固体样品：称取25g检样置盛有225mL无菌稀释液（蒸馏水或生理盐水或磷酸盐缓冲液）的锥形瓶中，充分振摇，或用拍击式均质器拍打1～2min，制成1∶10（即10^{-1}）的样品匀液。

(2) 液体样品：以无菌吸管吸取25mL样品置盛有225mL无菌稀释液（蒸馏水或生理盐水或磷酸盐缓冲液）的锥形瓶（可在瓶内预置适当数量的玻璃珠）中，充分混匀，制成1∶10（即10^{-1}）的样品匀液。

(3) 用1mL灭菌吸管或微量移液器吸取1∶10稀释液1mL，沿管壁缓慢注于盛有9mL灭菌稀释液的试管内，另换1支1mL灭菌吸管反复吹吸，此液为1∶100（即10^{-2}）的稀释液。

按上述操作顺序，制备10倍系列稀释样品匀液。每递增稀释一次，即换用1支1mL灭菌吸管。

2. 平板接种与培养

(1) 根据对样品污染状况的估计，选择2～3个适宜稀释度的样品匀液（液体样品可包括原液），在进行10倍递增稀释时，吸取1mL样品匀液于无菌培养皿内，每个稀释度做两个培养皿。同时分别吸取1mL空白稀释液加入两个无菌培养皿内作空白对照。

(2) 及时将20～25mL冷却至46℃的马铃薯-葡萄糖琼脂培养基或孟加拉红培养基（可放置于46℃±1℃恒温水浴箱中保温）倾注培养皿内，并转动培养皿使其混合均匀。

(3) 待琼脂凝固后，将平板翻转，置28℃±1℃培养5d，观察并记录。

3. 菌落计数

(1) 菌落计数方法：做平板菌落计数时，可用肉眼观察检查，必要时可用放大镜，以防遗漏。记录各稀释度（或稀释倍数）、相应皿次的霉菌和酵母数。菌落计数以菌落形成单位表示（colony-forming units，CFU）表示。

(2) 平板菌落数的选择：选取菌落数在10～150CFU之间的平板，根据菌落形态分别计数霉菌和酵母菌。霉菌蔓延生长覆盖整个平板的可记录菌落蔓延。求出同稀释度（或稀释倍数）的各平板平均菌落数。

4. 霉菌和酵母菌数的计算方法

(1) 如果只有一个稀释度平板上的平均菌落数在适宜计数范围内（10～150CFU），则将此平均菌落数乘以相应的稀释倍数报告结果。

(2) 若有两个连续稀释度的平板菌落数在适宜计数范围内时，按下列公式计算：

$$N=\frac{\sum C}{(n_1+0.1n_2)d}$$

式中 N——样品中菌落数；

$\sum C$——适宜计数范围内的平板菌落数之和；

n_1——第一适宜稀释度（低稀释倍数）平板个数；

n_2——第二适宜稀释度（高稀释倍数）平板个数；

d——稀释因子（第一适宜稀释度）。

(3) 若所有稀释度的平板上菌落数均大于150CFU，则对稀释度最高的平板进行计数，其他平板可记录为多不可计，结果按平均菌落数乘以最高稀释倍数计算。

(4) 若所有稀释度的平板菌落数均小于10CFU，则应按稀释度最低的平均菌落数乘以稀释倍数计算。

(5) 若所有稀释度均无菌落生长，则以小于1乘以最低稀释倍数计算；如为原液，则以小于1计数。

5. 报告

(1) 菌落数按“四舍五入”原则修约。菌落数在10以内时，采用一位有效数字报告；菌落数在10～100之间时，采用两位有效数字报告。大于或等于100CFU时，第3位数字采用“四舍五入”原则修约后，取前2位数字，后面用0代替位数来表示结果。为了缩短数字后面的零数，也可用10的指数来表示，按“四舍五入”原则修约后，采用两位有效数字。

(2) 若空白对照平板上有菌落出现，则此次检验结果无效。

(3) 称重取样以CFU/g为单位报告，体积取样以CFU/mL为单位报告，报告或分别报告霉菌和/或酵母数。

六、实验结果

对检样进行霉菌和酵母菌计数的原始记录和结果填入下表中。并根据产品标准评价检样霉菌和酵母菌总数的安全状况。

样品：　　　　培养基：　　　　检验日期：

皿次	原液	10^{-1}	10^{-2}	10^{-3}	空白
1					
2					
平均值					
计数稀释度			菌量/[CFU/g(mL)]		

七、思考题

简述对检样进行霉菌和酵母菌计数的基本程序和注意事项。

附录：培养基和试剂的制备

1. 马铃薯-葡萄糖琼脂培养基

(1) 成分

马铃薯（去皮切块）	葡萄糖	琼脂	氯霉素	蒸馏水
300g	20.0g	20.0g	0.1g	1000mL

(2) 制法

将马铃薯去皮切块，加1000mL蒸馏水，煮沸10～20min，用纱布过滤，补加蒸馏水至1000mL，加入葡萄糖和琼脂，加热溶化，分装，高压蒸汽灭菌（121℃、15min）。

2. 孟加拉红培养基

(1) 成分

蛋白胨	葡萄糖	磷酸二氢钾	无水硫酸镁	琼脂	孟加拉红	氯霉素	蒸馏水
5.0g	10.0g	1.0g	0.5g	20.0g	0.033g	0.1g	1000mL

(2) 制法

将上述成分加入蒸馏水中，加热溶解，补足蒸馏水至1000mL，分装后，高压蒸汽灭菌（121℃、15min）。避光保存备用。

实验四十一 食品中产毒霉菌的鉴别（GB 4789.16—2016）

一、实验目的

1. 熟悉食品中常见产毒霉菌的形态，并能根据形态进行鉴别。
2. 掌握食品中常见产毒霉菌的鉴定方法。

二、实验器材

恒温培养箱：25～28℃±1℃；冰箱：2～5℃；显微镜：10×～100×；目镜测微尺；物镜测微尺；生物安全柜；恒温水浴箱；镊子；酒精灯；载玻片；盖玻片：18mm×18mm等。

三、培养基和试剂

马铃薯-葡萄糖琼脂培养基；察氏培养基；乳酸酚液；棉兰乳酸酚液。

四、概述

污染食品特别是粮油制品的霉菌毒素很多，目前已发现的霉菌毒素有一百多种，产生毒素的霉菌也很多，其中主要是曲霉属、青霉属和镰刀菌属的某些种。这些霉菌的鉴别，主要根据它们的菌体形态特征和培养形状。

（一）曲霉属（*Aspergillus*）

本属的产毒菌主要包括黄曲霉、寄生曲霉、杂色曲霉、构巢曲霉、棕曲霉、黑曲霉、炭黑曲霉和棒曲霉等。这些霉菌可能产生黄曲霉毒素、棕曲霉毒素、伏马菌素和展青霉素等次生代谢产物。

曲霉属菌落多为绒状，也有絮状，表面平坦，或具有同心轮纹及放射状沟纹。菌落初为白色或灰白色，长出孢子后，随菌种不同而有多种颜色。营养菌丝体由具横隔的分枝菌丝构成，无色或有明亮的颜色。分生孢子梗大都无横隔，梗的顶端膨大形成棍棒形、椭圆形、半球形或球形的顶囊，在顶囊上生出一层或二层小梗，双层时下面一层为梗基，每个梗基上再着生两个或几个小梗。从每个小梗的顶端相继生出一串分生孢子。由顶囊、小梗以及分生孢子链构成一个头状体的结构，称为分生孢子头。分生孢子头有各种不同颜色和形状，如球形、放射形、棍棒形或直柱形等。曲霉属只有少数种形成有性阶段，产生封闭式的闭囊壳。某些种产生菌核或菌核结构。少数种可产生不同形状的壳细胞。

1. **黄曲霉**（*A. flavus*）

属于黄曲霉群。在察氏琼脂培养基上菌落生长较快，10～14d 直径 3～4cm 或 4～7cm，最初带黄色，然后变为黄绿色，老后颜色变暗，平坦或有放射状沟纹，反面无色或带褐色。在低倍显微镜下观察可见分生孢子头疏松放射状，继变为疏松柱状。分生孢子梗多从基质生出。制片镜检观察可见分生孢子梗极粗糙，顶囊烧瓶形或近球形，全部顶囊着生小梗，小梗单层、双层或单、双层同时生在一个顶囊上。分生孢子球形、近球形或洋梨形，粗糙（如图 13-2）。

黄曲霉产生黄曲霉毒素，该毒素能引起动物急性中毒死亡，如长期食用含微量黄曲霉毒素的食物，能引起肝癌。

2. **杂色曲霉**（*A. versicolor*）

属于杂色曲霉群。在察氏琼脂培养基上菌落生长局限，14d 直径 2～3cm，绒状、絮状、或两者同时存在。颜色变化相当广泛，不同菌系可能局部淡绿、灰绿、浅黄甚至粉红色；反面近于无色至黄橙色或玫瑰色。有的菌落有无色至紫红色的液滴。分生孢子头疏松放射状，顶囊半椭圆形至半球形，上半部或四分之三部位上着生小梗。小梗双层，分生孢子球形，粗糙。

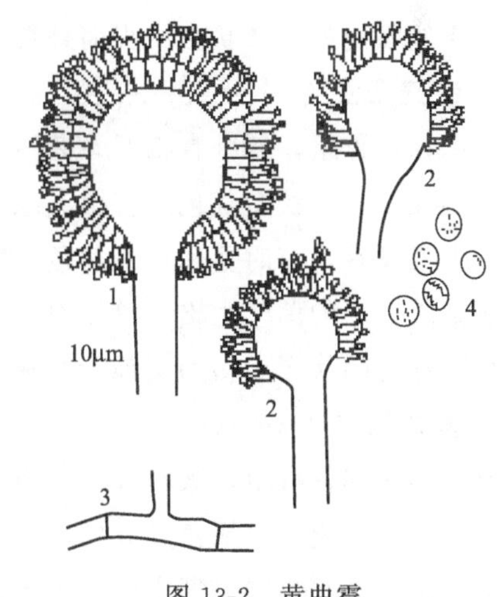

图 13-2　黄曲霉

1—双层小梗的分生孢子头；
2—单层小梗的分生孢子头；
3—足细胞；4—分生孢子

杂色曲霉产生杂色曲霉素，该毒素引起肝和肾的损害，并能引起肝癌。

3. **构巢曲霉**（*A. nidulans*）

属于构巢曲霉群。菌落生长较快，14d 直径 5～6cm，绒状，绿色，有的菌系由于产生较多的闭囊壳而显现黄褐色，反面紫红色。分生孢子头短柱形，顶囊半球形，小梗双层，分生孢子球形，闭囊壳球形，暗紫红色，子囊孢子双凸镜形，紫红色。

构巢曲霉产生杂色曲霉素，具有强烈的致癌性。

4. **棕曲霉**（*A. ochraceus*）

属于棕曲霉群。在察氏琼脂培养基上菌落生长稍局限，10～14d 直径 3～4cm，褐色或浅黄色，基质中菌丝无色或具有不同程度的黄色或紫色，反面带黄褐色或绿褐色。分生孢子头幼时球形，老后分裂成 2～3 个柱状分叉。分生孢子梗极粗糙，有明显的麻点。顶囊球形，小梗双层，自顶囊全部表面密集着生。分生孢子球形至近球形，有些菌系产生较多的菌核，初期为白色，老后淡紫色，球形、卵形至柱形。

棕曲霉产生赭曲霉毒素，该毒素是种强的肾脏毒和肝脏毒。

（二）青霉属（*Penicillium*）

本属产毒霉菌，主要包括黄绿青霉、橘青霉、产黄青霉、圆弧青霉、展开青霉、纯绿青霉、红青霉、产紫青霉、冰岛青霉和皱褶青霉等。这些霉菌的代谢产物为黄绿青霉素、橘青霉素、圆弧偶氮酸、展青霉素、红青霉素、黄天精、环氯素和皱褶青霉素。

青霉属的菌落圆形，质地呈绒状、絮状等，有的有放射状沟纹或同心轮纹；有青绿、黄绿、灰白等多种颜色。营养菌丝体呈无色、淡色或鲜明的颜色，具横隔，气生菌丝密毡状、松絮状或部分结成菌丝索。分生孢子梗由埋伏型或气生型菌丝生出，稍垂直于该菌丝（除个别种外，不像曲霉那样生有足细胞），单独直立或作某种程度的集合乃至密集为一定的菌丝束，具横隔，光滑或粗糙。其先端生有扫帚状的分枝轮，称为帚状枝。帚状枝是由单轮或两次到多次分枝系统构成，对称或不对称，最后一级分枝即产生孢子的细胞，称为小梗。着生小梗的细胞叫梗基，支持梗基的细胞称为副枝。小梗产生分生孢子，形成不分枝的链，分生孢子呈球形、椭圆形或短柱形，光滑或粗糙，大部分生长时呈蓝绿色，有时呈无色或呈别种淡色，但决不呈污黑色。少数种产生闭囊壳，或结构疏松柔软，较快地形成子囊和子囊孢子，或质地坚硬如菌核状由中央向外缓慢地成熟。还有少数菌种产生菌核。

1. 黄绿青霉（*P. citreoviride*）

属单轮青霉组，斜卧青霉系。菌落生长局限，10～12d 直径 2～3cm，表面皱褶，有的中央凸起或凹陷，淡黄灰色，仅微具绿色，表面绒状或稍现絮状，营养菌丝细，带黄色。渗出液很少或没有，有时呈现柠檬黄色，略带霉味。反面及培养基呈现亮黄色。分生孢子梗自紧贴于基质表面的菌丝生出，壁光滑。帚状枝大部为单轮，偶尔有作一、二次分枝者。

黄绿青霉的代谢产物为黄绿青霉素，该毒素是一种很强的神经毒。

2. 橘青霉（*P. citrinum*）

属于不对称青霉组，绒状青霉亚组、橘青霉系。菌落生长局限，绒状或稍带絮状，有放射状沟纹。艾绿色或黄绿色具狭白边，渗出液淡黄色，背面黄色至橙色。分生孢子梗大多从基质上生出，也有自中央气生菌丝生出者，光滑。帚状枝双轮不对称，分生孢子链为分散的柱状。分生孢子球形或近球形，光滑（图 13-3）。

橘青霉产生橘青霉素，该毒素是一种强的肾脏毒。此菌在自然界中分布普遍，除土壤外，霉腐材料和粮食、食品、饲料上经常出现，在大米上生长引起黄色病变并具毒性，即“黄变米”，产生的毒素为橘青霉素。

3. 产黄青霉

属于不对称青霉组，绒状青霉亚组，产黄青霉系。菌落致密绒状，有的稍带絮状，具有放射状沟纹，边缘白色，孢子区蓝绿色或黄绿色，老后灰色或淡紫褐色，渗出液很多，淡黄色至檬黄色，背面亮黄至暗黄色，色素扩散到培养基中去，帚状枝多轮生不对称。分生孢子梗自基质生出，光滑。分生孢子链为分散的柱状，分生孢子椭圆形，壁光滑（图 13-4）。

该菌广泛分布于空气、土壤及霉腐材料上。它可使低温储存的大米发热变质，受害米淡黄色，白垩状。此菌能产生葡萄糖氧化酶和葡萄糖酸，并广泛用于生产有机酸和青霉素。

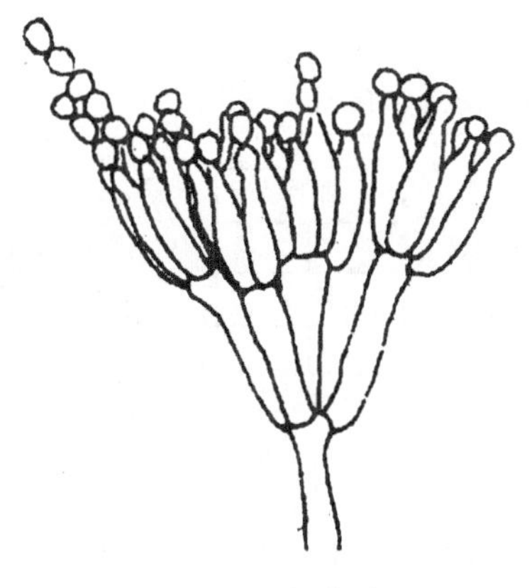

图 13-3　橘青霉

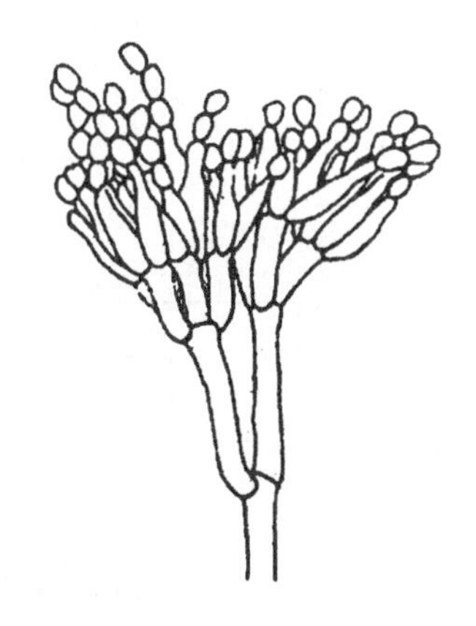

图 13-4　产黄青霉

(三) 镰刀菌属(*Fusarium*)

镰刀菌属的主要产毒菌有禾谷镰刀菌、串珠镰刀菌和半裸镰刀菌。

禾谷镰刀菌在 PDA 培养基上絮状至丝状，洋红色或玫瑰色或砖红色，中央黄色，背面深红色或紫红色。一般野生型菌株在培养基上不产孢子，但在菌丝中可见膨大细胞，球形或卵形，单个或成串，壁薄透明。大型分生孢子为镰刀形或纺锤形，稍弯，顶细胞末端稍尖，有脚胞，典型 3～5 隔，少数 3～7 隔，单个孢子无色透明，聚集时呈浅粉红色。无小型分生孢子和厚垣孢子。菌核呈粉红至紫红色。米饭培养基上子座呈典型的黄色。有性阶段产生子囊壳，散生或集生，卵圆形或圆形，深蓝色或黑紫色。子囊棍棒状、无色，内生 8 个纺锤形的子囊孢子(图 13-5)。

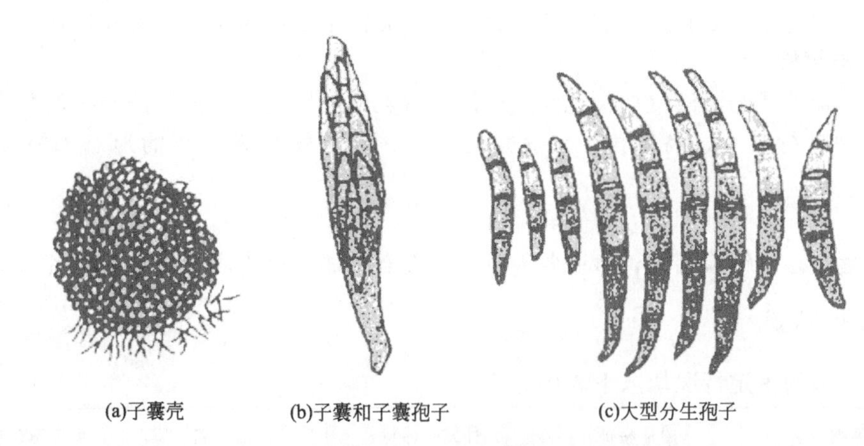

图 13-5　禾谷镰刀菌

该菌危害麦类、玉米、水稻、高粱等作物使之发生赤霉病。在带病的种子或土壤中可以分离到，并能产生多种毒素，如 T-2 毒素和玉米赤霉烯酮等，人畜食用后会发生中毒现象。

五、实验步骤

(一) 常见产毒霉菌的形态学鉴定检验程序

如图 13-6。所示

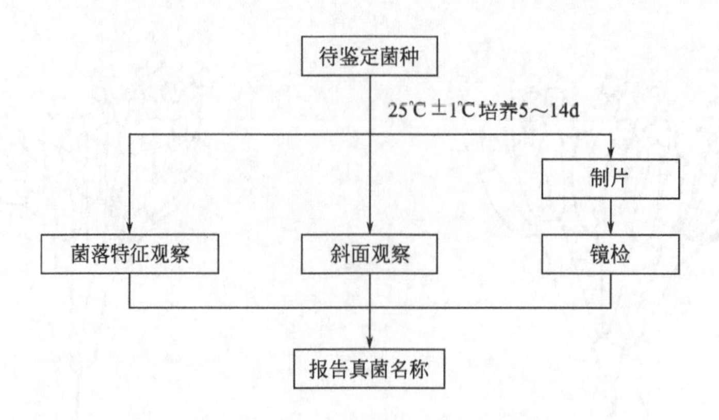

图 13-6　常见产毒霉菌的形态学鉴定检验程序

（二）操作步骤

1. 菌落的观察

为了培养完整的巨大菌落以供观察记录，可将实验四十中出现的霉菌纯培养物点植于平板上（曲霉、青霉接察氏培养基，其他霉菌接马铃薯－葡萄糖琼脂培养基）。方法是：将平板倒转，向上接种一点或三点，每菌接种两个平板，倒置于 25～28℃温箱中进行培养。当刚长出小菌落时，取出一个平皿，以无菌操作，用小刀将菌落连同培养基切下 1cm×2cm 的小块，置菌落一侧，继续培养，于 5～14d 进行观察并记录。此法代替小培养法，可观察子实体着生状态。

2. 斜面观察

将真菌纯培养物划线接种（曲霉、青霉）或点种（镰刀菌）于斜面，培养 5～14d，观察菌落形态，同时还可以直接将试管斜面置低倍显微镜下观察孢子的形态和排列。

3. 制片与镜检

取载玻片加乳酸酚溶液（如颜色浅，可用棉蓝乳酸酚染色）一滴，按照实验五的要求对待鉴定的菌种进行制片，高倍镜下，观察霉菌的菌丝、无性繁殖体的形态和特征，并做记录。

4. 报告

根据菌落形态及镜检结果，参照各种霉菌的形态描述及检索表，确定菌种名称。

六、实验结果

将待检霉菌的鉴定情况填入下表中。

待检霉菌编号	菌落特征	无性繁殖体特征	菌　名	产毒霉菌的判定
1				
2				
3				

七、思考题

简述检测食品中的产毒霉菌，有何现实意义。

附录：察氏培养基的制备

(1) 成分

硝酸钠	磷酸氢二钾	硫酸镁（含7个结晶水）	氯化钾	硫酸亚铁	蔗糖	琼脂	蒸馏水
3.0g	1.0g	0.5g	0.5g	0.01g	30.0g	20.0g	1000mL

(2) 制法

加热溶解，分装后高压蒸汽灭菌（121℃、20min）。

第十四章 食品生产用水和环境的微生物检测

自然界中的江、河、湖、海等各种淡水与咸水水域中都生存着相应的微生物，同样虽然空气中不具备微生物生长繁殖所需的营养物质和充足的水分条件，然而空气中也存在一定数量的微生物，这些微生物来自随风飘扬而悬浮在大气中或附着在飞扬起来的尘埃、水、人与动植物体表的脱落物和呼吸道、消化道的排泄物。食品生产离不开水和场所，食品生产用水和生产场所环境的好坏，直接影响食品的品质和安全状况。为了确保食品安全，《食品安全法》（2015 修订）第三十三条明确规定食品生产用水应当符合国家规定的生活饮用水卫生标准，生产场所必须保持整洁，其中就包含微生物要求。因此对于食品生产用水和环境的微生物检测具有重要的意义。

实验四十二 食品生产用水的微生物学检验（GB/T 5750.12—2006）

一、实验目的

1. 了解微生物指标在食品生产用水中的重要性。
2. 掌握生活饮用水中微生物指标的测定方法。

二、实验器材

恒温培养箱：36℃±1℃，44.5℃±0.5℃；冰箱：2～5℃；恒温水浴箱：46℃±1℃；天平：感量为0.1g；吸管：10mL（具0.1mL刻度）、1mL（具0.01mL刻度）或微量移液器及吸头；锥形瓶：容量250mL、500mL；试管：16mm×160mm；培养皿：直径为90mm；显微镜：10×～100×；放大镜或菌落计数器；pH计或精密pH试纸；小倒管；紫外灯：6W、波长366nm；接种环；电炉；载玻片；酒精灯等。

微生物实验室常规灭菌及培养设备。

三、培养基、试剂和样品

1. 培养基和试剂

营养琼脂；乳糖蛋白胨培养液；二倍（双料）浓缩乳糖蛋白胨培养液；伊红美蓝琼脂培养基；革兰氏染色液；EC培养基；EC-MUG培养基。

2. 样品

自来水、水箱水等。

四、概述

在食品工业中，水不仅是制作食品的成分，而且生产过程中各种设备和容器等的洗涤、冷却均需要水，因此水的卫生状况会直接影响食品的安全状况，为了确保食品安全，《食品安全法》第二十七条明确规定食品生产用水应当符合国家规定的生活饮用水的卫生标准。根据 GB 5749—2006 生活饮用水卫生标准，生活饮用水包括微生物指标、毒理指标、感官形状与一般化学指标和放射性指标。微生物指标包括菌落总数、总大肠菌群、耐热大肠菌群和大肠埃希氏菌四项，GB/T 5750.12—2006 规定了这些指标的检测方法。

菌落总数是指水样在一定条件下培养后（培养基成分，培养温度和时间、pH、需氧性质等）所得 1mL 水样所含菌落的总数。按本方法规定所得结果只包括一群能在营养琼脂上发育的嗜中温的需氧的细菌菌落总数，它反映的是水样中活菌的数量。水中菌落总数采用平板计数法测定。

总大肠菌群系指一群在 37℃培养、24h 能发酵乳糖、产酸产气、需氧和兼性厌氧的革兰氏阴性无芽孢杆菌。在正常情况下，肠道中主要有大肠菌群、粪链球菌和厌氧芽孢杆菌等多种细菌，这些细菌都可随人畜排泄物进入水源，由于大肠菌群在肠道内数量最多，所以，水源中大肠菌群的数量，是直接反映水源被人畜排泄物污染的一项重要指标。目前，国际上已公认大肠菌群的存在是粪便污染的指标，因而对饮用水必须进行大肠菌群的检查。水中总大肠菌群采用多管发酵法、滤膜法和酶底物法测定。本实验按照多管发酵法测定，其检验原理是通过三步实验证明水中是否有符合大肠菌群生化特性和形态特性的菌，以此来报告。

耐热大肠菌群系指在 44.5℃仍能生长的大肠菌群。水中耐热大肠菌群采用多管发酵法和滤膜法测定。本实验按照多管发酵法测定，其检验原理是用提高培养温度的方法将自然环境中大肠菌群与粪便中的大肠菌群区分开。作为一种卫生指标菌，耐热大肠菌群中很可能含有粪源微生物，因此耐热大肠菌群的存在表明水很可能受到了粪便污染，与总大肠菌群相比，水中含肠道致病菌和食物中毒菌的可能性更大，同时可能存在大肠杆菌。

大肠埃希氏菌耐热大肠菌群中的一种，只有它是粪源特异性的，是最准确和专一的粪便污染指示菌，可采用多管发酵法、滤膜法和酶底物法测定。本实验按照多管发酵法测定，其检验原理利用大肠埃希氏菌能产生 β-葡萄糖醛酸酶分解 MUG 使培养液在波长 366nm 紫外光下产生荧光的原理，来判断水样中是否含有大肠埃希氏菌。

根据 GB 5749—2006 生活饮用水卫生标准，生活饮用水中的总大肠菌群、耐热大肠菌群和大肠埃希氏菌（MPN 或 CFU/100mL）均不得检出，菌落总数应≤100CFU/mL。

五、实验步骤

（一）菌落总数的测定

1. 生活饮用水

（1）以无菌操作方法用灭菌吸管吸取 1mL 充分混匀的水样，注入灭菌平皿中，倾注约 15mL 已融化并冷却到 45℃左右的营养琼脂培养基，并立即旋摇平皿，使水样与培养基充分混匀。每次检验时应做一平行接种，同时另用一个平皿只倾注营养琼脂培养基作为空白对照。

（2）待冷却凝固后，翻转平皿，使底面向上，置于 36℃±1℃培养箱内培养 48h，进行菌落计数，即为水样 1mL 中的菌落总数。

2. 水源水

(1) 以无菌操作方法吸取 1mL 充分混匀的水样，注入盛有 9mL 灭菌生理盐水的试管中，混匀成 1∶10 稀释液。

(2) 吸取 1∶10 的稀释液 1mL 注入盛有 9mL 灭菌生理盐水的试管中，混匀成 1∶100 稀释液。按同法依次稀释成 1∶1000、1∶10000 稀释液等备用。如此递增稀释一次，必须更换一支 1mL 灭菌吸管。

(3) 用灭菌吸管取未稀释的水样和 2～3 个适宜稀释度的水样 1mL，分别注入灭菌平皿内。以下操作同生活饮用水的检验步骤。

3. 菌落计数及报告方法

做平皿菌落计数时，可用眼睛直接观察，必要时用放大镜检查，以防遗漏。在记下各平皿的菌落数后，应求出同稀释度的平均菌落数，供下一步计算时应用。在求同稀释度的平均数时，若其中一个平皿有较大片状菌落生长时，则不宜采用，而应以无片状菌落生长的平皿作为该稀释度的平均菌落数。若片状菌落不到平皿的一半，而其余一半中菌落数分布又很均匀，则可将此半皿计数后乘 2 以代表全皿菌落数。然后再求该稀释度的平均菌落数。

4. 不同稀释度的选择及报告方法

(1) 首先选择平均菌落数在 30～300 之间者进行计算，若只有一个稀释度的平均菌落数符合此范围时，则将该菌落数乘以稀释倍数报告之（见表 14-1 中实例 1）。

表 14-1 稀释度选择及菌落总数报告方式

实例	稀释液及菌落数			两个稀释度菌落数之比	菌落总数/(CFU/mL)	报告方式/(CFU/mL)
	10^{-1}	10^{-2}	10^{-3}			
1	1365	164	20	—	16400	16000 或 1.6×10^4
2	2760	295	46	1.6	37750	38000 或 3.8×10^4
3	2890	271	60	2.2	27100	27000 或 2.7×10^4
4	150	30	8	2	1500	1500 或 1.5×10^3
5	多不可计	多不可计	313	—	313000	310000 或 3.1×10^5
6	27	11	5	—	270	270 或 2.7×10^2
7	多不可计	305	12	—	30500	31000 或 3.1×10^3

(2) 若有两个稀释度，其生长的平均菌落数在 30～300 之间，则视二者之比值来决定，若其比值小于 2，应报告两者的平均数（见表 14-1 中实例 2）。若大于 2，则报告其中稀释度较小的菌落总数（见表 14-1 中实例 3）。若等于 2 亦报告其中稀释度较小的菌落数（见表 14-1中实例 4）。

(3) 若所有稀释度的平均菌落数均大于 300，则应按稀释度最高的平均菌落数乘以稀释倍数报告之（见表 14-1 中实例 5）。

(4) 若所有稀释度的平均菌落数均小于 30，则应以按稀释度最低的平均菌落数乘以稀释倍数报告之（见表 14-1 中实例 6）。

(5) 若所有稀释度的平均菌落数均不在 30～300 之间，则应以最接近 30 或 300 的平均菌落数乘以稀释倍数报告之（见表 14-1 中实例 7）。

(6) 若所有稀释度的平板上均无菌落生长，则以未检出报告之。

(7) 菌落计数的报告：菌落数在100以内时按实有数报告，大于100时，采用二位有效数字，在二位有效数字后面的数值，以四舍五入方法计算，为了缩短数字后面的零数也可用10的指数来表示（见表14-1"报告方式"栏）。

（二）总大肠菌群的测定——多管发酵法

1. 乳糖发酵试验

取10mL水样接种到10mL双料乳糖蛋白胨培养液中，取1mL水样接种到10mL单料乳糖蛋白胨培养液中，另取1mL水样注入9mL灭菌生理盐水中，混匀后吸取1mL（即0.1mL水样）注入10mL单料乳糖蛋白胨培养液中，每一稀释度接种5管。对已处理过的出厂自来水，需经常检验或每天检验一次的，可直接种5份10mL水样双料培养基，每份接种10mL水样。

检验水源水时，如污染较严重，应加大稀释度，可接种1mL、0.1mL、0.01mL甚至0.1mL、0.01mL、0.001mL，每个稀释度接种5管，每个水样共接种15管。接种1mL以下水样时，必须作10倍递增稀释后，取1mL接种，每递增稀释一次，换用1支1mL灭菌刻度吸管。

将接种管置36℃±1℃培养箱内，培养24h±2h，如所有乳糖蛋白胨培养管都不产气产酸，则可报告为总大肠菌群阴性，如有产酸产气者，则按下列步骤进行。

2. 分离培养

将产酸产气的发酵管分别转种在伊红美蓝琼脂平板上，于36℃±1℃培养箱内培养18～24h，观察菌落形态，挑取符合下列特征的菌落：深紫黑色、具有金属光泽的菌落；紫黑色、不带或略带金属光泽的菌落；淡紫红色、中心较深的菌落做革兰氏染色、镜检和证实试验。

3. 证实试验

经上述染色镜检为革兰氏阴性无芽孢杆菌，同时接种乳糖蛋白胨培养液，置36℃±1℃培养箱中培养24h±2h，有产酸产气者，即证实有总大肠菌群存在。

4. 结果报告

根据证实为总大肠菌群阳性的管数，查MPN检索表，报告每100mL水样中的总大肠菌群最可能数（MPN）值。5管法结果见表14-2，15管法结果见表14-3。稀释样品查表后所得结果应乘稀释倍数。如所有乳糖发酵管均阴性时，可报告未检出总大肠菌群。

表14-2 用5份10mL水样时各种阳性阴性结果组合时的总大肠菌群最可能数（MPN）

5个10mL管中阳性管数	最可能数(MPN)	5个10mL管中阳性管数	最可能数(MPN)
0	<2.2	3	9.2
1	2.2	4	16.0
2	5.1	5	>16

（三）耐热大肠菌群的测定——多管发酵法

1. 检验步骤

自总大肠菌群乳糖发酵试验中的阳性管中取1滴转中于EC培养基中，44.5℃±0.5℃

培养 24h±2h。如所有管均不产气，则可报告为阴性，如有如产气者，则转种于伊红美蓝琼脂平板上，于 44.5℃±1℃培养箱内培养 18～24h，凡平板上有典型菌落者，则证实为耐热大肠菌群阳性。

表 14-3　总大肠菌群最可能数（MPN）检索表

（总接种量 55.5mL，其中 5 份 10mL 水样，5 份 1mL 水样，5 份 0.1mL 水样）

接种量/mL			总大肠菌群/(MPN/100mL)	接种量/mL			总大肠菌群/(MPN/100mL)
10	1	0.1		10	1	0.1	
0	0	0	<2	1	0	0	2
0	0	1	2	1	0	1	4
0	0	2	4	1	0	2	6
0	0	3	5	1	0	3	8
0	0	4	7	1	0	4	10
0	0	5	9	1	0	5	12
0	1	0	2	1	1	0	4
0	1	1	4	1	1	1	6
0	1	2	6	1	1	2	8
0	1	3	7	1	1	3	10
0	1	4	9	1	1	4	12
0	1	5	11	1	1	5	14
0	2	0	4	1	2	0	6
0	2	1	6	1	2	1	8
0	2	2	7	1	2	2	10
0	2	3	9	1	2	3	12
0	2	4	11	1	2	4	15
0	2	5	13	1	2	5	17
0	3	0	6	1	3	0	8
0	3	1	7	1	3	1	10
0	3	2	9	1	3	2	12
0	3	3	11	1	3	3	15
0	3	4	13	1	3	4	17
0	3	5	15	1	3	5	19
0	4	0	8	1	4	0	11
0	4	1	9	1	4	1	13
0	4	2	11	1	4	2	15
0	4	3	13	1	4	3	17
0	4	4	15	1	4	4	19
0	4	5	17	1	4	5	22
0	5	0	9	1	5	0	13
0	5	1	11	1	5	1	15
0	5	2	13	1	5	2	17
0	5	3	15	1	5	3	19
0	5	4	17	1	5	4	22
0	5	5	19	1	5	5	24

续表

接种量/mL			总大肠菌群/(MPN/100mL)	接种量/mL			总大肠菌群/(MPN/100mL)
10	1	0.1		10	1	0.1	
2	0	0	5	3	0	0	8
2	0	1	7	3	0	1	11
2	0	2	9	3	0	2	13
2	0	3	12	3	0	3	16
2	0	4	14	3	0	4	20
2	0	5	16	3	0	5	23
2	1	0	7	3	1	0	11
2	1	1	9	3	1	1	14
2	1	2	12	3	1	2	17
2	1	3	14	3	1	3	20
2	1	4	17	3	1	4	23
2	1	5	19	3	1	5	27
2	2	0	9	3	2	0	14
2	2	1	12	3	2	1	17
2	2	2	14	3	2	2	20
2	2	3	17	3	2	3	24
2	2	4	19	3	2	4	27
2	2	5	22	3	2	5	31
2	3	0	12	3	3	0	17
2	3	1	14	3	3	1	21
2	3	2	17	3	3	2	24
2	3	3	20	3	3	3	28
2	3	4	22	3	3	4	32
2	3	5	25	3	3	5	36
2	4	0	15	3	4	0	21
2	4	1	17	3	4	1	24
2	4	2	20	3	4	2	28
2	4	3	23	3	4	3	32
2	4	4	25	3	4	4	36
2	4	5	28	3	4	5	40
2	5	0	17	3	5	0	25
2	5	1	20	3	5	1	29
2	5	2	23	3	5	2	32
2	5	3	26	3	5	3	37
2	5	4	29	3	5	4	41
2	5	5	32	3	5	5	45

续表

接种量/mL			总大肠菌群/(MPN/100mL)	接种量/mL			总大肠菌群/(MPN/100mL)
10	1	0.1		10	1	0.1	
4	0	0	13	5	0	0	23
4	0	1	17	5	0	1	31
4	0	2	21	5	0	2	43
4	0	3	25	5	0	3	58
4	0	4	30	5	0	4	76
4	0	5	36	5	0	5	95
4	1	0	17	5	1	0	33
4	1	1	21	5	1	1	46
4	1	2	26	5	1	2	63
4	1	3	31	5	1	3	84
4	1	4	36	5	1	4	110
4	1	5	42	5	1	5	130
4	2	0	22	5	2	0	49
4	2	1	26	5	2	1	70
4	2	2	32	5	2	2	94
4	2	3	38	5	2	3	120
4	2	4	44	5	2	4	150
4	2	5	50	5	2	5	180
4	3	0	27	5	3	0	79
4	3	1	33	5	3	1	110
4	3	2	39	5	3	2	140
4	3	3	45	5	3	3	180
4	3	4	52	5	3	4	210
4	3	5	59	5	3	5	250
4	4	0	34	5	4	0	130
4	4	1	40	5	4	1	170
4	4	2	47	5	4	2	220
4	4	3	54	5	4	3	280
4	4	4	62	5	4	4	350
4	4	5	69	5	4	5	430
4	5	0	41	5	5	0	240
4	5	1	48	5	5	1	350
4	5	2	56	5	5	2	540
4	5	3	64	5	5	3	920
4	5	4	72	5	5	4	1600
4	5	5	81	5	5	5	>1600

2. **结果报告**

根据证实为耐热大肠菌群阳性的管数，查 MPN 检索表，报告每 100mL 水样中耐热大肠菌群最可能数（MPN）值。

（四）大肠埃希氏菌的测定——多管发酵法

1. **检验步骤**

将总大肠菌群多管发酵法初发酵产酸或产气的管进行大肠埃希氏菌的检出测。用灭菌的接种环或无菌棉签将上述试管中的液体接种到 EC-MUG 管中，44.5℃ ± 0.5℃ 培养24h±2h。

2. **结果观察与报告**

将培养后的 EC-MUG 管在暗处用波长 366nm 功率 6W 的紫外灯照射，如果有蓝色荧光产生，则表示水样中含有大肠埃希氏菌。

计算 EC-MUG 阳性管数，查对应的 MPN 检索表，报告每 100mL 水样中大肠埃希氏菌最可能数（MPN）值。

六、实验结果

1. 对实验水样菌落总数检测的原始记录填入下表中。说明计数稀释度的选定依据。

水样来源：　　　　　　　　　　　　　　　　　　　　　　　　检验日期：

皿次	原液	10^{-1}	10^{-2}	10^{-3}	空白
1					
2					
平均					
计数稀释度			菌量/[CFU/g(mL)]		

2. 对实验水样总大肠菌群检测（多管发酵法）的原始记录填入下表中。

水样来源：　　　　　　　　　　　　　　　　　　　　　　　　检验日期：

加水样量															
试管编号	1	2	3	4	5	1	2	3	4	5	1	2	3	4	5
乳糖发酵试验①															
分离培养															
证实试验①															
大肠菌群判定															
检索表/(MPN/100mL)															

① 乳糖发酵试验、证实试验中产酸产气，记为“+”；不产酸产气，记为“－”。

3. 对实验水样耐热大肠菌群检测（多管发酵法）的原始记录填入下表中。

水样来源：　　　　　　　　　　　　　　　　　　　　　　　检验日期：

加水样量															
试管编号	1	2	3	4	5	1	2	3	4	5	1	2	3	4	5
乳糖发酵试验①															
EC培养基①															
EMB培养基															
耐热大肠菌群判定															
检索表/(MPN/100mL)															

① 乳糖发酵试验、EC培养基试验中产酸和（或）产气，记为“+”；不产酸和（或）不产气，记为“-”。

4. 对实验水样大肠埃希氏菌检测（多管发酵法）的原始记录填入下表中。

水样来源：　　　　　　　　　　　　　　　　　　　　　　　检验日期：

加水样量															
试管编号	1	2	3	4	5	1	2	3	4	5	1	2	3	4	5
乳糖发酵试验①															
EC-MUG培养基①															
紫外线灯照射②															
大肠埃希氏菌判定															
检索表/(MPN/100mL)															

① 乳糖发酵试验、EC-MUG培养基试验中产酸和（或）产气，记为“+”；不产酸和（或）不产气，记为“-”。

② 紫外线灯照射后，有蓝色荧光，记为“+”；无蓝色荧光，记为“-”。

5. 根据生活饮用水的标准评价该水样微生物指标的安全情况。

微生物指标	限值	测定值	单项判定
菌落总数/(CFU/mL)	100		
总大肠菌群/(MPN/100mL)	不得检出		
耐热大肠菌群/(MPN/100mL)	不得检出		
大肠埃希氏菌/(MPN/100mL)	不得检出		

七、思考题

为什么要选择大肠菌群作为水被肠道致病菌污染的指示菌？

附录：有关培养基的制备

1. 营养琼脂

（1）成分

蛋白胨	牛肉膏	氯化钠	琼脂	蒸馏水
10.0g	3.0g	5.0g	15.0～20.0g	1000mL

（2）制法

将各成分混合后，加热溶解，调节 pH 至 7.4～7.6。加入琼脂，加热煮沸，使琼脂溶化。分装锥形瓶，高压蒸汽灭菌（121℃、20min）。

2. 乳糖蛋白胨培养液

（1）成分

蛋白胨	牛肉膏	乳糖	氯化钠	1.6%溴甲酚紫乙醇溶液	蒸馏水
10.0g	3.0g	5.0g	5.0g	1.0mL	1000mL

（2）制法

将蛋白胨、牛肉膏、乳糖及氯化钠加热溶解于蒸馏水中，调节 pH 至 7.2～7.4。加入 1.6%溴甲酚紫乙醇溶液 1mL，充分混匀，分装于有小倒管的试管中，高压蒸汽灭菌（115℃、20min）。

二倍（双料）乳糖蛋白胨培养液：除蒸馏水外，其他成分量加倍。

3. 伊红美蓝琼脂培养基（EMB 培养基）

（1）成分

蛋白胨	乳糖	磷酸氢二钾	琼脂	蒸馏水	2%伊红水溶液	0.5%美蓝水溶液
10.0g	10.0g	2.0g	20.0～30.0g	1000mL	20.0mL	13.0mL

（2）制法

将蛋白胨、磷酸二氢钾和琼脂溶解于蒸馏水中，调节 pH 至 7.2。加入乳糖，混匀后分装，高压蒸汽灭菌（115℃、20min），临用时加热溶化琼脂，冷却至 50～55℃，加入 2%伊红水溶液及 0.5%美蓝水溶液，混匀后，倾注平板。

4. EC 培养基

（1）成分

胰蛋白胨	乳糖	氯化钠	磷酸氢二钾	磷酸二氢钾	3 号胆盐或混合胆盐
20.0g	5.0g	5.0g	4.0g	1.5g	1.5g

（2）制法

将上述成分加热搅拌溶解于蒸馏水中，分装到带有小倒管的试管中，高压蒸汽灭菌（115℃、20min），最终 pH 值 6.9±0.2。

5. EC-MUG 培养基

（1）成分

胰蛋白胨	乳糖	氯化钠	磷酸氢二钾	磷酸二氢钾	3 号胆盐或混合胆盐
20.0g	5.0g	5.0g	4.0g	1.5g	1.5g

4-甲基伞形酮-β-D-葡萄糖醛酸（MUG）

0.05g

（2）制法

将干燥成分加入水中，充分混匀，加热溶解，在 366nm 紫外光下检查无自发荧光后分装于试管中，高压蒸汽灭菌（115℃、20min），最终 pH 值 6.9±0.2。

实验四十三　食品生产环境（空气、工作台）的微生物检测

一、实验目的

1. 了解食品生产车间空气、与食品有直接接触设备的微生物检测的意义。

2. 掌握食品生产环境空气和工作台的微生物检测方法。

二、实验器材

恒温培养箱：36℃±1℃，44.5℃±0.5℃；冰箱：2～5℃；恒温水浴锅：46℃±1℃；天平：感量为 0.1g；吸管：10mL（具 0.1mL 刻度）、1mL（具 0.01mL 刻度）或微量移液器及吸头；锥形瓶：容量 250mL、500mL；试管：16mm×160mm；培养皿：直径为 90mm；显微镜：10×～100×；放大镜或菌落计数器；pH 计或精密 pH 试纸；小倒管；紫外灯：6W、波长 366nm；接种环；电炉；载玻片；酒精灯等。

微生物实验室常规灭菌及培养设备。

三、培养基、试剂和样品

1. 培养基和试剂

平板计数琼脂；结晶紫中性红胆盐琼脂（VRBA）；7.5%氯化钠肉汤（或 10%氯化钠胰酪胨大豆肉汤）；Baird-Pqrker 琼脂平板；脑心浸出液肉汤（BHI）；生理盐水；冻干血浆。

2. 样品

空气、工作台等。

四、概述

在食品卫生环境中，必须保证洁净的空气和工作台，才能防止和减少来自空气和工作台的微生物污染。在自然条件下，空气中和工作台存在的微生物以球菌、芽孢杆菌和一些真菌孢子为主，它们在空气和工作台中的分布是不均匀的，常随着灰尘等悬浮微粒的数量变化而变化。在工作机器和人群活动的地方以及在潮湿的空气中，其微生物数量多。因此，在食品生产中，应采取相应措施防止来自空气中的微生物的污染，并对食品生产的环境进行空气和工作台的微生物学检测，从而保证食品生产环境卫生，保证食品的安全。

五、实验步骤

（一）空气的采样与测试方法

1. 空气的采样

(1) 取样频率

① 车间转换不同卫生要求的产品时，在加工前进行采样，以便了解车间卫生清扫消毒情况。

② 全厂统一放长假后，车间生产前，进行采样。

③ 产品检验结果超内控标准时，应及时对车间进行采样，如有检验不合格点，整改后再进行采样检验。

④ 正常生产状态的采样，每周一次。

(2) 采样方法

在动态下进行，室内面积不超过 $30m^2$，在对角线上设里、中、外 3 点，里、外点位置距墙 1m；室内面积超过 $30m^2$，设东、西、南、北、中 5 点，周围 4 点距墙 1m。采样时，将含平板计数琼脂培养基的平板（直径 9cm）置采样点（约桌面高度），并避开空调、门窗等空气流通处，打开培养皿盖，使平板在空气中暴露 5min。采样后必须尽快对样品进行相应指标的检测，送检时间不得超过 6h，若样品保存于 0～4℃ 条件时，送检时间不得超过 24h。

2. 测试方法

(1) 在采样前将准备好的平板计数琼脂培养基平板置 36℃±1℃ 培养 24h，取出检查有无污染，将污染培养基剔除。

(2) 将已采集样品的培养基在 6h 内送实验室，细菌总数于 36℃±1℃ 培养 48h 观察结果，计数平板上细菌菌落数。

(3) 记录平均菌落数，用“CFU/皿”来报告结果。用肉眼直接计数，标记或在菌落计数器上点计，然后用 5～10 倍放大镜检查，不可遗漏。若培养皿上有 2 个或 2 个以上的菌落重叠，可分辨时仍以 2 个或 2 个以上菌落计数。

(二) 工作台（机械器具）表面与操作工人手表面采样与测试方法

1. 样品采集

(1) 取样频率

① 车间转换不同卫生要求的产品时，在加工前进行擦拭检验，以便了解车间卫生清扫消毒情况。

② 全厂统一放长假后，车间生产前，进行全面擦拭检验。

③ 产品检验结果超内控标准时，应及时对车间可疑处进行擦拭，如有检验不合格点，整改后再进行擦拭检验。

④ 对工作台表面消毒产生怀疑时，进行擦拭检验。

⑤ 正常生产状态的擦拭，每周一次。

(2) 采样方法

① 工作台（机械器具）：用浸有灭菌生理盐水的棉签在被检物体表面（取与食品直接接触或有一定影响的表面）取 $25cm^2$ 的面积，在其内涂抹 10 次，然后剪去手接触部分棉棒，将棉签放入含 10mL 灭菌生理盐水的采样管内送检。

② 操作工人手：被检人五指并拢，用浸湿生理盐水的棉签在右手指曲面，从指尖到指端来回涂擦 10 次，然后剪去手接触部分棉棒，将棉签放入含 10mL 灭菌生理盐水的采样管内送检。

擦拭时棉签要随时转动，保证擦拭的准确性。对每个擦拭点应详细记录所在分场的具体位置、擦拭时间及所擦拭环节的消毒时间。

2. 测试方法

将放有棉棒的试管充分振摇，此液为 1∶10 稀释液。如污染严重，可十倍递增稀释，吸取 1mL 1∶10 样液加 9mL 无菌生理盐水中，混匀，此液为 1∶100 稀释液。

(1) 细菌总数

以无菌操作，选择1～2个稀释度各取1mL样液分别注入无菌平皿内，每个稀释度做两个平皿（平行样），将已融化冷至45℃左右的平板计数琼脂培养基倾入平皿，每皿约15mL，充分混合。待琼脂凝固后，将平皿翻转，置36℃±1℃培养48h后计数。以25cm² 食品接触面中或每只手的菌落数报告结果。

(2) 大肠菌群

工作台（机械器具）表面与操作工人手表面的大肠菌群检测一般采用平板法：以无菌操作，选择1～2个稀释度各取1mL样液分别注入无菌平皿内，每个稀释度做两个平皿（平行样），将已熔化冷至45℃左右的结晶紫中性红胆盐琼脂培养基倾入平皿，每皿约15mL，充分混合。待琼脂凝固后，再覆盖一层培养基，约3～5mL。待琼脂凝固后，将平皿翻转，置36℃±1℃培养24h后计数，以平板上出现紫红色菌落的个数乘以稀释倍数得出。以每25cm² 食品接触面中或每只手的菌落数报告结果。

(3) 金黄色葡萄球菌

① 定性检测：取1mL稀释液注入灭菌的平皿内，倾注15～20mL的B-P培养基（或是吸取0.1mL稀释液，用L形棒涂布于表面干燥的B-P琼脂平板），放进36℃±1℃的恒温箱内培养48h±2h。从每个平板上至少挑取1个可疑金黄色葡萄球菌的菌落做血浆凝固酶试验。如B-P琼脂平板的可疑菌落的血浆凝固酶试验为阳性，即报告工作台或手上有金黄色葡萄球菌存在。

② 定量检测：以无菌操作，选择3个稀释度各取1mL样液分别接种到含10%氯化钠胰蛋白胨大豆肉汤培养基中，每个稀释度接种三管。置肉汤管于36℃±1℃的恒温箱内培养48h。划线接种于表面干燥的B-P琼脂平板，置36℃±1℃培养45～48h。从B-P琼脂平板上，挑取典型或可疑金黄色葡萄球菌菌落接种肉汤培养基，36℃±1℃培养20～24h。取肉汤培养物做血浆凝固酶试验，记录试验结果。根据凝固酶试验结果，查MPN表（参阅实验三十一），报告每25cm² 食品接触面中或每只手的金黄色葡萄球菌值。

六、实验结果

对食品生产环境空气、工作台和操作人员的手的微生物检测进行适当记录，并报告检验结果。

七、思考题

为什么要对生产环境的空气和工作台进行微生物检测？

附录：培养基和试剂的制备

1. 平板计数琼脂（plate count agar，PCA）**培养基**

(1) 成分

胰蛋白胨	酵母浸膏	葡萄糖	琼脂	蒸馏水
5.0g	2.5g	1.0g	15.0g	1000mL

(2) 制法

将上述成分加于蒸馏水中，煮沸溶解，调节pH至7.0±0.2，分装锥形瓶或试管，高压蒸汽灭菌（121℃、15min）。

2. 无菌生理盐水

（1）成分

氯化钠	蒸馏水
8.5g	1000mL

（2）制法

称取 8.5g 氯化钠溶于 1000mL 蒸馏水中，分装锥形瓶或试管，高压蒸汽灭菌（121℃、15min）。

3. 结晶紫中性红胆盐琼脂（VRBA）

（1）成分

蛋白胨	酵母膏	乳糖	氯化钠	胆盐或 3 号胆盐	中性红	结晶紫	琼脂	蒸馏水
7.0g	3.0g	10.0g	5.0g	1.5g	0.03g	0.002g	15.0～18.0g	1000mL

（2）制法

将上述成分溶于蒸馏水中，静置几分钟，充分搅拌，调节 pH 至 7.4±0.1，煮沸 2min，将培养基冷却至 45～50℃倾注平板。使用前临时制备，不得超过 3h。

4. 10%氯化钠胰酪胨大豆肉汤

（1）成分

胰酪胨（或胰蛋白胨）	植物蛋白胨（或大豆蛋白胨）	氯化钠	磷酸氢二钾
17.0g	3.0g	100.0g	2.5g
丙酮酸钠	葡萄糖	蒸馏水	
10.0g	2.5g	1000mL	

（2）制法

将上述成分混合，加热，轻轻搅拌并溶解，调节 pH 至 7.3±0.2，分装，每瓶 225mL，高压蒸汽灭菌（121℃、15min）。

5. Baird-Parker 琼脂平板

（1）成分

胰蛋白胨	牛肉膏	酵母膏	丙酮酸钠	甘氨酸	氯化锂（LiCl·6H_2O）	琼脂	蒸馏水
10.0g	5.0g	1.0g	10.0g	12.0g	5.0g	20.0g	950mL

（2）增菌剂的配法

30%卵黄盐水 50mL 与经过过滤除菌的 1%亚碲酸钾溶液 10mL 混合，保存于冰箱内。

（3）制法

将各成分加到蒸馏水中，加热煮沸至完全溶解。调节 pH 至 7.0±0.2。分装每瓶 95mL，高压蒸汽灭菌（121℃、15min）。临用时加热溶化琼脂，冷至 50℃，每 95mL 加入预热至 50℃的卵黄亚碲酸钾增菌剂 5mL，摇匀后倾注平板。培养基应是致密不透明的。使用前在冰箱储存不得超过 48h。

6. 脑心浸出液肉汤（BHI）

（1）成分

胰蛋白胨	氯化钠	磷酸氢二钠（含 12H_2O）	葡萄糖	牛心浸出液
10.0g	5.0g	2.5g	2.0g	500mL

（2）制法

加热溶解，调节 pH 至 7.4±0.2。分装 16mm×160mm 试管，每管 5mL，高压蒸汽灭菌（121℃、15min）。

第十五章 食品微生物的快速检测

食源性病原微生物是一类重要的食品安全危害因子，针对这类危害因子的检测，传统的方法需要经过培养基增殖培养、平板分离及生化和血清学鉴定等过程，其操作繁琐，报告检验结果需要4～5d，不能满足日益发展的社会需求。因此，建立快速、准确的食源性病原微生物检测方法已成为当务之急。食品微生物的快速检测是综合应用微生物学、化学、分子生物学、生物物理学、免疫学以及血清学试验理论和技术对微生物进行分离、检测、鉴定和计数，与传统方法相比，具有快速、方便、灵敏的特点。因此，在食品、医学、农业、工业和环境等方面得到了广泛应用。

近年来，经国内外学者不断努力，已创建了快速的食源性病原微生物检测方法。其中核酸探针（nuclear acid probe）和聚合酶链反应（polymerase chain reaction，PCR）等分子生物学技术，以及免疫学技术在食源性病原微生物的检测方面应用相对广泛。

一、分子生物学技术及其在食源性病原微生物检测中的应用

（一）核酸探针技术

将已知核苷酸序列的DNA片段用同位素或其他方法标记，加入已变性的被检DNA样品中，在一定条件下即可与该样品中有同源序列的DNA区段形成杂交双链，从而达到鉴定样品中DNA的目的。

1. 核酸探针杂交技术原理

根据完成杂交反应所处介质的不同，分成固相杂交反应和液相杂交反应。固相杂交反应是在固相支持物上完成的杂交反应，如印迹法和菌落杂交法。固相杂交法需事先破碎细胞使之释放DNA或RNA，然后把裂解获得的DNA或RNA固定在硝基纤维素薄膜上，再加标记探针杂交，依颜色变化确定结果，该法是最原始的探针杂交法，易产生非特异性背景干扰。液相杂交法指杂交反应在液相中进行，不需固相支持，优点是杂交速度比固相杂交速度快5～10倍。缺点是为消除背景干扰必须进行分离以除去加入反应体系中的干扰剂。

分离杂交DNA探针的方法有两种，一种分离方法是用羟磷灰石，它仅能与双链DNA结合，单链DNA在和羟磷灰石结合前必须先同一个探针或互补单链杂交成双链DNA。当溶液中DNA通过羟磷灰石柱子时，只有双链DNA能被吸附，然后再把吸附在柱上的DNA洗脱下来，最后用激活的标记物检测。另一种分离方法是运用磁球技术把探针与小磁球连接，再用多核苷酸尾部连接第二探针，不用离心就能分离DNA与未杂交DNA。短寡核苷酸能和磁球连接，也能从磁球上洗脱，在以mRNA系统进行靶循环的检测过程中，该方法能将背景干扰降低2～3个数量级，从而达到较高的敏感性。

2. 核酸探针的类型

根据核酸探针中核苷酸成分的不同，可将其分成DNA探针或RNA探针，一般大多选用DNA探针。根据选用基因的不同核酸探针分成两种：一种探针能同微生物中全部DNA分子中的一部分发生反应，它对某些菌属、菌种、菌株有特异性；另一种探针只能限制性地

同微生物中某一基因组 DNA 发生杂交反应，如编码致病性的基因组，因此仅对某种微生物中的一个菌株或仅对微生物中某一菌属有特异性。这类探针检测的基因相当保守，包括大部分 rRNA，因为它既可能在一种微生物中出现，又可代表一群微生物，如应用 rRNA 探针检测作为食品粪便污染程度的指示菌大肠杆菌。选择探针的原则是只能同检测的细菌发生杂交反应，而不受非检菌存在的干扰。

3. 核酸探针的应用

（1）用于检测无法培养、不能生化鉴定、不可观察的微生物及其产物；还可用于缺乏诊断抗原等方面的检测，如肠毒素。

（2）用于检测同食源性感染有关的病毒如肝炎病毒；用于流行病学调查研究，区分有毒和无毒菌株。

（3）检测细菌基因组中的抗药基因。

（4）分析食品是否会被某些耐药菌株污染，判定食品被污染的程度及特点。

（5）用于细菌分型，包括 rRNA 分型。

4. 核酸探针的特点

（1）探针的特异性

探针检测技术的最大优点是特异性，即一个适当组建的 DNA 探针能绝对特异性地与所检微生物而不与其他微生物发生反应。对食品检测而言，就是不与样品中内源性杂菌和样品自身 DNA 发生非特异性反应。

以往检测方法检测的是基因的表达产物（蛋白质或其他产物），而检测这些物质受多种因素影响，比如食品中微生物因受应激损伤（高温、冷冻和化学制剂等）会导致基因组的变化，从而引起其表达产物的变化，例如常规免疫学方法检测的抗原和抗体都是蛋白质，它们由氨基酸组成，而氨基酸由核苷酸序列确定，一旦这种序列受外界影响发生变异，就会导致其产物的变化，影响抗原抗体间的反应，使检测特异性下降；再如，检测病毒主要通过组织培养后，检测病毒相关的蛋白质囊膜，即使采用超低温保存，有时也会引起编码蛋白质囊膜基因的变化，而采取 DNA 探针检测病毒则不用改变其蛋白质结构，只需检测是否有相应特异性的编码蛋白质囊膜的病毒靶 DNA 序列。与常规检测方法相比，核酸探针检测具有显著的优势：一是核酸探针检测的是基因本身，可识别基因本身的变异，而不受基因表达产物的影响；二是核酸之间的识别连接比抗原抗体准确，并且探针检测比免疫学方法灵活；三是 DNA 具有比蛋白质更能耐受高温（100℃）、有机溶剂、螯合剂和高浓度工作液等因素破坏的能力，所以用比提取制备蛋白质强烈得多的方法制备核酸，不会影响杂交反应；四是核酸探针的特异性取决于探针的碱基序列和使用条件，如在不严格的条件下（低温高盐）探针与靶 DNA 误交结合力比严格条件下稳定，当然，探针长度也会影响反应的特异性，在体系中加入一定量的甲酰胺一般可增强反应特异性。

（2）探针的敏感性

DNA 探针敏感性取决于探针本身和标记系统。^{32}P 标记物通常可检出 10^{-8} mol 特异 DNA 片段，为 0.5pg、1000 个碱基对的靶系列，相当于 100～1000 个细菌。用亲和素标记探针检测 1h 培养物 DNA 含量在 110pg，而血清学方法只能达到 1ng 的水平。在操作上，一般可通过一系列方法来提高检测的敏感性。如延长培养时间会增强信号强度，进而提高探针的敏感性；非放射性物标记探针在高浓度情况下抑制了非特异性吸附，比放射性物标记探针背景干扰小；在探针上加生物素化的核苷酸长尾能使检测敏感性提高 10 倍；细胞中 rRNA 比 DNA 多，检测 rRNA 的探针比 DNA 敏感；通过扩增 DNA 含量也可提高检测敏感性。

当然，也有一些因素会干扰检测的敏感性，如制备食品样品时，因机械匀浆而导致菌体破裂，产生较高的背景干扰会影响检测敏感性。

(3) 探针检测技术存在的问题

探针检测技术在应用时也存在一些亟待解决的问题。主要有：在用核酸探针进行检测时，每检测一种菌就需要制备一种探针，目前尚未建立所有致病菌的探针；尽管核酸探针检测速度快，但为了达到检测量而要对样品进行一定时间的培养，这也使得检测时限延长；由于假阳性和假阴性的存在，使得不可能有100%的特异性和敏感性；在菌株生物型鉴定、血清型和抗药基因等方面，DNA 探针还不能完全取得常规检验提供的细菌特性的信息；检测食品时，样品中待检菌量低、杂质成分复杂、样品 DNA 纯度不够高等都会限制探针检测的敏感性；探针检测是分析基因序列，能检测活菌或死菌中存在的靶 DNA 序列，但它不能检测其表达产物，尤其是对毒素污染的食品有时因样品中不含产毒菌而无法检测，所以在评价食品安全卫生上存在一定的局限性。

(二) 聚合酶链反应技术

PCR 是指在 DNA 聚合酶催化下，以母链 DNA 为模板，以特定引物为延伸起点，通过变性、退火、延伸等步骤，在体外复制出与母链模板 DNA 互补的子链 DNA 的过程。作为一项 DNA 体外合成放大技术，能快速特异地在体外扩增任何目的 DNA，可用于基因分离克隆、序列分析、基因表达调控和基因多态性研究等许多方面。

1. PCR 技术基本原理

(1) PCR 反应体系 (100μL)

100μL 的 PCR 反应体系包括：模板 DNA，0.1～2μg；一对寡核苷酸引物，各 10～100pmol；四种脱氧核糖核苷酸 (dNTPs)，各 200μmol/L；热稳定 DNA 聚合酶 (*Taq*)：2.5U；10×扩增缓冲液：10μL；Mg^{2+}：1.5mmol/L。

(2) PCR 一般过程

PCR 一般需要经过变性、退火和延伸三个过程。变性：高温使双链 DNA 解离形成单链 (94℃，30s)。退火：低温下，引物与模板 DNA 互补区结合 (55℃，30s)。延伸：中温延伸，DNA 聚合酶催化以引物为起始点的 DNA 链延伸反应 (70～72℃，30～60s)。

2. PCR 技术的发展

(1) 普通 PCR 法

1983 年美国科学家 Millis 发明了最基本的扩增 DNA 或增加样品中特殊核苷酸片段数量的方法——聚合酶链反应，即 PCR 法。PCR 法建立在三步重复反应的基础上：第一步是通过热处理将双链 DNA 变性裂解成单链 DNA；第二步是退火，温度降至 55℃左右，引物与模板 DNA 单链的互补序列配对结合；第三步是酶促延伸引物与 DNA 配对合成模板。溶液中核苷酸通过酶聚合成相互补对的 DNA 片段，并能重新裂解成单链 DNA，成为下次 PCR 复制的模板。因此每次循环特异性 DNA 将以双倍量增加。典型扩增经过 20～40 次循环能引起 100 万倍的扩增。在 PCR 反应中引入 *Taq* 聚合酶使反应得以半自动化和简便反应程序进行。用扩增 DNA 进行的 PCR 反应具有无与伦比的优越性，如用同位素标记两种基因 (*Lac Z* 和 *Lam B*) 的探针做 PCR 反应检测水源中大肠杆菌，检测量可达到 1×10^5 个细菌/100mL，这也为快速准确地检测食品中污染的病原微生物带来了方便。

普通 PCR 法也存在一些缺点，主要是系统容易受外源 DNA 的污染，并随样品中待检 DNA 一起扩增。另外，试验中需要一定的特殊设备和熟练的操作技术，尚不能全自动化，尤其是在待检样品制备方面。

(2) Qβ复制酶法

Gene-Tark 改良了普通 PCR 法，建立了 Qβ 复制酶系统扩增法。这种命名是根据反应过程中起扩增作用的酶来确定的。通过探针与靶 DNA 相结合，系统以酶学方法促进扩增。该探针是含有一个模板区域的 RNA 探针，其三级结构称作 MDV1。系统含有 RNA 指导的 RNA 聚合酶、Qβ 复制酶。扩增 MDV-1 的速度很快，每循环一次仅需 15～20s，共循环 15～30min，如千分之一含量的 RNA 可扩增到 125～200ng，扩增 1 亿倍。基于该方法能大量合成 RNA，因此可用简单的比色法就能检测杂交反应，且反应呈动力学特征，通过建立标准曲线、确定初始结合物浓度，就可做定量分析。但该方法的缺点是酶易受污染，导致敏感性下降，背景干扰限制了方法的实际应用。

(3) 连续扩增反应法

连续扩增反应法是在普通 PCR 基础上的又一种改进，同普通 PCR 不同之处在于它不扩增单个核苷酸形成 DNA 分子，而是用一种 T4 DNA 连接酶把两个寡核苷酸彼此相连，通过连接酶的作用，两者可实现相互交联，在这种情况下，同普通 PCR 反应一样，连接的寡核苷酸沿原始序列排列，并成为下次循环的模板。循环 20～30 次即可把原始靶 DNA 含量增加 100 万倍。但该方法要求对整个靶 DNA 序列事先有明确了解，否则一个碱基错配就会导致寡核苷酸相互连接的失败。

(4) 转录放大系统（TAS/3SR/NASBA™）

1989 年 Kwoh 等介绍了一种新技术——转录扩增系统（TAS），它是包括 DNA 合成和 RNA 转录的双重循环过程。该方法的引物是变性的 DNA 和一般 RNA，引物上包含多聚酶结合部和与靶序列互补配对的片段，在杂交时，引物与靶序列结合，反转录酶延伸引物与靶序列互相配对，热变性后，另外一个寡核苷酸退火成新链 DNA，再加入反转录酶产生与新链 DNA 互补的双链 DNA，并延伸原始的已退火的引物至另外一个靶序列上，加入 RNA 聚合酶，就可以扩增 RNA 的拷贝数（10～1000），且仅需 4 次循环就能得到 1000000 个拷贝数的 RNA 分子。

1990 年 Gualelli 修正了 TAS 法，设计了一种称作自我片段复制扩增系统（3SR）。3SR 与 TAS 不同之处在于：3SR 是等温反应（37～42℃），需要降解 RNA 靶序列，如果包括最初变性这一步，3SR 方法也需要扩增 DNA，而 RNaseH 用于降解在 TAS 反应中形成的 RNA-DNA 杂合物，并转化成双链 DNA，并在双链 DNA 的每一末端都含有一个聚合酶结合部，双链 DNA 继续循环并作为合成 RNA 的模板，再次参加反应过程。此方法 15min 就能放大 100000 个拷贝。而普通 PCR 法即使有 100%扩增效果也需要 85min 才能取得同样结果。3SR 法与普通 PCR 法相比不用热循环，因此不必调节反应温度，所有反应在一个反应管中完成，另外 3SR 能区分 DNA 和 RNA；但遗憾的是此法同其他扩增反应一样，也易受外源核酸的污染，此外，由于反应所需的酶多，并且与其他方法相比，反应严格性低，所以特异性较差。

1989 年 Cangene 发明了核酸片段扩增法（NASBM™），此法已获得欧洲专利。据报道，应用该方法能将 100 个分子的 DNA 扩增到 100μg。

(5) 放大信号检测法

放大信号检测法旨在放大信号同时能改善 DNA 探针的敏感性。有些学者研究利用腺嘌呤酯标记 DNA 的生物化学检测方法，反应初始时需加入 H_2O_2，酯结构的破坏会产生光，光亮强度与存在的靶 DNA 含量成比例关系；也有人用磷酸苯二氧化物做生物发光剂，此物质在碱性磷酸酶作用下转化为发光物质，用比色法检测它比 OPD 和 HRP 敏感 10 倍以上；

1989 年 Mclaprae 介绍了用化学显影学致敏剂作为标记物，加热后能释放出光，用固相薄膜检测能增加敏感性。

最近以酶标抗体为代表的非同位素标记物备受关注。标记抗体能与共价结合的 DNA 探针标记物相结合。如：在探针尿嘧啶残基上标记荧光素，再用高度亲和力的辣根过氧化物酶标记抗荧光素抗体检测原始探针；胞嘧啶磺化物可在鸟嘌呤上引入 2-乙酰氨基荧光素及其衍生物也能替代荧光素和酶连接抗体。

还有一种方法是把非活性的 S-肽从核糖核酸酶连接到 DNA 探针上，杂交后，加入 S-蛋白，可重新构建功能酶，再循环酶放大系统中检测活化的核糖核酸酶。

现又研究出一种新方法，它是把探针切成两半，每半标记两种不同的能相互联结的荧光物质或酶系统成分中的一种，当两种探针杂交相互靠近时，激活能量状态的荧光物质转移到邻近的荧光物质或酶系统受体上，进而激活受体产生信号。该方法中若没有发生杂交反应，两种成分就不能相互靠近，不会产生检测信号，因而反应过程不用进行分离。

（三）分子生物学技术在食源性病原菌检测中的应用

1. **沙门氏菌**

食品中沙门氏菌污染量较小，常受应激损伤而不易恢复，因此现用检测方法得到阴性报告最少需 4d，阳性报告还需延迟 2～3d。研究检测沙门氏菌的探针难度较大，因为它拥有 2000 多个血清型，且还不清楚它们是否存在共同特异性的致病因子。Fillal 等人从染色体序列和构建的质粒文库中分离到一个适用于沙门氏菌检测的探针，它能和沙门氏菌而不和其他微生物及样品发生非特异性反应，这种用同位素标记的探针，能识别 350 株不同的沙门氏菌。由于该方法最小检出量每 25g 样品中只有 1 个细菌，所以需要增菌培养。

AOAC 最近认可了 Gene-Tark 沙门氏菌比色分析法。这种探针标记物为异硫氰酸荧光素（FITC），再用辣根过氧化酶标记抗 FITC 的抗体结合放大探针，在多聚腺苷酸尾部和多聚胸腺嘧啶侵染棒固相薄膜上杂交，对 239 株沙门氏菌的特异性检出率为 100%，假阳性率为 0.8%（BAM/AOAC 培养法假阳性率是 2.2%。）

2. **李斯特氏菌**

1981 年首次确定它是一种食源性病原菌，1985 年加利福尼亚发生暴发性流行，现用检测方法大多采用冷增菌，费时费力。

FDA 于 1987 年研制出针对李斯特氏菌致病基因 β-溶血素的探针，随后 GENE-TARK 研制出商品化检测李斯特氏菌的 DNA 探针，它能特异性识别细菌的 16S rRNA。该探针是由人工合成的寡核苷酸，用比色法检测样品需先在 LEB 中培养 16～22h，然后侵染比色检测，假阴性率为 0.8%～4.7%（常规法为 1.4%～2.9%）。

1989 年 Bessesea 等运用扩增李斯特氏菌溶血素基因中 386bp 的 PCR 方法检测单核细胞增生型李斯特氏菌，DNA 检测量低于 25ng，即少于 1000 个菌体，特异性强，能检测出 50 株不同的单核李斯特氏菌，而不与 12 株非单核李斯特氏菌和 12 种非李斯特氏菌属的细菌发生反应。

3. **志贺氏菌**

目前志贺氏菌检测方法存在着质粒容易丢失和受内源菌干扰的问题。用核酸探针检测可克服上述缺陷。现采用人工合成^{32}P标记的寡核苷酸探针在固定薄膜上做菌落杂交检测志贺氏菌和侵袭性大肠杆菌，也有人用 PCR 扩增技术检测志贺氏菌和侵袭性大肠杆菌。PCR 扩增前需将福氏痢疾菌扩增培养到 10000 个/毫升，增菌后检测需 6～7h 才能得到结果，敏感性为每克样品中小于 1 个细菌；PCR 扩增后需做凝胶电泳进一步鉴定，因此对常规检测来讲太过繁琐。

4. **葡萄球菌**

大多数检测葡萄球菌的探针是针对肠毒素的，它们能同编码肠毒素有关的基因序列杂交，这类探针能检测肠毒素 A、B、C 和 E。GeneTark 推出检测金黄色葡萄球菌的探针，能半定量样品中的葡萄球菌，尚未得到 AOAC 的认可。该方法采用侵染棒比色法，探针检测的基因序列是 23S rRNA，敏感性为 100%，假阳性率为 9.3%，没有人工污染样品中出现假阳性结果的报道。

5. **大肠杆菌**

大肠杆菌是食品和水源污染粪便的指示菌。GeneTark 研制出用侵染棒检测大肠杆菌中 16S rRNA 的探针。样品需增菌处理，以异硫氰荧光素（FITC）标记探针，再用辣根过氧化物酶标记抗 FITC 抗体检测杂交复合物。Hsu 等报道该方法特异性（除相近的志贺氏菌外）达 100%，假阳性率为 1.2%（目前使用的 BNM/AOAC 法为 23.4%）。

70 年代人们认识到，大肠杆菌中某些血清型是致病菌，可作为粪便污染的指示菌。用 DNA 探针检测大肠杆菌肠毒素于 1984 年得到 AOAC 的认可。近来研究出用 PCR 法检测不耐热肠毒素的方法，它可以编码不耐热肠毒素基因序列为引物，用 PCR 法扩增相应的 DNA 片段，不扩增耐热肠毒素基因，检测量为 20 个细胞/100μL。Sander 等构建了一个能检测产生与志贺氏菌毒素相同毒素的大肠杆菌菌株（SLTEC）的探针，增菌后能检测牛肉和其他食品中是否存有 SLTEC。1990 年 Feng 等研制出大肠杆菌 GUD（β-葡萄糖醛酸酶）基因的探针，GUD 是 AOAC 认可的 MUG（4-甲基伞形酮-β-D-葡萄糖醛酸）试验中检测的酶，现已用 PCR 法扩增 GUD 基因，再用 DNA 探针杂交。MUG 试验（即 MUG 在 GUD 作用下释放出 4-甲基-7-羟香豆素，它在长波紫外光照射下产生蓝色荧光）存在的问题是大肠杆菌中发现有 MUG 阴性分离物，包括大肠杆菌 O157∶H7 血清型的所有菌株，而 DNA 探针证实 GUD 基因存在于所有大肠杆菌，包括 O157∶H7 和志贺氏菌菌株中。MUG 阴性菌株是由于 GUD 活性受到分解代谢产物的抑制。Kaspar 等报道 GUD 抗体能和 3/4 MUG 阴性菌株的提取物反应，这表明某些菌株是能产生 GUD 的，但没有活性，这可能是因为底物无法进入某些菌株细胞内或产物（4-甲基-7-羟香豆素）不能释放到外界中。因此使用 GUD 探针检测大肠杆菌比 MUG 试验准确。

二、免疫学方法及其在食源性病原微生物检测中的应用

在细菌诊断中免疫学方法日益受到人们的关注，该方法能够简化病原微生物的鉴定过程。

（一）抗血清凝集技术

早在 1933 年，Lancefield 就成功地用多价血清对链球菌进行了血清分型。随着抗体制备技术的进一步完善，尤其是单克隆抗体的出现，明显提高了细菌凝集实验的特异性，并广泛用于细菌的分型和鉴定，如鉴定沙门氏菌和霍乱弧菌等。

（二）乳胶凝集实验

乳胶凝集实验是将特异性的抗体包被在乳胶颗粒上，通过抗体与相应的细菌抗原结合，产生肉眼可见的凝集反应。此法通常需获得细菌纯培养物，再将培养物与致敏乳胶反应。常见的例子是应用该方法鉴定大肠杆菌 O157∶H7。

（三）荧光抗体检测技术

用于快速检测细菌的荧光抗体技术主要有直接法和间接法。直接法是在检测样品上直接

滴加已知特异性荧光标记的抗血清，经洗涤后在荧光显微镜下观察结果；间接法是在检样上滴加已知的细菌特异性抗体，待作用后经洗涤，再加入荧光标记的第二抗体。如研制成的抗沙门氏菌荧光抗体，用于750份食品样品的检测，结果表明与常规培养法符合率基本一致。

（四）协同凝集试验

已经证实，葡萄球菌A蛋白（SPA）具有与人及各种哺乳动物IgG的Fc段结合的能力，而不影响抗体Fab段的活性，近年来国内外学者采用抗体致敏的SPA检测细菌，即协同凝集试验。如Rahman等用协同凝集试验鉴定霍乱弧菌O1群的初代分离物做快速筛选，分别用协同凝集试验和常规方法对204份材料进行分析，结果表明协同凝集试验具有较高的特异性和敏感性，而且大大节省时间。

（五）酶联免疫技术

酶联免疫技术的应用，大大提高了检测的敏感性和特异性，现已广泛应用于病原微生物的检验。其基本原理是使抗原或抗体结合到某种固相载体表面，并保持其免疫活性，然后使抗原或抗体与某种酶连接成酶标抗原或抗体，这种酶标抗原或抗体既保留其免疫活性，又保留酶的活性。测定时，受检样本（测定其中的抗原或抗体）和酶标抗原或抗体按不同的步骤与固相载体表面的抗原或抗体反应，然后用洗涤的方法使固相载体上形成的抗原抗体复合物与其他物质分开，最后结合在固相载体上的酶量与标本中受检物质的量成一定的比例。加入酶反应的底物后，底物被酶催化变为有色产物，产物的量与标本中受检物质的量直接相关，故可根据颜色反应的深浅定性或定量分析。由于酶的催化效率很高，极大地放大了反应效果，提高了测定方法的敏感度。

梅里埃公司的mini-Vidas全自动免疫分析仪检测灵敏度高，速度快，可以在48h内快速鉴定沙门氏菌、大肠杆菌O157∶H7、单核细胞增生李斯特氏菌、空肠弯曲杆菌和葡萄球菌肠毒素等。

三、快速酶触反应及细菌代谢产物的检测

快速酶触反应是根据细菌在其生长繁殖过程中可合成和释放某些特异性的酶，按酶的特性，选用相应的底物和指示剂并将配制在相关的培养基中，根据细菌反应后出现的明显的颜色变化来确定待分离的可疑菌株。这种技术将传统的细菌分离与生化反应有机地结合起来，并使得检测结果直观，正成为今后微生物检测方面的一个主要发展方向。

Rosa等将样本直接接种于Granda培养基，经18h培养后，B群链球菌呈红色菌落且可抑制其他菌的生长。Delise等新合成一种羟基吲哚-β-D-葡萄糖苷酸（IBDG），在β-D-葡萄糖苷酶的作用下，生成不溶性的靛蓝，将一定量的IBDG加入麦康凯培养基琼脂中制成MAC-IBDG平板，35℃培养18h，出现深蓝色菌落者为大肠埃希氏阳性菌株，其色彩独特，且靛蓝不易扩散，易与乳糖发酵菌株区别。

四、仪器分析方法在食品微生物快速检测中的应用

传统的食品微生物检测方法存在过程繁琐、耗时较长、灵敏度低及易出现假阳性等不足，食品检疫亟须开发安全高效、快速准确的微生物检测方法。相比传统的方法，仪器分析的方法具有简单、快速、特异性强等优点。随着科技的进步，应用于食品微生物快速检测的仪器不断革新。仪器分析方法在食品微生物快速检测方面的应用可以从根本上提高快速检测效率，在微生物快速检测鉴定领域开辟了新的时代。目前应用于微生物检测的仪器分析方法主要有气相色谱法（gas chromatography，GC）、高效液相色谱法（HPLC）、毛细管电泳

(CE) 技术和质谱 (MS) 技术等。

(一) 气相色谱法在食品微生物快速检测中的应用

气相色谱法是在1952年创立的一种新型的分离分析方法。1963年，Oyama首次利用气相色谱法分析细胞脂肪酸对细菌进行分类，作为细菌分类鉴别的依据，从而开启了应用气相色谱仪来分析、鉴定、分类微生物。

1. 原理

气相色谱法的分析原理是使混合物中各组分在两相间进行分配，其中一相是不动的，组成固定床，称为固定相；另一相则是推动混合物流过此固定床的流体，称为流体相。一般常用的流体多是惰性气体，如 N_2。当流动相中所含的物质经过固定相时，就会与固定相发生相互作用。由于各组分在性质和结构上的不同，相互作用的大小、强弱都有差异，因此在同一推动力作用下，不同组分在固定相中的滞留时间有长有短，从而按先后移动速度不同的次序从固定床中流出，然后经检测器便可将流出物以波峰形式记录在记录仪上。先流出者先出波峰，故时间便可定性；流出物量多，则波峰高，即为定量。

色谱仪中的固定相是用一种具有多孔性及大表面积的吸附剂，将其研磨成一定大小的颗粒，装入柱子。试样由载气携带入柱子时，立即被吸附剂吸附。载气不断流过吸附剂时，吸附着的被测组分又被洗脱下来，这种洗脱下来的现象称为脱附。脱附的组分随着载气继续前进，又可被前面的吸附剂吸附。随着载气的流动，被测组分在吸附剂表面进行反复的物理吸附、脱附过程。由于被测物质中各个组分的性质不同，它们在吸附剂上的吸附能力就不一样，较难吸附的组分就容易脱附，逐渐移向前面，反之，容易被吸附的组分就走在后面，经过一定时间，试样中各组分就彼此分离而先后流出色谱柱。

不同的微生物具有不同的化学组成，且所产生的代谢产物成分也不同。气相色谱法主要是通过对微生物细胞进行一系列的提取和衍生化处理后，利用气相色谱仪将其分离的化学成分或代谢产物进行分析。在不同微生物的色谱图中，大多数峰值是相同的，但有一些成分表现出不同的峰值，可以根据其色谱图确定该微生物的特异性成分从而进行微生物的检测和鉴定。气相色谱法已广泛应用于食品中细菌、酵母菌及霉菌等微生物的分析检测。

2. 微生物的气相色谱仪分析方法

(1) 热解气相色谱法 (Py-GC)

热解气相色谱法又叫裂解气相色谱法。将微生物在800℃进行热解，然后利用气相色谱法对其热裂解产生的特有生物标记物，如2-呋喃甲醛、吡啶二羧酸等进行检测，通过对微生物本身成分的分析从而进行微生物检测和鉴定。热解气相色谱在分析细菌方面具有化学分类学价值，可用于实验室检测或鉴定细菌。研究表明，热解气相色谱可以鉴别分枝杆菌、黄色第状菌、沙门氏菌以及各型肉毒梭状芽孢杆菌等微生物。但运用热解气相色谱法对微生物进行鉴定也有一定的困难，要求仪器性能必须良好，否则将影响检测结果。同时要求热解条件严格稳定且各标本间热解条件必须一致。另外还存在获得的GC图像难以辨认的问题。

(2) 顶空气相色谱法

微生物在培养基中生长繁殖可产生一系列特征性的代谢产物，不同菌属、种产生的种类和数量不同，对其代谢产物的分析便可推测其产生这些产物的微生物种类。例如厌氧菌在生长中可产生多种挥发性和非挥发性短链脂肪酸和醇类等产物。顶空气相色谱法可通过检测培养基或食品密封系统顶部的微生物挥发性代谢产物，来分析和鉴定微生物。该法比较简便，不需要制备衍生物，灵敏度高，检测快速，在 $10\sim10^8$ CFU/mL 范围内线性良好。可用于分析食品中的酵母菌、霉菌、大肠菌群和乳酸菌的污染程度及对沙门氏菌的筛选，对评价食品品质和安全性具有非常重要的意义。

3. 气相色谱法在微生物鉴定和分析中的应用

崔昌浩等利用气相色谱技术分析了As1. 643、As1. 1130、As1. 1807、HWS、DSM. 6577等5种菌细胞内的脂肪酸并建立了其脂肪酸指纹图谱，通过对其脂肪酸种类的对比可对这些菌种进行鉴定分析。李永峰等利用酸性末端产物气相色谱分析判定产氢细菌。Schmidt等采用Py-GC/FID技术，根据细菌裂解产物的图谱分析，可检测大肠杆菌、藤黄微球菌和巨大芽孢杆菌等。

（二）高效液相色谱法在食品微生物快速检测中的应用

高效液相色谱在食品微生物快速检测中也有较广泛的应用，主要用于对多组分混合物的分离。该法不仅使以往的柱色谱法达到高速化，而且其分离性能大大提高，具有完全自动化、灵敏度高、经济等优点，在实验和诊断中得到了广泛应用。如变性高效液相色谱（DHPLC）是利用离子配对逆相色谱的原理来分析核酸，可用于致病微生物基因检测。DHPLC系统对DNA片段的分离与其长度有关，DNA链越长，所带的磷酸基团越多，与之相结合的TEAA也相应增多，使其在柱内保留的时间增长，增加流动相中的乙腈浓度即可将DNA洗脱，从而达到分离目的。在恰当的变性温度下，谱图上显示明显的吸收峰。利用变性高效液相色谱检测沙门氏菌中225～500bp长度相关基因的PCR扩增产物，因突变基因显示特征峰形，具有快速、敏感、精确等特点，可对沙门氏菌进行检测。

（三）毛细管电泳（CE）技术在食品微生物快速检测中的应用

毛细管电泳（capillary electrophoresis，CE）又称高效毛细管电泳（high performance capillary electrophoresis，HPCE），是利用毛细管为分离通道、以高压直流电场为驱动力实现样品组分分离的新型液相分离技术。包括胶束电动毛细管色谱（MEKC）、微乳液电动色谱（MEEKC）和毛细管电色谱（CEC）等。CE的优势体现在色谱分离和电泳分离两个原理相辅相成，与GC和HPLC方法相比，其样品前处理相对简单、无需提取物且方法发展相对较快。

CE具有多种分离模式（多种分离介质和原理），其应用十分广泛，通常能配成溶液或悬浮溶液的样品（除挥发性和不溶物外）均能用CE进行分离和分析。在一定的生理条件下，细菌表面基团的电离状态和双电层的厚度是电泳缓冲液种类、pH值、离子强度和温度等参数的函数，通过优化这些参数可以利用CE分离不同种类的细菌，目前已经成功应用到各种食品微生物分析检测当中。Yamada等分别采用毛细管区带电泳和毛细管凝胶电泳两种模式对单独和混合培养的强壮纤维单胞菌和根癌土壤杆菌进行了分离。Ebersole和McCormick用CE对粪肠球菌、化脓链球菌、无乳链球菌、肺炎链球菌和金黄色葡萄球菌5种细菌进行了分离。

（四）质谱（MS）技术在食品微生物快速检测中的应用

质谱技术主要是利用特定离子源将待测样品转变为高速运动的离子，这些离子根据质量/电荷的不同在电场或磁场作用下得到分离，并用检测器记录各种离子的相对强度，形成质谱图用于分析和鉴定。质谱检测和鉴定微生物主要是基于质谱图中是否存在生物标志物（biomarker）的分子或离子。生物标志物是微生物中含有的一些化学物质，其含量或结构具有种属特征，能够标志某一类或某种特定微生物的存在，主要包括脂肪酸、蛋白质、核酸、糖类等生物分子。不同微生物具有不同的质谱图，即微生物指纹图谱，将实验得到的质谱图与已被编入质谱指纹图库中的已知微生物的指纹图谱进行比对即可对微生物进行质谱鉴定。质谱技术具有高灵敏度检测，快速、高通量分析以及专一的结构信息等特点，近年来在微生物检测和鉴定方面得到快速发展，可以检测到所有类型的病原体，包括病毒、植物细菌、真菌及其孢子、寄生原生动物，并且需要样品量很少，可少于 10^4 个微生物。目前用于微生物检测鉴定的质谱技术主要是气相色谱-质谱联用技术（GC-MS）、基质辅助激光解吸电离飞行时间质谱（MALDI-TOFMS）、电喷雾质谱（ESI-MS）及热裂解亚稳态原子轰击质谱（Py-MAB-MS）等。

1. **气相色谱-质谱联用技术**（gas chromatography-mass spec-trometry，GC-MS）

GC-MS 联用技术主要用于分析微生物中的脂肪酸、糖类等小分子物质。细菌脂肪酸主要来源于细胞膜脂质双层和脂多糖成分，不同微生物的脂肪酸在组成和含量上有较大差异，因此可作为细菌鉴定的主要标志物。

2. **基质辅助激光解吸电离飞行时间质谱**（matrix-assisted laser desorption/ionization time-of-flight mass spectrometry，MALDI-TOFMS）

MALDI-TOFMS 的原理是样品和基质混合点在金属靶盘上形成共结晶，脉冲激光照射晶体后，基质分子吸收能量与样品解吸附并使其电离（通常是基质的质子转移到样品分子上）。样品离子在加速电场下获得相同动能，经高压加速、聚焦后进入飞行时间检测器，离子的质荷比（m/z）与飞行时间的平方成正比，从而对样品进行分析，适合研究蛋白质、核酸等生物大分子，可通过微生物蛋白质表达谱中的特征谱峰鉴定和分类细菌的属、种、株，甚至是不同亚型。该技术对样品纯度要求不高，对盐、缓冲液、去垢剂等杂质有一定耐受力，因此样品可不经分离纯化，如单菌落和细胞提取液等待测样品可直接点样检测。

实验四十四　PCR 法检测乳制品中大肠杆菌

一、实验目的

掌握 PCR 法检测乳品中大肠杆菌的原理和方法。

二、实验器材

1. 仪器

PCR 仪；离心机；水平电泳槽；JD-801 凝胶成像系统。

2. 实验菌

非致病性大肠杆菌 ATCC 25922 菌株；肠出血性大肠杆菌 EHEC O157：H7 EDL933 菌株；金黄色葡萄球菌、乳酸链球菌、枯草芽孢杆菌和四联球菌。

三、培养基、试剂和样品

1. 培养基和试剂

结晶紫中性红胆盐琼脂；LB 培养液；磷酸盐缓冲液；无菌生理盐水；蛋白酶 K、DNA Marker DL2000；PCR buffer、dNTPs、*Taq* 酶；PCR 引物；无水乙醇、石油醚、氯仿和氨水。

2. 样品

全脂乳、脱脂乳等。

四、实验原理

在 DNA 聚合酶催化下，以母链 DNA 为模板，以特定引物为延伸起点，通过变性、退火、延伸等步骤，体外复制出与母链模板 DNA 互补的子链 DNA，通过快速特异地在体外扩增目的 DNA 而达到特异、快速地检测目标菌的目的。

五、实验步骤

1. 引物设计

以大肠杆菌丙氨酸消旋酶基因 *alr* 设计引物，引物序列如表 14-1 所示。

表 14-1　实验所采用的 PCR 扩增引物序列

引物	核酸序列 5′→3′	引物在 *alr* 基因的位置	片段大小/bp
*alr*1	CTGGAAGAGGCTAGCCTGGACGAG	322～345	366
*alr*2	AAAATCGGCACCGGTGGAGCGATC	664～687	

2. 菌种活化及牛乳样品制备

将大肠杆菌 ATCC 25922 和 EHEC O157∶H7 EDL933 菌株经二次斜面活化后 LB 培养液培养，计数后置于 4℃冰箱保藏；按国标法（平板计数法）检测证实无大肠杆菌的全脂乳和脱脂乳样品经巴氏灭菌，将活化大肠杆菌按不同接种量（10^6、10^5、10^4、10^3、10^2、10^1、10^0CFU/mL）制得人工污染样品。

3. 基因组 DNA 模板提取

LB 培养液中模板 DNA 提取：采用水煮法，取 1mL 菌液 4500r/min 离心 15min，弃上清液，重复水洗一次，沉淀用 50μL 无菌水重悬后煮沸 6min，4500r/min 离心 5min，取上清液 5μL 作为 PCR 扩增模板。

乳品中大肠杆菌模板 DNA 提取：1mL 人工污染样品中加入 0.2mL 无水乙醇、0.2mL 氨水和 0.2mL 石油醚，混匀后 12000r/min 离心 10min。沉淀用 300μL 10mmol/L 的 TE（pH7.8）溶解后，加入 5μL 10mg/mL 溶菌酶，37℃孵化 1h，期间不断剧烈振荡。然后加入 50μL 10% 的 SDS 煮沸 5min。上述混合液中加入等体积的氯仿充分振荡混匀，13000r/min离心 10min 收集上清液。所得上清液用 0.1 倍体积 2.5mol/L 乙酸铵（pH5.4）和 2.5 倍体积预冷无水乙醇沉淀 DNA，13000r/min 离心 20min，DNA 沉淀干燥后用 100μL 灭菌超纯水溶解，4℃贮藏备用。

4. PCR 反应

（1）PCR 反应体系

25μL 体系［2.5μL PCR buffer、2.5μL dNTPs、0.2μL 2.5U/μL Taq 酶，引物 *alr*1 和引物 *alr*2 各 2μL（4μmol/L），5μL 模板 DNA］。

（2）PCR 反应条件

94℃变性 2min 后进入 PCR 循环：94℃ 30s、66℃ 1min、72℃ 1min、25 个循环、72℃充分延伸 5min。

5. PCR 产物琼脂糖凝胶电泳检测

应用实验设计的 *alr*1 和 *alr*2 引物对典型的非致病性大肠杆菌、强致病性大肠杆菌 O157∶H7和四种其他菌株进行 PCR 扩增，检验结果如图 14-1。结果显示，两株大肠杆菌均得到 366bp 大小的特异性扩增目标产物，即为阳性反应，而其他四种菌株均未得到任何扩增条带，即为阴性反应。

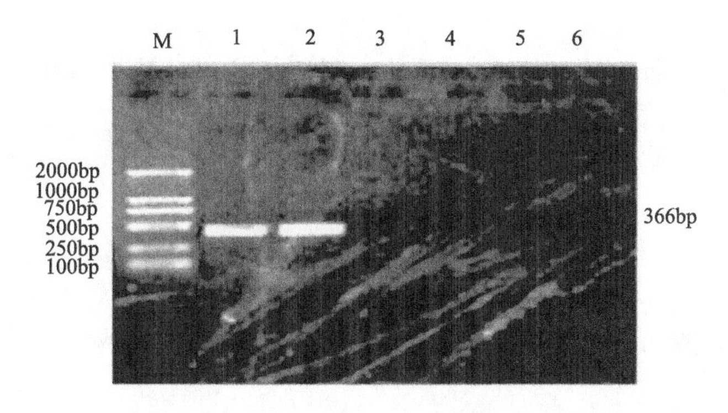

M：标记；1～6 分别是大肠杆菌 ATCC 25922、大肠杆菌 O157：H7、金黄色葡萄球菌、乳酸链球菌、枯草芽孢杆菌和四联球菌

图 14-1 PCR 引物特异性检验结果

六、思考题

利用 PCR 方法进行快速检测时，有时会出现假阳性或假阴性结果，试分析造成假阳性或假阴性结果的原因并提出相应的试验控制措施。

实验四十五 全自动荧光酶联免疫方法检测食品中沙门氏菌

一、实验目的

掌握全自动荧光酶联免疫方法检测食品中沙门氏菌的原理和方法。

二、实验器材

1. 仪器

全自动荧光酶标分析仪（VIDAS）或微型全自动荧光酶标分析仪（mini VIDAS）（生物梅里埃公司）；恒温水浴锅；培养箱。

VIDAS 沙门氏菌（SLM）试剂盒：生物梅里埃公司（595Anglurr Rd，Hazelwood，M0630422320，USA），试剂盒 2～8℃储存，60 次试验用。

（1）试剂条：60 个，有 10 个孔的聚丙烯条，分别以箔封和纸签覆盖。10 孔试剂条包含的试剂见表 14-2。

表 14-2 10 孔试剂条包含的试剂

孔号	试 剂
1	样品孔——此孔加 0.5mL 煮沸过的增菌肉汤
2	前洗涤液——含 0.1%叠氮化钠的 Tris 吐温缓冲液(TBS)
3～5 和 7～9	洗涤液——0.6mL。含 0.1%叠氮化钠的 Tris 吐温缓冲液(TBS)
6	酶结合物——0.4mL。含 0.1%叠氮化钠的多克隆抗体标记的碱性磷酸酶
10	含底物的比色杯——0.3mL。含 0.1%叠氮化钠的 4-甲基-香豆素-磷酸酯

(2) 固相接收器（SPR）：60 个，用沙门氏菌抗体包被。

(3) 抗体标准溶液：一瓶（3mL），含有纯化、失活的沙门氏菌抗体和 0.1%叠氮化钠及蛋白质稳定剂。

(4) 阳性对照：一瓶（6mL），含有纯化、灭活的沙门氏菌抗体和 0.1%叠氮化钠及蛋白质稳定剂。

(5) 阴性对照：一瓶（6mL），含有 Tris 吐温缓冲液和 0.1%叠氮化钠。

2. 培养基

M 肉汤。

3. 样品

牛奶巧克力、全脂奶粉、脱脂奶粉、黑胡椒、大豆粉、生火鸡肉。

三、概述

食品中沙门氏菌抗原鉴定是基于酶联免疫荧光分析技术应用自动化 VIDA 分析仪完成的。固相接收器（SPR）内侧包被高度专一性克隆抗体混合物。样品经前增菌、选择性增菌、后增菌，将煮沸过的一定量增菌肉汤加于试剂条上样品孔内，样品将在 SPR 内自动定时循环。样品中若存在沙门氏菌抗原，则该抗原与 SPR 内部的单克隆抗体结合，未结合的其他成分则被洗脱。而单克隆抗体与碱性磷酸酶结合形成的抗体-碱性磷酸酶复合物通过 SPR 循环，并与 SPR 壁上的任何沙门氏菌抗原结合，最后洗去未结合复合物。仍结合在 SPR 壁上的酶将荧光底物 4-甲基-香豆素-磷酸酯分解为荧光产物 4-甲基-伞形酮。VIDAS 仪器上的光反扫描仪自动测定荧光强度。计算机根据和标准品的比较打印出每份样品阳性或阴性报告。

四、实验步骤

（一）样品制备

1. 前增菌

称取 25g（mL）检样置盛有 225mL BPW 的无菌均质杯中，以 8000～10000r/min 均质 1～2min，或放入盛有 225mL BPW 的无菌均质袋中，用拍击式均质器拍打 1～2min，若检样为液态，不需要均质，振荡混匀，如需要测定 pH 值，用 1mol/L 无菌 NaOH 或 1mol/L HCl 调节 pH 至 6.8±0.2。以无菌操作将样品转至 500mL 锥形瓶中，如用均质袋，可直接培养，于 36℃±1℃培养 8～18h。

2. 选择性增菌

取 1mL 前增菌液转种于 10mL 亚硒酸盐胱氨酸增菌液 35℃培养 6h。同时另取 1mL 前增菌液转种于 10mL 四硫磺酸钠煌绿增菌液中 42℃培养 6～8h。对严重污染的样品在上述温度分别培养 16～20h。

3. 后增菌

分别从亚硒酸盐胱氨酸增菌液、四硫磺酸钠煌绿增菌液取 1mL 增菌液转种于 10mL M 肉汤各一支，42℃培养 6～8h。于 42℃（亚硒酸盐胱氨酸增菌液）及 35℃（四硫磺酸钠煌绿增菌液）将选择性增菌液继续培养，使总培养时间达到 22～26h。

4. 样品处理

从 2 份 M 肉汤中各取 1mL 加入试管并在 100℃水浴中加热 15min。4℃保存剩余 M 肉汤以便对 VIDAS 沙门氏菌测定阳性结果进行确证。

（二）酶联免疫实验

1. 对 SLM 试剂条进行编号。每批试验样品都应包括一个阳性对照和一个阴性对照及抗体标准液。所需的试剂应恢复到室温。

2. 标准液、阳性对照液、阴性对照液及样品液均应分别充分混合。

3. 吸取 0.5mL 标准液、阳性对照液、阴性对照液及样品液分别加入 SLM 试剂条样品孔。

4. 输入所需的信息以便建立工作目录 work list。选择检测项目 SLM，再输入样品编号。测定标准品则键入“S”，测定对照品则键入“C”。

5. 根据工作目录的提示，将 SLM 试剂条和固相容器（SPR）装载 VIDAS 相应的位置。

6. 根据 VIDAS 操作手册启动分析程序。45min 左右完成测试。

（三）读数

试验结果由计算机自动分析。打印报告内容包括操作人员，检验项目，检验日期和时间，试剂盒的批号和失效期，每一实验的相对荧光值、测试值和表示的结果。

相对荧光值表示试样的测试值扣除本底值后的值。测试值表示试样的相对荧光值与标准液的比值。试样和对照的数据则和 VIDAS 仪器存储的阈值 0.23 比较。若测试值大于等于 0.23 则为阳性。若小于 0.23 则为阴性。阳性结果必须用冰箱保存的剩余 M 肉汤按标准平板操作程序培养证实。

当本底值大于预定的分界即提示有底物污染时，结果不能采用。在这种情况下，必须开始重复实验。

五、实验结果

报告本次实验结果。

六、思考题

应用荧光酶联免疫技术检测食品中的病原微生物主要包括哪些步骤？各步骤对试验结果有何影响？

附录：M 肉汤的制备

（1）成分

酵母膏	胰蛋白胨	D-甘露糖	柠檬酸钠	氯化钠	磷酸氢二钾	氯化锰	硫酸镁
5.0g	12.5g	2.0g	5.0g	5.0g	5.0g	0.14g	0.8g
亚硫酸铁	吐温 80	蒸馏水					
0.04g	0.75g	1000mL					

（2）制法

所有成分混合后，加热至沸腾 1～2min 充分溶解后，分装于 16mm×25mm 带小倒管的试管中，每管 10mL，高压蒸汽灭菌（121℃、15min），最终 pH 值为 7.0±0.2。

实验四十六　气相色谱-质谱联用快速检测、鉴定细菌

一、实验目的

了解、掌握气相色谱-质谱法分析、鉴定、分类细菌的原理和方法。

二、实验器材

1. 仪器

气相色谱仪（北京分析仪器厂）；SP3700 氢火焰离子检测器；色谱柱 SE-30（长 12m，内径 0.3mm）。

ZAB-HS 型色谱-质谱联用仪（英国 VG 公司），色谱柱 OV-1（柱长 25m，外径 0.25mm），EI 源 75eV。

2. 实验菌

产气杆菌；阴沟气杆菌；巨大芽孢杆菌；黄色短杆菌；葡萄球菌。

3. 培养基及试剂

肉汤培养液；磷酸盐缓冲液（pH7.0）；5%NaOH 甲醇溶液；乙醚。

三、概述

不同的微生物具有不同的化学组成，且所产生的代谢产物成分也不同。气相色谱法主要是通过对微生物细胞进行一系列的提取和衍生化处理后，利用气相色谱仪将其分离的化学成分或代谢产物进行分析。在不同微生物的色谱图中，大多数峰值是相同的，但有一些成分表现出不同的峰值，可以根据其色谱图确定该微生物的特异性成分从而进行微生物的检测和鉴定。

脂肪酸是微生物细胞组分中一种稳定而富有的重要成分，不同微生物的脂肪酸在种类和含量上有较大差异，因此可作为细菌鉴定的主要标志物。气相色谱及气相色谱-质谱联用技术能快速、灵敏、精确地检出细菌细胞内的脂肪酸，从而进行微生物的检测和鉴定。

四、实验步骤

1. 菌样制备

将固体斜面上的菌种接入到经高压灭菌的 50mL 肉汤培养液（250mL 锥形瓶）中，37℃条件下振荡培养 24h 后，将培养菌液于 12000r/min、4℃离心 8min，弃去上清液，沉淀菌体用 pH7.0 磷酸盐缓冲液洗涤三次，冻存于−80℃备用。

2. 全细胞脂肪酸甲酯的制备

取一定量制备好的菌体，放入具塞玻璃试管内，加入 5mL 5%NaOH 甲醇溶液，加塞后于 100℃水浴保持 30min 后取出，置于红外干燥箱中烘干。待冷却至室温后加水和乙醚萃取，收集乙醚萃取物后，再向样品中加入 3mL 乙醚萃取，合并两次萃取液，待乙醚挥发至 1.5mL 左右时，加塞，进行气相色谱和气相色谱-质谱分析。

3. 操作条件

气流量：N_2 22mL/min，H_2 236mL/min，Air 300mL/min。进样口与检测器温度

250℃，柱温 100℃/2min→8℃/min→210℃/10min。

五、实验结果与分析

对各菌株的全细胞脂肪酸进行气相色谱分析后，建立实验菌株的脂肪酸指纹图谱。再通过气相色谱-质谱联用及计算机处理，获取实验菌株的脂肪酸和其他羧酸的质谱图，根据质谱图分析各菌株的脂肪酸和其他羧酸的百分含量，通过与相应属的标准菌株的脂肪酸种类、组成及含量进行比较，从而进行菌种鉴定。

六、思考题

气相色谱-质谱联用技术的原理和特点是什么？

参 考 文 献

[1] 苏世彦．食品微生物检验手册．北京：中国轻工业出版社，1998.

[2] 沈萍，范秀容，李广斌．微生物学实验．第3版．北京：高等教育出版社，2001.

[3] 黄秀梨．微生物学实验指导．北京：高等教育出版社，1999.

[4] 袁丽红．微生物学实验．北京：化学工业出版社，2010.

[5] 周德庆．微生物学实验教程．北京：高等教育出版社，2006.

[6] 项琦．粮油食品微生物学检验．修订版．北京：中国轻工业出版社，2000.

[7] 陈福生．食品安全实验——检测技术与方法．北京：化学工业出版社，2010.

[8] 陈红霞，李翠华．食品微生物学及实验技术．北京：化学工业出版社，2008.

[9] GB 4789.1—2016. 食品微生物学检验——总则．

[10] GB 4789.2—2016. 食品微生物学检验——菌落总数测定．

[11] GB 4789.3—2016. 食品微生物学检验——大肠菌群计数．

[12] GB 4789.4—2016. 食品微生物学检验——沙门氏菌检验．

[13] GB 4789.5—2012. 食品卫生的微生物学检验——志贺氏菌检验．

[14] GB 4789.7—2013. 食品卫生的微生物学检验——副溶血性弧菌检验．

[15] GB 4789.10—2016. 食品微生物学检验——金黄色葡萄球菌检验．

[16] GB 4789.15—2016. 食品微生物学检验——霉菌和酵母计数．

[17] GB 4789.16—2016. 食品卫生的微生物学检验——常见产毒霉菌的鉴别．

[18] GB 4789.26—2013. 食品卫生的微生物学检验——食品商业无菌检验．

[19] GB 4789.30—2016. 食品微生物学检验——单核细胞增生李斯特氏菌检验．

[20] GB 4789.35—2016. 食品微生物学检验——乳酸菌检验．

[21] GB 4789.40—2013. 食品微生物学检验——克罗诺杆菌属（阪崎肠杆菌）检验．

[22] GB/T 5750.12—2006. 生活饮用水标准检验方法微生物指标．

[23] 李勤，盛占武，孙志高. 实时荧光定量技术在食品微生物检测和研究中的应用. 食品与机械，2006，22（6）：118-120.

[24] 李春艳，康明英．实时荧光定量PCR在细菌性食源性疾病中的应用. 硅谷，2010，19：161-162.

[25] 杜巍. 定量PCR技术在食源性致病微生物检测中的应用. 食品科学，2006，27（4）：260-263.

[26] 刘佩红，王建. PCR技术检测动物源性食品中沙门菌的应用研究. 中国食品卫生杂志，2006，18（3）：223-225.

[27] 杜蕾，任保国. 多聚酶链反应（PCR）扩增技术检测生肉中单核细胞增生李斯特氏菌. 中国食品卫生杂志，1996，8（1）：18-19.

[28] 马东，宋宏新. PCR检测乳品中大肠杆菌的研究. 食品科学，2009，30（4）：260-263.

[29] 黄嫦娇，黄晓蓉. 全自动荧光酶联免疫方法检测食品中沙门氏菌. 安徽农业科学，2010，38（10）：5320-5321.

[30] Rivoal K.，Quéguiner S.，Boscher E.，et al. Detection of *Listeria monocytogenes* in raw and pasteurized liquid whole eggs and characterization by PFGE. International Journal of Food Microbiology，2010，138（1-2），56-62.

[31] Drudy D.，O'Rourke M.，Murphy M.，et al. Characterization of a collection of *Enterobacter sakazakii* isolates from environmental and food sources. International Journal of Food Microbiology，2006，110（2），127-134.

[32] Shaker R.，Osaili T.，Al-Omary W.，et al. Isolation of *Enterobacter sakazakii* and other *Enterobacter* sp. from food and food production environments. Food Control，2007，18（10），1241-1245.

[33] Lee C W.，Ng A Y F.，Bong C W.，et al. Investigating the decay rates of *Escherichia coli relative* to *Vibrio parahemolyticus and Salmonella Typhi* in tropical coastal Water Research，2011，45（4），1561-1570.

[34] Rudi K.，Hoidal H. K.，Katla T.，et al. Direct real-time PCR quantification of campylobacter jejuni in chicken fecal and cecal samples by integrated cell concentration and DNA purification. Appl. Environ. Microbiol.，2004，70（2）：790-797.

[35] Hwang S. Y.，Kim S. H. Novel multiples PCR for the detection of the staphylococcus aureus superantigen and its application to raw meat isolates in Korea. Int. J Food Microbiol. 2007，117（1）：99-105.

[36] 柳增善，任洪林，崔树森，季春雨．食品病原微生物学．北京：化学工业出版社，2015.